예제 중심의
파이썬 입문

예제 중심의
파이썬 입문

초판발행 ㅣ 2020년 6월 1일
2쇄발행 ㅣ 2021년 3월 15일
3쇄발행 ㅣ 2023년 3월 1일
지은이 황재호   ㅣ 감수 황예린
펴낸곳 인포앤북(주) ㅣ 전화 031-307-3141 ㅣ 팩스 070-7966-0703
                주소 경기도 용인시 수지구 풍덕천로 89 상가 가동 103호
등록 제2019-000042호 ㅣ 979-11-964409-2-3
가격 25,000원 ㅣ 페이지 504쪽 ㅣ 책 규격 188 x 257mm

이 책에 대한 오탈자나 의견은 인포앤북(주) 홈페이지나 이메일로 알려주세요.
잘못된 책은 구입하신 서점에서 교환해 드립니다.

인포앤북(주) 홈페이지 http://infonbook.com ㅣ 이메일 book@infonbook.com

- -

Published by Info & Book Inc. Printed in Korea
Copyright ⓒ 2020 Jae Ho Hwang

IT 또는 디자인에 관련된 분야에서 펴내고 싶은 아이디어나 원고가 있으시면
인포앤북(주) 홈페이지의 문의 게시판이나 이메일로 문의해 주세요.

예제 중심의

파이썬
입문

황재호 지음

파이썬 기초 with 데이터 분석·시각화

예제 중심의 파이썬 입문서!
파이썬과 데이터 분석·시각화 기초 확립!

최근 사회에서 핫 이슈로 떠오르는 인공지능(AI), 데이터 분석, 데이터 시각화 분야의 소프트웨어를 개발하는 데 가장 적합한 컴퓨터 언어가 바로 파이썬입니다. 파이썬은 다양한 유형의 프로그램을 개발할 수 있는 고성능 언어임에도 불구하고 문법 구조가 단순하고 직관적이기 때문에 초보자가 시작하기 가장 좋은 프로그래밍 언어 중의 하나입니다.

최근들어 파이썬 관련 서적들이 많이 출간되었지만 초보자가 독학 또는 강의와 병행하여 예제 중심으로 재미있게 공부할 수 있는 책은 많지 않습니다. 대학에서 프로그래밍 강의를 하면서 이러한 책의 필요성을 절감하여 이 서적을 집필하게 되었습니다. 이 책은 프로그래밍을 처음 접하는 학생과 일반인 또는 다른 프로그래밍 언어는 어느 정도 사용할 줄 알지만 파이썬을 처음 접하는 분을 대상으로 내용이 구성되었습니다.

이 책은 파이썬 기초와 데이터 분석·시각화 두 개의 Part로 구성되어 있습니다. Part 1에서는 변수, 데이터 형, 조건문, 반복문, 리스트, 튜플, 딕셔너리, 함수, 객체지향 프로그래밍 등을 익히고, Part 2에서는 Numpy와 Pandas 패키지를 이용한 데이터 분석과 Matplotlib 패키지를 활용한 데이터 시각화에 대해 공부합니다. 또한 공공 기관에서 실제로 제공하는 빅 데이터를 바탕으로 전국 약국 데이터 분석, 제주도 기상 데이터 분석, 전국 초등학교 학생 데이터 분석, 국내 인구 통계 데이터 분석과 시각화로 구성된 프로젝트식 예제를 통하여 파이썬을 활용하는 방법을 배웁니다.

이 책의 원고를 세 차례에 걸쳐 모든 예제를 꼼꼼하게 검토해준 사랑하는 딸 예린에게 고마움을 전합니다. 그리고 부족한 저를 잘 이해해주는 사랑하는 아내와 가족들에게도 사랑의 마음을 전하고 싶습니다. 이 글을 읽는 모든 독자 분들도 건강하고 행복하길 진심으로 기원합니다.

아무쪼록 독자 분들이 이 책으로 파이썬을 재미있게 공부하고 파이썬 기초를 잘 다져 파이썬의 실력자가 되는 데 이 책이 조금이나마 도움이 되길 바랍니다. 감사합니다.

황재호 드림

누구를 위한 책인가? – 파이썬을 통하여 프로그래밍 입문을 원하는 분

– C++ 등 다른 언어는 사용할 줄 알지만 파이썬은 처음인 분

– 대학 및 교육기관에서 파이썬을 강의하시려는 분

예제 소스 및
연습문제 정답 이 책의 실습 예제 소스와 연습문제 정답은 저자가 운영하는 코딩스쿨 또는

인포앤북(주) 출판사의 자료실에서 다운로드 받을 수 있습니다.

http://codingschool.info

http://infonbook.com

강의 PPT 초안 강의에 활용할 PPT 원본 요청 및 문의사항은 인포앤북(주) 출판사의 홈페이

지 게시판을 이용해 주시기 바랍니다.

http://infonbook.com

본문 구성

PART 1. 파이썬 기초

1장. 파이썬과 개발 툴

2장. 파이썬의 기본 문법

3장. 조건문

4장. 반복문

5장. 리스트

6장. 튜플과 딕셔너리

7장. 함수

8장. 모듈과 패키지

9장. 객체지향 프로그래밍

PART 2. 데이터 분석·시각화

10장. 주피터 노트북

11장. 데이터 분석 기초

12장. 데이터 시각화

13장. Numpy 데이터 분석

14장. Pandas 데이터 분석

PART 01 파이썬 기초

Chapter 03 　조건문

Chapter 07 **함수** — 222

PART 02 데이터 분석과 시각화

Chapter 10 주피터 노트북 ——————————————————— 318

PART 1

파이썬 기초

Part 1 파이썬 기초

파이썬과 개발 툴

파이썬은 어떠한 프로그래밍 언어보다 쉽고 직관적이어서 프로그래밍 초보자에게 가장 적합한 언어이다. 1장에서는 파이썬 언어의 특징과 장점을 살펴본다. 프로그래밍 학습은 프로그램을 직접 타이핑해서 작성하고 실행하면서 공부하는 것이 중요하다. 이 책의 예제를 실습하기 위한 IDLE 프로그램을 설치하고 프로그램을 작성, 저장, 실행하는 방법을 익힌다.

사람들이 사용하는 언어에는 한국어, 영어, 독어, 불어, 스페인어, 중국어, 일본어 등의 많은 언어들이 있다. 이와 마찬가지로 컴퓨터 세계에서도 파이썬(Python), C, C++, C#, 자바, PHP, 자바스크립트, 루비 등 다양한 컴퓨터 언어가 존재한다.

이러한 컴퓨터 언어들 중에서 초보자가 가장 쉽게 접근할 수 있으면서도 막강한 성능을 자랑하는 언어가 바로 파이썬이다.

1.1.1 파이썬이란?

1991년 네덜란드의 프로그래머인 귀도 반 로섬(Guido van Rossum)이 개발한 파이썬은 객체 지향의 고 수준 언어로서 다양한 응용 프로그램 개발을 위해 만들어졌다.

세계 각 분야의 통계 데이터를 공시하는 사이트(http://staticticstimes.com)에서 2019년 11월에 발표한 통계에 따르면 파이썬은 자바, 자바스크립트, C#, PHP, C/C++을 제치고 가장 인기있는 언어로 나타나 있다.

다음 그림 1-1의 그래프를 보면 파이썬은 29.6%의 점유율을 보임으로써 다른 모든 컴퓨터 언어들을 물리치고 인기도에서 선두를 달리고 있다.

파이썬은 고수준의 데이터 구조를 가지면서도 쉽고 효율적으로 객체 지향 프로그래밍을 할 수 있는 인터프리터 언어이다. 그리고 무엇보다 프로그래밍을 처음 접하는 초보자가 가장 배우기 쉬운 언어이기도 하다.

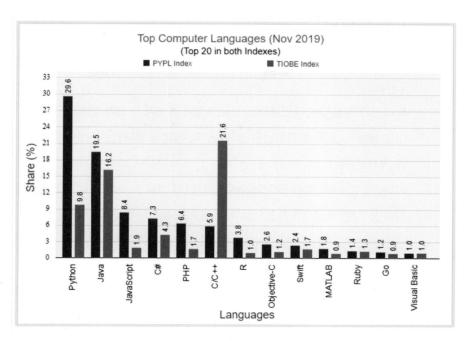

그림 1-1 세계 시장에서의 컴퓨터 언어 점유율 순위

(http://statisticstimes.com, 2019.11)

TIP

인터프리터 언어란?

인터프리터 언어는 C나 C++과는 달리 작성한 소스 프로그램(Source Program)
을 컴퓨터가 이해할 수 있는 기계어(0과 1로 구성된 코드)로 변환하는 컴파일
(Compile) 과정 없이 바로 실행할 수 있는 언어를 말한다.

또한 파이썬은 다양한 플랫폼(윈도우 운영체제, 리눅스, 맥 OS 등)에서 동작하고 복잡한
프로그램을 쉽게 짤 수 있도록 도와주는 라이브러리가 풍부하여 대학을 비롯한 여러 교육
기관, 연구소, 기업 등에서 사용 빈도가 꾸준히 높아지고 있다.

파이썬의 버전은 파이썬 2.0이 2000년 10월 배포된 이후 많은 기능이 추가되고 진화되
어 파이썬 3.0이 2008년 12월 발표된 이래 현재(2020년 1월)의 최신 버전이다.

1.1.2 파이썬의 특징

1. 직관적이고 쉽다.

파이썬의 개발자는 무엇보다도 프로그래밍 초보자가 쉽게 이해하고 재미있게 컴퓨터 언어를 배울 수 있도록 파이썬을 설계하였기 때문에 파이썬은 단순하고 직관적인 문법 구조를 가지고 있다.

파이썬은 영어의 쉬운 단어와 아주 간단한 문장을 쓰듯이 프로그래밍을 할 수 있어 C나 자바 등 다른 프로그래밍 언어들에 비해 초보자가 아주 쉽게 접근할 수 있는 언어이다.

2. 널리 쓰인다.

구글, 아마존, 핀터레스트, 인스타그램, IBM, 디즈니, 야후, 유튜브, 노키아, 미항공우주국(NASA) 등의 세계적인 기업이나 기관에서는 자사의 프로젝트를 성공적으로 수행하기 위한 필수 도구로 파이썬을 사용하고 있다.

또한 네이버, 카카오톡 등 국내 굴지의 기업에서도 자사의 소프트웨어를 개발하는 데 파이썬을 활용하는 빈도가 점차 늘어나고 있는 추세이다.

3. 개발 환경이 좋다.

파이썬은 널리 쓰이기 때문에 온라인 커뮤니티가 많이 활성화 되어 있어 프로젝트 수행 시 경험이 많은 프로그래머의 도움을 받아 프로그램을 성공적으로 개발하는 데 유리하다.

하루에도 수백만의 개발자들이 서로 의견을 교환하면서 파이썬의 기능을 향상시키기 위해 노력하고 있기 때문에 파이썬은 계속해서 진화하고 있다.

4. 강력하다.

인공지능, 데이터 분석, 데이터 시각화, 영상 처리(Image Processing), 웹 서버, 게임 등 난이도가 높은 소프트웨어 개발 시에는 파이썬의 표준 라이브러리를 활용하면 쉽고 빠르게 프로그램을 개발할 수 있다. 또한 파이썬은 C나 C++ 등의 다른 언어로 개발된 프로그램과도 서로 연계가 가능하여 프로그램의 기능을 확장하고 성능을 향상시킬 수 있도록 설계되어 있다.

1.2 개발 툴 소개

파이썬 언어로 프로그램을 개발하기 위한 개발 프로그램은 IDLE, 주피터 노트북, 파이참, 서브라임 텍스트 등이 있다.

이번 절에서는 이 네가지 개발 프로그램의 장단점을 간단히 설명하여 독자들이 자신에게 맞는 프로그램을 선택하는 데 도움을 주고자 한다.

알아두기

이 책의 실습에서 사용되는 개발 툴

이 책에 수록된 예제를 실습하는 데 선택한 개발 툴은 IDLE 프로그램(1장~9장)과 주피터 노트북 프로그램(10장~14장)이다.
IDLE의 설치와 사용법은 1장의 후반부에서 설명하고 주피터 노트북의 설치와 사용법에 대해서는 10장에서 자세히 설명할 것이다.

1.2.1 기본 개발 툴(IDLE)

IDLE(Integrated Development and Learning Environment) 프로그램은 파이썬 공식 사이트(http://python.org)에서 바로 프로그램을 다운로드 받아 사용할 수 있는 파이썬의 기본 개발 프로그램이다.

그림 1-2 IDLE 프로그램의 파이썬 쉘(Shell)은 그림에 나타난 것과 같이 대화식으로 프로그램 명령을 실행할 수 있으며, 또한 내장된 IDLE 에디터를 이용하여 프로그램 소스 파일을 편집하고 실행할 수 있다.

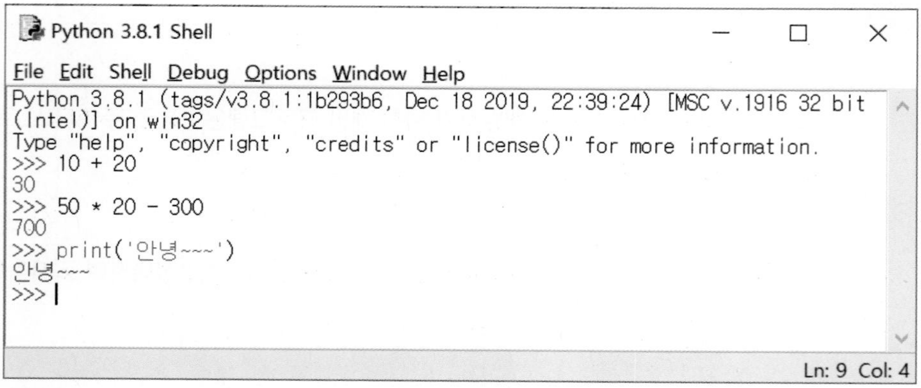

그림 1-2 IDLE 프로그램의 파이썬 쉘 화면

이 IDLE 프로그램은 설치도 간단하고 사용하기도 무척 쉬우며 웬만한 프로그램을 개발하는 것에도 크게 불편한 점이 없다. 그러나 파이썬 라이브러리를 필요로 할 때 해당 라이브러리를 별도로 설치해야 하고 주피터 노트북이나 파이참에서 제공하는 편리한 기능이 다소 부족한 것이 단점이다.

1.2.2 주피터 노트북

다음의 그림 1-3에 나타나 있는 주피터 노트북(Jupyter Notebook) 프로그램은 오픈 소스로 단순함과 편리함을 동시에 추구하는 개발 툴이다.

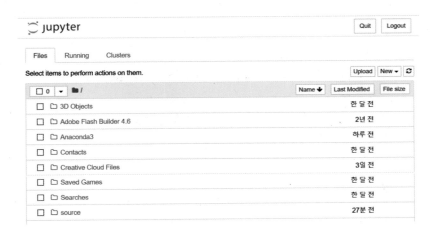

그림 1-3 주피터 노트북

주피터 노트북은 데이터 분석, 시각화, 인공지능 등 데이터 과학에 관련된 프로그램을 개발하는 데 매우 효율적일 뿐만 아니라 그 외 분야의 프로그램을 개발하는 데에도 많이 사용된다.

개인적으로도 주피터 노트북은 단점보다는 장점이 많은 프로그램으로 초보자나 중상급자 모두에게 추천하고 싶다.

그러나 파이썬 게임, 영상처리 등의 분야나 규모가 큰 프로젝트에는 디버깅 기능을 제공하고 공동 작업이 편리한 파이참 같은 개발 프로그램이 더 적합할 수 있다.

1.2.3 파이참

파이참(Pycharm)은 제트브레인즈(JetBrains) 사에서 개발한 프로그램으로 파이썬 프로그램 개발에 특화되어 있어 파이썬 사용자들이 애용하는 개발 툴 중의 하나이다. 파이참은 GUI 그래픽, 파이썬 게임, 영상 처리, 웹 등 다양한 분야의 응용 프로그램을 개발하는데 유용한 개발 툴이다.

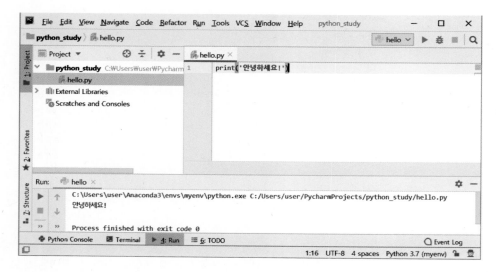

그림 1-4 파이참

파이참은 유료 및 무료 버전이 출시되어 있으며 무료 버전으로도 웬만한 규모의 프로그램을 개발하는 것이 가능하다. 다른 툴과 비교했을 때 파이참은 프로젝트 관리, 프로그램 소스 파일 편집, 디버깅 등에 강점이 있다.

그러나 막강한 기능을 탑재하고 있기 때문에 프로그램 자체가 다소 무겁고 사용법이 다른 툴에 비해 조금 복잡한 것이 단점으로 꼽힌다.

1.2.4 서브라임 텍스트

서브라임 텍스트(Sublime Text)는 무료로 사용할 수 있는 프로그래밍 전용 에디터 프로그램이다. 무겁지 않고 단순하면서도 편리한 기능을 많이 갖고 있어 다양한 분야의 프로그램 소스를 편집하기에 좋은 프로그램이다.

서브라임 텍스트를 파이썬 개발 용도로 이용하기 위해서는 별도의 파이썬 인터프리터가 필요하다. 그러므로 서브라임 텍스트에서 저장한 소스 파일은 IDLE 프로그램이나 아나콘다에서 제공하는 파이썬 쉘에서 별도로 실행되어야 한다.

결론적으로 서브라임 텍스트는 소스 파일 편집은 편하지만 파일 소스를 실행하기 위해 별도의 파이썬 쉘을 이용해야 하는 것이 단점이다.

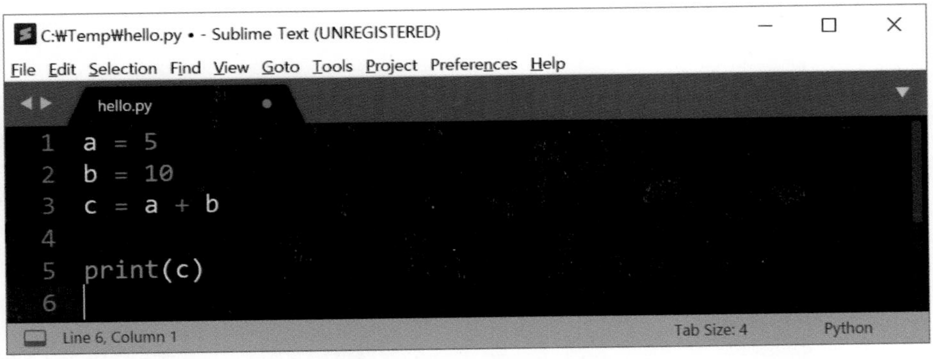

그림 1-5 서브라임 텍스트

1.3.1 IDLE 설치

IDLE은 'Integrated Development and Learning Environment'의 약어로 파이썬의 '통합 개발과 학습 환경'이라는 뜻이다. IDLE은 우리말로 '아이들'이라고 부른다. 이 IDLE 프로그램은 우리가 파이썬을 개발하는 데 있어서 가장 기본적인 프로그램이다.

웹 브라우저를 열고 다음과 같은 주소를 입력하여 파이썬 공식 사이트(http://python. org)에 접속하면 나오는 그림 1-6의 화면에서 Downloads를 선택하여 화면 중앙의 Download Python 3.X.X 버튼을 클릭한다.

http://python.org

그림 1-6 파이썬 공식 사이트(http://python.org)

위에서 다운로드 받은 설치 파일을 실행하면 다음과 같은 파이썬 IDLE 프로그램 설치 화면이 나타난다.

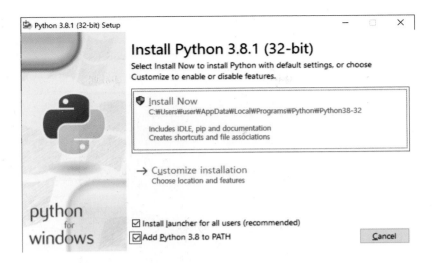

그림 1-7 파이썬 프로그램 설치 시작 화면

위에서 'Add Python 3.8 to PATH' 항목을 체크하고, Install Now를 클릭하여 파이썬 3.X 버전의 설치를 시작한다. 잠시 후에 프로그램 설치 완료 화면인 다음의 그림 1-8이 나온다.

그림 1-8 파이썬 프로그램 설치 완료 화면

컴퓨터 화면 좌측 하단에 윈도우의 시작 버튼을 클릭하여 다음의 설치된 파이썬 프로그램을 살펴보자.

그림 1-9 설치된 파이썬 프로그램(3.8 버전)

위의 그림 1-9에서 IDLE(Python 3.8 32-bit)를 클릭하여 보자.

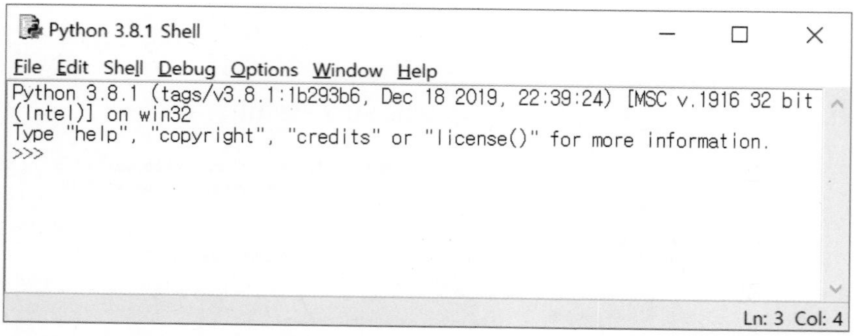

그림 1-10 파이썬 3.8 쉘 화면

IDLE 프로그램을 실행하면 위의 그림 1-10과 같은 파이썬 쉘 화면이 나타난다. 이 파이썬 쉘 화면에서는 직접 파이썬 명령을 실행하여 바로 그 결과를 볼 수 있다.

1.3.2 파이썬 쉘 사용법

다음 그림 1-11의 화면에 나타나 있는 〉〉〉 는 파이썬 프롬프트라 불리는데 이 프롬프트 옆에 다음과 같은 내용을 입력하고 엔터 키를 눌러보자.

〉〉〉 10 + 20

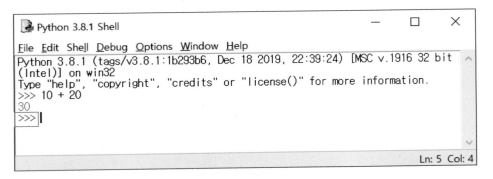

그림 1-11 파이썬 쉘에서 10 + 20 명령 실행

TIP

프롬프트란?

프롬프트(Prompt)는 우리가 입력할 명령을 컴퓨터가 받아들일 준비가 되었다는 것을 나타내는 기호를 말한다. 〉〉〉 는 파이썬 쉘의 프롬프트를 나타낸다.
일반 윈도우 운영체제 PC에서의 C:\〉, 리눅스 컴퓨터에서 사용되는 $ 기호 등이 모두 프롬프트의 일종이다.

※ 그림 1-11에서와 같이 숫자와 사칙연산 기호(+, −, *, /)를 입력하면 일반 계산기처럼 파이썬 쉘을 이용할 수 있다.

이번에는 파이썬 쉘에서 다음과 같은 파이썬 명령을 입력해보자.

>>> print('안녕하세요~~~')

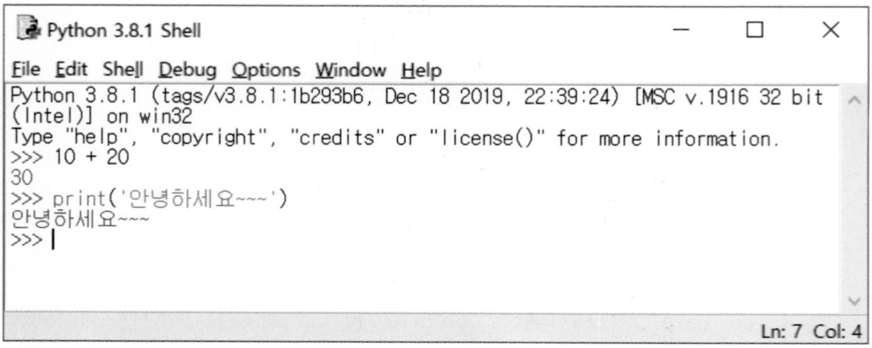

그림 1-12 파이썬 쉘에서 '안녕하세요~~~' 출력

파이썬 명령 print('안녕하세요~~~')는 그림 1-12에 나타난 것과 같이 '안녕하세요~~~'란 메시지를 화면에 출력하게 된다. 이 때 '안녕하세요~~~' 와 같이 문자로 구성된 단어나 문 장을 컴퓨터에서 '문자열'이라고 부른다.

※ 위에서 사용한 print()는 파이썬에서 함수라고 부르며 이 함수는 괄호 안에 있는 내용을 화면에 출력하는 역할을 수행한다. 이 print() 함수에 대해서는 2장의 80쪽에서 자세히 설명한다.

TIP

문자열이란?

'가나다', '호랑이', 'apple', 'a', 'abc' 등과 같이 문자로 구성된 모든 것을 문자열이 라 부르고 문자열을 사용할 때에는 단 따옴표(') 또는 쌍 따옴표(")로 감싸준다.

※ 문자열에 대한 자세한 내용은 2장의 56쪽에서 설명한다.

1.3.3 IDLE 에디터 사용법

이번 절에서는 파이썬 쉘의 IDLE 에디터 창에서 새로운 프로그램을 작성한 다음, 그 프로그램을 저장하고 실행하는 과정을 통하여 IDLE 에디터의 사용법을 익혀보자.

1 IDLE 에디터에서 새 파일 작성

새로운 파일을 작성하기 위해 다음 그림 1-13의 파이썬 쉘에서 File 〉 New File을 선택하면 그림 1-14의 IDLE 에디터 창이 열린다.

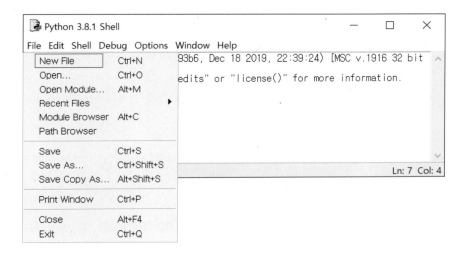

그림 1-13 파이썬 쉘에서 IDLE 에디터 열기

그림 1-14 IDLE 에디터 화면

위의 그림 1-14의 IDLE 에디터 창에서 다음과 같은 프로그램을 작성해보자.

```
print('안녕하세요.')
print('홍길동입니다.')
```

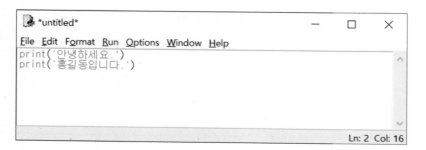

그림 1-15 IDLE 에디터에서 프로그램 작성

위의 프로그램은 print()를 이용하여 모니터 화면에 '안녕하세요. 홍길동입니다.'란 메시지를 출력하게 된다.

print()와 같은 것을 파이썬에서는 함수라고 부른다. print() 함수는 괄호 안에 들어간 내용을 화면에 출력하는 기능을 수행한다.

※ 지금 단계에서는 함수는 어떤 기능을 수행하는 것이라는 사실만 알면 된다. 함수는 앞으로도 계속 사용되니 천천히 알아가면 된다.

2 프로그램 저장

위의 그림 1-15 상단 메뉴에서 File 〉 Save를 선택하여 작성한 프로그램을 파일로 저장한다. 이때 저장하는 파일명은 hello.py로 한다.

※ hello.py 파일을 저장할 때에는 C: 드라이브나 메모리 카드(D:, E:, …) 등에 '파이썬실습'과 같은 폴더를 만든 다음 저장하기 바란다.

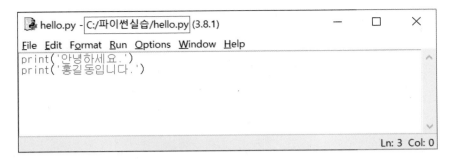

그림 1-16 폴더에 저장된 hello.py 파일

3 프로그램 실행

앞에서 작성한 hello.py를 IDLE 에디터에서 실행하려면 메뉴 Run 〉 Run Module을 선택하거나 단축기 F5를 누른다.

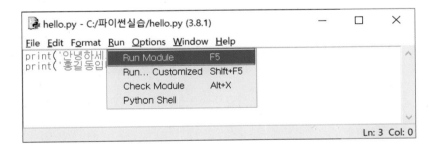

그림 1-17 IDLE 에디터에서 프로그램 실행

hello.py의 실행 결과는 그림 1-18에서와 같이 파이썬 쉘 창에 나타난다.

그림 1-18 hello.py의 실행 결과

IDLE 에디터에서 프로그램 실행

IDLE 에디터에서 작성한 프로그램 파일(.py)을 실행할 때는 단축키 F5를 누르면 간단하게 프로그램을 실행해 볼 수 있다는 것을 꼭 기억하기 바란다.

만약 프로그램을 실행하였을 때 그림 1-18에서와 같이 제대로 된 결과가 출력되지 않고 다음 그림 1-19에서와 같이 오류 메시지를 나타내는 창이 나타나면 IDLE 에디터에서 프로그램을 수정한 다음 다시 F5를 눌러 프로그램을 재실행하여 그림 1-18과 같이 올바른 결과를 얻도록 해야한다.

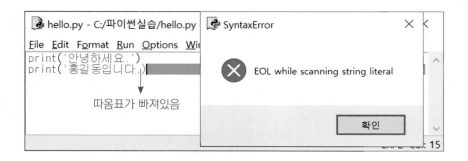

그림 1-19 실행 오류 경고 창

4 프로그래밍 실습 맛보기

❶ IDLE 에디터에서 다음의 내용을 입력 후 sample.py로 저장한다.

```python
kor = 90
eng = 100

sum = kor + eng
avg = sum/2

print('합계 : ', sum)
print('평균 : ', avg)
```

```
sample.py - C:/파이썬실습/sample.py (3.8.1)                    —    □    ×
File  Edit  Format  Run  Options  Window  Help
kor = 90
eng = 100

sum = kor + eng
avg = sum/2

print('합계 : ', sum)
print('평균 : ', avg)
|
                                                          Ln: 9  Col: 0
```

그림 1-20 IDLE 에디티에서 sample.py 작성

위의 프로그램은 국어 성적 kor에 90을 저장하고, 영어 성적 eng에는 100을 저장한다. 그리고 kor와 eng를 더해서 합계를 나타내는 sum에 저장한 다음 sum을 2로 나누어 점수의 평균을 나타내는 avg에 저장한다.

그리고 나서 print 명령으로 합계와 평균 값을 화면에 출력하게 된다.

❷ 그림 1-20에서 F5 키를 눌러 프로그램을 실행한다.

```
Python 3.8.1 Shell                                          —    □    ×
File  Edit  Shell  Debug  Options  Window  Help
>>>
======================= RESTART: C:/파이썬실습/sample.py =======================
=====
합계 :   190
평균 :   95.0
>>>
>>>
>>>
                                                          Ln: 16  Col: 4
```

그림 1-21 파이썬 쉘에 나타난 sample.py 실행 결과

그림 1-21에서와 같이 파이썬 쉘 창에 sample.py 파일의 실행 결과인 두 과목의 합계와 평균 값이 출력된다.

※ 만약 그림 1-19에서와 같이 오류 창이 뜨면, IDLE 에디터에서 프로그램을 수정하여 저장한 다음, 다시 F5 키를 눌러 프로그램을 재실행한다. 그림 1-21에서와 같은 올바른 결과가 나올 때까지 이 과정을 반복한다.

5 책의 예제 파일(.py) 열기

이번에는 책에 수록되어 있는 예제 파일(.py)을 불러오는 방법에 대해 알아보자. 예로서 책 2장에 수록된 예제 파일인 ex2-1.py을 불러오는 방법을 살펴보자.

먼저 코딩스쿨(http://codingschool.info) 자료실을 통해 다운로드 받은 source.zip 파일의 압축을 푼 다음 source 폴더 안에 있는 2장의 예제 폴더 '02'를 'C:/파이썬실습' 폴더에 저장한다.

그리고 나서 다음 그림 1-22에서와 같이 IDLE 에디터(또는 파이썬 쉘)에서 File 〉 Open을 클릭한다.

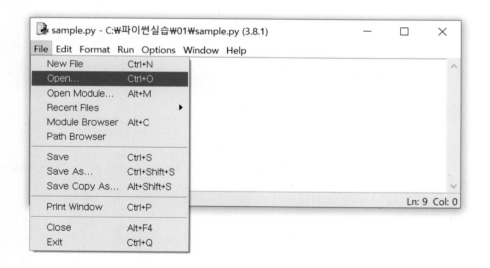

그림 1-22 IDLE 에디터에서 .py 파일 열기

이번에는 다음 그림 1-23에서와 같이 '02' 폴더 안에 있는 ex2-1.py 파일을 더블 클릭하거나 선택한 다음 '열기' 버튼을 클릭한다.

그림 1-23 ex2-1.py 파일 열기

그러면 다음 그림 2-24에서와 같이 IDLE 에디터 화면에 ex2-1.py 파일이 나타날 것이다.

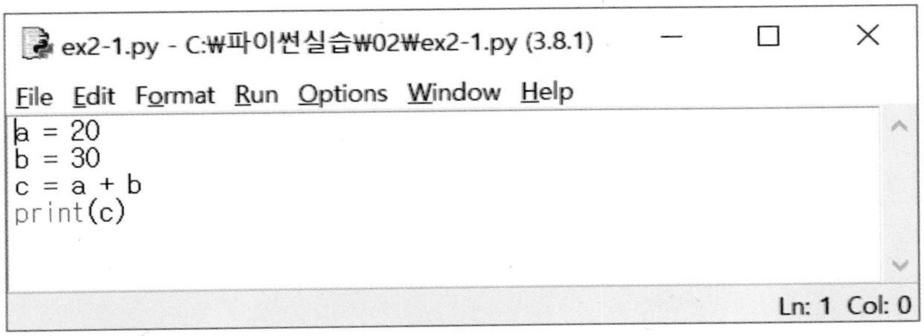

```
a = 20
b = 30
c = a + b
print(c)
```

그림 1-24 IDLE 에디터에서 불러온 ex2-1.py 파일

위와 같이 IDLE 에디터에 ex2-1.py 예제 파일을 불러왔으면, F5 키를 눌러 프로그램을 실행하여 실행 결과와 예제 프로그램의 내용을 서로 비교해가면서 공부하면 된다.

또한 내용 중에서 바꾸어 보고 싶은 부분이 있으면 프로그램을 수정해서 저장한 다음 다시 F5키를 눌러 실행해본다. 이와 같은 방식으로 실습을 진행해 나가면 효율적인 프로그래밍 공부가 될 것이다.

주피터 노트북에 의한 실습 방법

이 책에서는 Part 1(2장~9장)의 예제 실습은 앞에서 설치한 IDLE 프로그램을 이용하고, Part 2(11장~14장)의 실습은 데이터 분석 전문 툴인 주피터 노트북 프로그램을 사용하도록 권장하고 있다.

그러나, 주피터 노트북이 IDLE에 비해 설치 과정과 사용법은 다소 복잡하지만 편리한 기능을 많이 제공하기 때문에 이를 이용하여 책의 모든 실습을 진행하길 원하는 독자는 10장의 주피터 노트북 설치와 사용법을 참고하기 바란다.

주피터 노트북을 이용하면 IDLE에서와 같이 예제를 하나하나 불러올 필요 없이 하나의 주피터 노트북 파일(.ipynb)을 불러오면 그 파일 안에 포함되어 있는 장의 모든 예제들을 하나의 화면에서 실습할 수 있게 되어 무척 편리하다.

1장 연습문제 파이썬과 개발 툴

1. 파이썬은 네덜란드의 귀도 반 로섬이 개발한 컴퓨터 언어이다. 파이썬이 개발된 해는?

　　가. 1971년　　　　나. 1981년　　　　다. 1991년　　　　라. 2001년

2. 파이썬의 특징이 아닌 것은?

　　가. 구글을 포함한 많은 기관과 기업에서 사용하고 있다.

　　나. 프로그래밍 초보자가 접근하기 가장 좋은 언어 중의 하나이다.

　　다. 1990년 초 네덜란드의 프로그래머가 개발한 프로그램이다.

　　라. 다른 컴퓨터 언어에 비해 구조가 복잡하지만 성능이 우수한 언어이다.

3. IDLE 에디터에서 작성한 프로그램을 실행하는 단축 키는?

　　가. F1　　　　나. F5　　　　다. F10　　　　라. F12

4. 파이썬 프로그램을 개발하는 데 적합하지 않은 개발 툴은?

　　가. IDLE 프로그램　　나. 주피터 노트북　　　　다. 파이참　　　라. 엑셀

5. 파이썬 프로그램의 파일 확장자는 무엇인가?

　　가. .python　　　나. .py　　　　다. .pptx　　　　라. .txt

6. IDLE 에디터에서 다음의 프로그램을 작성하고 실행해보자. 프로그램의 실행 결과는 무엇인가?

```
a = 3
b = 5
c = a * 100 + b * 200

print(c)
```

프로그램 실행 결과 : _____

Chapter 02

파이썬의 기본 문법

이번 장에서는 파이썬 프로그래밍에서 가장 기본이 되는 변수에 값을 저장하는 방법과 변수명을 만드는 방법을 익힌다. 또한 파이썬의 기본 데이터 형인 숫자, 문자열, 불의 기본 구조에 대해 알아본다. 파이썬에서 사용되는 산술 연산자, 할당 연산자, 문자열 처리, 키보드 데이터 입력, 숫자와 문자열을 화면에 출력하는 방법 등에 대해서도 공부한다. 마지막으로 프로그램 안에 설명 글을 추가하는 주석문의 사용법을 익힌다.

변수(Variable)는 컴퓨터에서 데이터가 저장되는 메모리 공간의 위치를 의미한다. 변수를 생성한다는 것은 메모리 공간을 확보한다는 것을 의미하고 변수에 값을 할당한다는 말은 그 공간에 숫자나 문자열 등의 데이터를 저장한다는 것을 말한다.

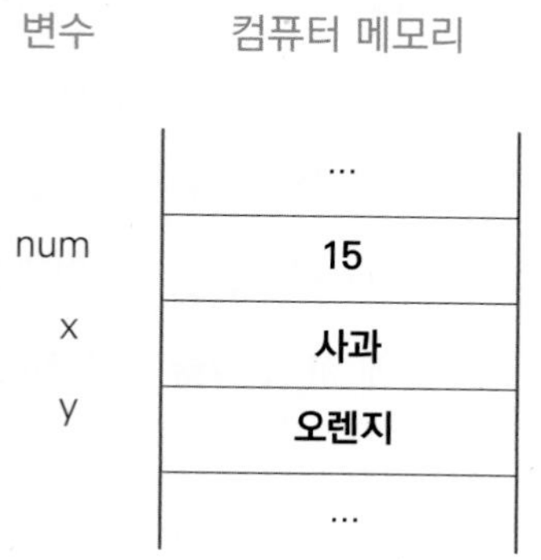

변수   컴퓨터 메모리

	...
num	**15**
x	**사과**
y	**오렌지**
	...

그림 1-1 컴퓨터의 메모리와 변수

그림 1-1에서 num, x, y와 같은 것을 우리는 변수라고 부르는데 변수 num은 숫자 데이터 15가 저장된 메모리의 위치를 의미하고, 변수 x는 '사과'가 저장된 메모리의 위치, 변수 y는 '오렌지'가 저장된 메모리 공간의 위치를 나타낸다.

2.1.1 변수에 값 저장

앞에서 변수는 데이터 값이 저장되는 위치를 의미한다고 했는데 이번에는 이 변수에 값을 저장하는 방법에 대해 알아보자.

다음은 변수를 이용하여 두 수의 합을 구하여 출력하는 프로그램이다. 이 예제를 통해 변수에 값을 할당하는 방법을 익혀보자.

예제 2-1. 두 수 더하기

```
01    a = 20
02    b = 30
03    c = a + b
04    print(c)
```

¤ 실행 결과

50

※ 위 프로그램에서 각 행의 가장 앞에 있는 01, 02, 03, 04의 숫자는 책에서 설명을 위해 붙여 넣은 행 번호이다. 실습할 때 이 번호는 입력하지 않아야 한다.

1행 변수 a에 20을 저장한다. 그림 1-1에서 설명한 것과 같이 a 라는 메모리 공간에 숫자 데이터 값 20을 저장한다. 이러한 경우에 '변수 a에 값 20을 저장한다.'고 말한다.

2행 변수 b에는 30을 저장한다.

3행 변수 a(값:20)와 변수 b(값:30)를 더한 결과 값 50을 변수 c에 저장한다.

4행 print() 함수를 이용하여 변수 c를 출력한다. 따라서 실행 결과에 50이 출력된다.

※ print() 함수는 괄호 안의 변수 또는 데이터를 화면에 출력하는데 이에 대한 자세한 설명은 2.5절의 80쪽에서 한다.

TIP

컴퓨터 언어에서 기호 '='

변수 = 변수(또는 데이터)

파이썬과 같은 컴퓨터 언어에서 기호 =는 '할당 연산자'라 부르며, '같다'란 의미가 아니라 '우측의 데이터를 좌측의 변수에 저장'하는 것이라는 것을 꼭 기억하기 바란다.

2.1.2 변수명 규칙

변수를 만들 때에는 올바른 변수명에 대한 규칙이 있는데 이를 따르지 않으면 프로그램에 오류가 발생하게 된다.

이번 절을 통하여 올바른 변수명을 만드는 방법을 익혀보자.

1 변수명은 영문, 숫자, 밑줄(_)의 조합

변수명의 기본 규칙은 영문자 대소문자, 밑줄(_), 숫자를 조합해서 사용하는 것이다. 변수명은 숫자로 시작하면 안된다. 영문자에서 대문자와 소문자는 다르게 분류된다. 예를 들어 Age와 age는 서로 다른 두 변수이다.

예를 들어 변수명 a, b, x, y, i, j, str, animal, Computer, _age, sum, type1, type2, num1, num2 , _Fruit ... 등의 변수명은 모두 유효한 변수명이다.

다음 예제에서 사용한 모든 변수명은 영문자 또는 밑줄로 시작하고 있기 때문에 모두 올바르게 사용된 것이다.

예제 2-2. 올바른 변수명	ex2-2.py

```python
x = 20
Computer = 'Mac'
Age = 30
my_score = 70
_name = '홍길동'
myBirthYear = 1997
data2 = 20.3

print(x, Computer, Age, my_score, _name, myBirthYear, data2)
```

   20 Mac 30 70 홍길동 1997 20.3

위에서 사용된 변수명 x, Computer, Age, my_score, _name, myBirthYear, data2 등은 모두 유효한 변수명이다.

※ 변수명에 한글을 사용해도 오류는 발생하지 않으나, 관례상 잘 사용하지 않는다. 그리고 추후에 개발한 프로그램 소스를 GitHub 등의 해외 사이트에 업로드할 때도 문제가 된다.

예제 2-2에서 사용된 20, 30, 70, 1997, 20.3 등은 정수형과 실수형의 숫자이고, 'Mac'과 '홍길동'은 문자로 이루어져 있는데 이러한 문자로 구성된 데이터를 컴퓨터에서는 문자열이라고 부른다.

문자열을 사용할 때에는 문자열의 앞과 뒤를 단 따옴표(') 또는 쌍 따옴표(")로 감싸야 한다.

※ 문자열에 대해서는 2.2절 56쪽에서 자세히 설명한다.

2 잘못된 변수명

변수명에는 @, #, $, %, ^, &, *, -, /, (,) 등의 특수문자나 공백(' ')을 사용하면 안된다. 또한 변수명의 시작을 숫자로 하면 오류가 발생한다.

다음의 예는 변수명에 오류가 있는 경우이다. 무엇이 잘못되었는지 살펴보도록 하자.

예제 2-3. 잘못된 변수명	ex2-3.py

```
01    eng score = 90
02    7font = '굴림'
03    my-age = 20
04    percent% = 100
05    animal# = '사슴'
```

```
File "<ipython-input-10-ebf715fab605>", line 1
    eng score = 90
         ^
SyntaxError: invalid syntax
```

예제 2-3의 1행에서부터 변수명에 오류가 있어 실행 결과에 오류 메시지가 출력되었다. 변수명에서 어떤 부분이 잘못되었는지 한 행씩 살펴보도록 하자.

1행 eng 와 score 사이에 공백(' ')이 사용되고 있다.

2행 7과 같은 숫자가 변수명의 제일 앞에 오면 안된다.

3행 하이픈(-)은 컴퓨터의 뺄셈 기호(-)와 같기 때문에 변수명에 사용하면 안된다.

4행 특수 문자 %가 사용되어 변수명 오류이다.

5행 특수 문자인 샵(#)이 사용되어 오류이다. # 기호는 사실 파이썬 프로그램 내에 주석 (설명 글)을 다는 데 사용되는 기호이다.

※ 프로그램 내에 설명 글을 추가하는 주석문에 대해서는 2.6절 96쪽에서 자세히 설명한다.

2.2 데이터 형

앞절에서 변수는 데이터가 저장되는 메모리 공간을 의미한다고 배웠다. 이 변수에는 숫자, 문자열, 불, 리스트, 튜플, 딕셔너리 등 다양한 데이터 형의 데이터를 저장할 수 있다.

파이썬에서 많이 사용되는 데이터 형은 다음과 같다.

❶ 숫자 : -30, -46656, 0, 23, 333, -0.3737, -376.0, 0, 3.14, 256.333
❷ 문자열 : 'a', 'b', 'abc', 'apple', 'I am happy!', '안녕하세요'
❸ 불 : True, False
❹ 리스트 : ['홍길동', 32, '010-2222-3333', 'hong@korea.com']
❺ 튜플 : ('짜장면', '짬뽕', '탕수육', '우동')
❻ 딕셔너리 : {'red':'빨간색', 'yellow':'노란색', 'blue':'파란색', 'green':'초록색'}

※ 2장에서는 파이썬의 가장 기본적인 데이터 형인 숫자, 문자열, 불에 대해서 알아보고 리스트(5장), 튜플과 딕셔너리(6장)에 대해서는 뒤에서 공부한다.

2.2.1 숫자

파이썬에서 사용하는 숫자에는 정수로 구성된 정수형(Interger)과 소수점이 있는 실수형(Floating Point) 숫자가 있다.

정수형 숫자는 -3, 0, 36 등과 같이 음수, 0, 양수로 구성된 정수를 의미하고, 실수형 숫자는 3.14, -38.333, 0.0 등과 같이 소수점이 존재하는 숫자를 말한다.

1 정수형 숫자

다음 예제는 정수형 변수의 데이터 형을 구하는 프로그램이다. 변수나 데이터의 형을 얻고자 할때는 type() 함수를 사용한다.

예제 2-4. 정수형의 데이터 형	ex2-4.py

```
01    x = 30
02    print(x)
03    print(type(x))
```

☼ 실행 결과

```
30
〈class 'int'〉
```

1행 변수 x에 30을 저장한다. 데이터 값인 30이 정수형 숫자이기 때문에 변수 x도 정수형이 된다.

3행 type() 함수는 괄호 안에 들어가는 변수의 형(Type)을 얻는 데 사용한다. 3행이 실행된 결과 실행 결과의 두 번째 줄에 있는 〈class 'int'〉가 출력된다. 이것은 변수 x의 형이 int(Integer), 즉 정수형이라는 것을 나타낸다.

> **TIP**
>
> **type() 함수**
>
> type(변수_데이터)
>
> type() 함수는 괄호 안에 들어가는 변수나 데이터의 데이터 형을 얻는데 사용된다.

2　실수형 숫자 ·······································

다음은 실수형 숫자의 데이터 형이 사용되는 예제이다.

예제 2-5. 실수형의 데이터 형	ex2-5.py

```
01    x = 3.3764
02    y = 6/2
03    print(x, y)
04    print(type(x), type(y))
```

¤ 실행 결과

```
3.3764 3.0
〈class 'float'〉 〈class 'float'〉
```

1행 변수 x에 3.3764를 저장한다. 3.3764는 실수형이기 때문에 변수 x는 실수형의 데이터 형을 갖게 된다.

2행 6/2는 6을 2로 나눈 결과로 3.0이 된다. 정수를 정수로 나눈 결과는 실수형이 된다는 것을 기억하기 바란다.

3행 변수 x와 y의 값을 출력한다. print() 함수를 이용할 때 괄호 안에 들어가는 항목을 콤마(,)로 구분하면 두 항목 사이에 공백(' ')이 하나 생기면서 두 항목이 하나의 줄에 연달아 출력된다.

4행 print(type(x), type(y))는 실행 결과에 나타난 것과 같이 변수 x와 y의 데이터 형을 출력한다. 실행 결과에 나타난 〈class 'float'〉에서 float는 'Floating Point'의 약어로써 실수(또는 부동 소수점)의 데이터 형을 의미한다.

2.2.2 문자열

1 문자열이란?

문자열(String)은 하나 또는 다수의 문자로 구성된 데이터 형을 말한다. 문자열을 사용할 때는 숫자와는 달리 다음과 같이 해당 문자열 앞 뒤에 단 따옴표(')나 쌍 따옴표(")를 붙여야 한다.

> '가', '가다나', 'a', 'b', 'abc', 'I am happy!', '2020/10/20', '010-1234-5678', "apple", "사자와 호랑이", "###", "%^&^%&%" 등

다음 예제를 통하여 문자열의 데이터 형에 대해 알아보자.

예제 2-6. 문자열의 데이터 형	ex2-6.py

```
01    a = 'x'
02    b = 'I am ok.'
03    c = "안녕하세요."
04
05    print(a)
06    print(b)
07    print(c)
08    print(type(c))
```

¤ 실행 결과

```
x
I am ok.
안녕하세요.
〈class 'str'〉
```

1~3행 변수 a, b, c는 모두 문자열이 된다. 이와 같이 문자열은 하나의 문자 또는 여러 문자로 구성된다.

5~7행 문자열 a, b, c의 값을 화면에 출력한다.

8행 type(c)는 문자열 c의 데이터 형을 얻는 데 사용한다. 실행 결과에 나타난 'str'은 string, 즉 문자열을 나타낸다.

정수형과 실수형 숫자는 30, 43, 100, 3.14, −33.33, … 에서와 같이 그냥 숫자를 쓰고 문자열은 '안녕', 'a', 'b', 'age', … 에서와 같이 문자를 따옴표로 감싼다고 설명하였다.

그렇다면 정수형 숫자 30과 문자열 '30'은 어떤 차이가 있는지 알아보자.

먼저 다음 예제를 통하여 30과 '30'의 데이터 형을 살펴보자.

예제 2-7. 30과 '30'의 차이	ex2-7.py

```
01    a = 30
02    print(a)
03    print(type(a))
04
05    b = '30'
06    print(b)
07    print(type(b))
```

☼ 실행 결과

```
30
〈class 'int'〉
30
〈class 'str'〉
```

1행 변수 a는 30의 값을 가진다.

3행 print(type(a))의 실행 결과인 〈class int〉를 통하여 변수 a는 정수형 숫자임을 알 수 있다.

5행 '30'은 데이터가 단 따옴표로 둘러싸여 있기 때문에 변수 b는 문자열의 데이터 형을 가진다.

7행 print(type(b))의 실행 결과가 〈class str〉이기 때문에 변수 b의 데이터 형이 문자열임을 확인할 수 있다.

※ 컴퓨터에서 말하는 숫자는 점수, 포인트, 길이, 무게 등 연산이 가능해야 한다. 방 번호나 번지수는 서로 더하거나 빼지 않기 때문에 문자열로 처리해야 하는 것이다.

30과 '30'의 차이

정수형 숫자 30은 실제 컴퓨터에 저장될 때 2진 형태인 11110 와 같은 값으로 저장된다. 그러나 '30'은 키보드로 3과 0을 입력했을 때와 유사한 방식으로 '3'과 '0'에 해당되는 컴퓨터 코드(아스키 코드, UTF-8 등의 유니코드, EUC-KR 등)로 각각 저장된다.

쉽게 말하면 정수형 또는 실수형 데이터는 컴퓨터가 이해할 수 있는 2진수 형태로 변환되어 컴퓨터에 저장되고 문자열은 각각의 문자('a', 'b', ..., '가', '봉', ... '0', '1', '2', ...)에 해당되는 약속된 코드 값이 컴퓨터 메모리에 저장된다.

2 문자열의 인덱스와 요소 추출

다음은 변수 x에 문자열 'apple'을 저장한 것이다.

```
x = 'apple'
```

위의 문자열 x에서 x[0]는 'a', x[1]은 'p', x[2]는 'p', x[3]은 'l', x[4]는 'e'의 요소를 의미한다.

여기서 사용된 대괄호([]) 안에 있는 숫자 0, 1, 2, 3, 4와 같은 것들을 문자열의 인덱스라고 부른다.

문자열의 인덱스는 문자열의 각 요소가 존재하는 위치를 나타내며 인덱스는 0부터 시작한다는 것을 꼭 기억하기 바란다.

다음 예제를 통하여 문자열의 인덱스를 이용하여 문자열의 각 요소를 추출하는 방법에 대해 알아보자.

예제 2-8. 문자열의 요소 추출   ex2-8.py

```
01    x = 'I am happy!'
02
03    print(x)
04    print(x[0])
05    print(x[0:3])
06    print(x[5:])
07    print(x[-1])
08    print(x[-3:])
09    print(x[-4:-2])
```

```
I am happy!
I
I a
happy!
!
py!
pp
```

1행 변수 x에 문자열 'I am happy!'를 저장한다.

3행 실행 결과의 첫 번째 줄에 나타난 것과 같이 전체 문자열 'I am happy!'를 출력한다.

4행 x[0]은 문자열 x의 1번째 원소인 'I'를 의미한다. 따라서 print(x[0])는 실행 결과의 두 번째 줄에서와 같이 'I'를 화면에 출력한다.

5행 x[0:3]은 문자열 x의 인덱스 0부터 2까지의 요소 값을 의미한다. 여기서 인덱스 3은 포함되지 않는다. 즉, 인덱스 [a:b]는 인덱스 a부터 b−1까지의 요소를 의미한다.

※ 문자열에서 사용되는 공백은 ' '로 나타내고, 이 공백도 다른 문자들과 같이 하나의 문자로 처리된다는 것에 유의하기 바란다.

6행 x[5:]은 문자열 x의 인덱스 5부터 끝까지의 요소, 즉 'happy!'를 의미한다.

7행 x[-1]은 문자열 x의 끝에서 1번째 요소인 '!'를 의미한다.

8행 x[-3:]은 문자열 x의 끝에서 3번째 요소인 'p'부터 끝까지인 'py!'를 의미한다.

9행 x[-4:-2]는 문자열 x의 끝에서 4번째 요소인 'p'부터 끝에서 2번째 바로 전, 즉 끝에서 3번째 요소까지인 'pp'를 의미한다.

따라서 [-4:-2]는 인덱스 −4, −3을 의미한다.

2.2.3 불

불(Bool) 데이터 형은 참(True)과 거짓(False)의 두 가지 값을 가진다.

> · True : 참
>
> · False : 거짓

다음 예제를 통하여 이 불 데이터 형에 대해 알아보자.

예제 2-9. 불(Bool) 데이터 형	ex2-9.py

```
01    a = True
02    b = False
03    print(a)
04    print(b)
05
06    c = 10 > 20
07    print(c)
08
09    print(type(a))
```

¤ 실행 결과

```
True
False
False
<class 'bool'>
```

1,2행 변수 a와 b는 불의 데이터 형을 가진다. 불은 True(참)와 False(거짓)의 두 가지 값을 가지고 있다.

6행 10 〉 20은 '10은 20 보다 크다'는 것을 의미하는 데, 이 명제는 거짓이 된다. 따라서 변수 c의 값은 False가 된다.

※ 6행에서 사용된 〉과 유사한 기호인 〉=, 〈, 〈=, ==, ... 등은 값을 서로 비교한다는 의미에서 비교 연산자라 불린다. 비교 연산자는 조건문(3장)과 반복문(4장)에서 주로 사용된다. 비교 연산자에 대한 자세한 설명은 3장의 107쪽을 참고한다.

9행 print(type(a))는 변수 a의 데이터 형을 출력하는데, 실행 결과에 나타난 〈class bool〉은 불 데이터 형을 의미한다.

숫자 연산

이번 절에서는 정수형 숫자와 실수형 숫자의 계산에 사용되는 산술 연산자와 할당 연산자에 대해 알아본다.

2.3.1 산술 연산자

파이썬에서 사용되는 산술 연산자(Arithmetic Operator)를 표로 정리하면 다음과 같다.

표 2-1 산술 연산자

산술 연산자	설명
+	더하기
−	빼기
*	곱하기
/	나누기
%	나머지 연산
//	소수점 이하 절삭
**	거듭제곱 구하기

표 2-1에서 +, −, *, / 는 각각 덧셈, 뺄셈, 곱셈, 나눗셈의 사칙 연산자를 의미한다.

%는 나머지 연산자을 의미하는데, 5%3은 '5을 3으로 나눈 나머지'를 나타내기 때문에 그 결과는 2가 된다.

//는 소수점 이하 절삭 연산자라고 하는데, 7//2는 7를 2로 나누어서 소수점 이하를 절삭하기 때문에 결과는 3이 된다.

는 거듭제곱 연산자인데, 23은 2^3을 의미하여 결과가 8이 된다.

다음은 표 2-1의 덧셈(+), 뺄셈(-), 곱셈(*), 나눗셈(/)의 사칙 연산자가 프로그램에서 사용된 예이다.

예제 2-10. 사칙 연산자	ex2-10.py

```
01    a = 10
02    b = 20
03
04    c = a + b * 10 - 5 / 5
05    print(c)
```

¤ 실행 결과

209.0

1행 변수 a에 10을 저장한다.

2행 변수 b에 20을 저장한다.

4행 컴퓨터 언어의 산술 연산에서도 일반 계산의 사칙연산에서와 마찬가지로 +와 - 보다 *과 /이 먼저 계산된다. 따라서 우측의 계산 결과인 209.0이 변수 c에 저장된다.

다음은 표 2-1의 나머지 연산자(%)와 소수점 절삭 연산자(//)가 사용되는 예를 살펴보자.

예제 2-11. 나머지 연산자와 소수점 절삭 연산자	ex2-11.py

```
01    x = 10 % 3
02    print(x)
03
04    y = 7//3
05    print(y)
```

```
1
2
```

1행 '10 % 3'은 10을 3으로 나눈 나머지를 의미하기 때문에 계산 결과는 1이 된다.

4행 '7//3'은 7을 3으로 나눈 다음 소수점 이하를 절삭하기 때문에 그 결과 값은 2가 된다.

다음의 예제를 통하여 거듭제곱 연산자의 사용법을 익혀보자.

예제 2-12. 거듭제곱 연산자

ex2-12.py

```
01    x = 2**3
02    print(x)
03
04    y = 10**4
05    print(y)
```

¤ 실행 결과

```
8
10000
```

1행 2**3은 2의 3승, 즉 2^3이 되어 8의 값을 가진다.

4행 10**4는 10^4을 의미하며, 그 결과는 10000이 된다.

2.3.2 할당 연산자

할당 연산자(Assignment Operator)는 컴퓨터 메모리에 할당된 주소 공간, 즉 변수에 변수나 데이터의 값을 저장한다.

주로 사용되는 할당 연산자를 표로 정리하면 다음과 같다.

표 2-2 할당 연산자

할당 연산자	사용 예	설명
=	x = 2	x에 2를 저장한다.
+=	x += 3	x의 값에 3을 더해서 얻은 값을 다시 x 에 저장한다. ※ x = x + 3과 동일한 표현임.
-=	x -= 2	x의 값에 2를 빼서 얻은 값을 다시 x 에 저장한다. ※ x = x - 2와 동일한 표현임.
*=	x *= 3	x의 값에 3을 곱해서 얻은 값을 다시 x 에 저장한다. ※ x = x * 3과 동일한 표현임.
/=	x /= 3	x의 값을 3으로 나누어 얻은 값을 다시 x 에 저장한다. ※ x = x / 3과 동일한 표현임.
%=	x %= 4	x를 4로 나눈 나머지 값을 다시 x 에 저장한다. ※ x = x % 4와 동일한 표현임.
**=	x **= 3	x의 3승을 구한 값을 다시 x 에 저장한다. ※ x = x ** 3과 동일한 표현임.

표 2-2 첫번째 행의 x = 2는 변수 x가 지시하는 메모리 공간에 2의 값을 할당, 즉 저장한다.

두 번째 행의 x += 3은 x = x + 3과 동일한 표현이다. 이것은 현재 변수 x의 값에 3을 더한 다음 그 값을 다시 변수 x에 저장하게 된다.

표 2-2의 사용 예와 설명을 잘 살펴보면 해당 할당 연산자를 이해하는 데 별 어려움이 없을 것이다.

다음 예제를 통하여 표 2-2에 있는 할당 연산자 +=의 사용법을 익혀보자.

예제 2-13. 할당 연산자 : +=   ex2-13.py

```
01    x = 10
02    x += 20          # x = x + 20 과 동일
03    print(x)
```

☼ 실행 결과

    30

1행 변수 x에 10을 저장한다.

2행 x += 20은 x = x + 20과 동일한 표현이다. x(값:10)에 20을 더한 다음 그 결과인 30을 다시 변수 x에 저장한다.

※ 예제 2-13에서 주황색으로 표시되어 있는 '# x = x + 20 과 동일'은 프로그램을 설명하기 위해 추가된 것으로 주석문이라 불린다.

TIP

파이썬의 주석문

파이썬 프로그램에서 샵(#)으로 시작하는 것을 주석문이라 부른다.

샵(#) 기호는 주석문의 시작을 의미하고 # 다음에 오는 글자들은 프로그램 실행 시 무시되기 때문에 프로그램의 실행 결과에는 전혀 영향을 미치지 않는다.

※ 주석문에 대해서는 뒤의 2.6절 96쪽에서 좀 더 자세히 설명한다.

이번에는 표 2-2의 *= 연산자에 대해 알아보자.

```
01    x = 3
02    y = 5
03    x *= x + y        # x = x * (x + y)와 동일
04    print(x)
```

¤ 실행 결과

24

3행 x *= x + y는 x = x * (x + y)와 동일하다. x(값:3)에 y(값:5)를 더한 결과 8에 다시 x(값:3)를 곱하면 24가 된다. 이 값을 다시 x에 저장한다. 따라서 x는 24의 값을 가지게 된다.

2.4 문자열 처리

2.2절에서 데이터 형을 배울 때 문자열은 하나 또는 여러 개의 문자로 구성되며, 인덱스를 이용하여 문자열의 요소를 추출할 수 있다는 것을 배웠다.

이번 절에서는 문자열 반복, 문자열 연결, 문자열 길이를 구하는 방법 등에 대해 알아본다. 또한 포맷에 맞추어 문자열을 재배치하는 문자열 포맷팅에 대해서도 공부한다.

2.4.1 문자열 반복하기

숫자에 사용되는 곱셈 기호인 * 가 문자열에 대해 사용되면, 이것은 문자열을 반복시킨다. 다음 예제를 통하여 문자열 반복에 대해 알아보자.

예제 2-15. 문자열 반복	ex2-15.py

```
01    hello = '안녕' * 5
02
03    print(hello)
```

¤ 실행 결과

안녕안녕안녕안녕안녕

1행 '안녕' * 5은 '안녕'을 다섯 번 반복시킨 '안녕안녕안녕안녕안녕'을 hello에 저장한다.

3행 실행 결과에서와 같이 문자열 hello의 값인 '안녕안녕안녕안녕안녕'을 출력한다.

2.4.2 문자열 길이 구하기

문자열의 길이를 구하는 데는 len() 함수를 이용한다. 다음 예제를 통하여 len() 함수를 이용하여 문자열의 길이를 구하는 방법을 익혀보자.

예제 2-16. 문자열 길이 구하기	ex2-16.py

```
01    a = '쥐 구멍에 볕 들 날 있다.'
02
03    b = len(a)
04
05    print(b)
```

¤ 실행 결과

```
15
```

1행 문자열 a에 '쥐 구멍에 볕 들 날 있다.'를 저장한다. 문자열 a의 개수는 15가 된다. 여기서 하나의 공백, 즉 ' '도 하나의 문자라는 점에 유의하기 바란다.

3행 len(a)는 문자열 a의 개수인 15를 얻는 데 사용된다.

TIP

len() 함수

len(문자열)

len() 함수는 문자열의 개수를 얻는 데 사용된다.

2.4.3 문자열 연결하기

산술 연산자에서 덧셈 기호(+)는 숫자를 서로 더하는 데 사용되었다. 문자열에서 사용되는 + 기호는 두 개의 문자열을 서로 연결하는 데 사용된다.

다음 예제를 통하여 + 연산자를 이용하여 문자열을 서로 연결하는 방법을 익혀보자.

예제 2-17. 문자열 연결 연산자 : +	ex2-17.py

```
01    name = '홍지수'
02    greet = name + '님 안녕하세요!'
03    print(greet)
```

¤ 실행 결과

홍지수님 안녕하세요!

2행 문자열 name과 문자열 '님 안녕하세요!'를 서로 연결하여 하나의 문자열로 만들어 greet에 저장한다.

> **TIP**
>
> **문자열의 연결**
>
> 다음과 같이 문자열을 + 연산자로 연결할 때에 사용되는 데이터의 형은 모두 문자열이어야 한다.
>
> 변수 = ### + ### + ### + ### + ...
>
> 위에서 ###(변수 또는 데이터)의 데이터 형은 모두 문자열이어야 한다. 만약 문자열이 아닌 다른 형의 데이터(숫자, 리스트, 딕셔너리 등)가 올 경우에는 오류가 발생한다.

문자열 연결 시 오류가 발생하는 다음의 예를 살펴보자.

```
01    eng = 80
02    result = '영어 점수 : ' + eng + '점'
03    print(result)
```

¤ 실행 결과

```
TypeError                        Traceback (most recent call last)
〈ipython-input-58-8b1847209801〉 in 〈module〉
    1 # 파일명 : ex2-14.py
    2 eng = 80
----〉3 result = '영어 점수 : ' + eng + '점'
    4 print(result)

TypeError: can only concatenate str (not "int") to str
```

2행 + 연산자를 이용하여 문자열 '영어 점수 : ', 변수 eng, 문자열 '점'을 하나의 문자열로 연결한다.

그러나 위의 Tip에서 설명한 것과 같이 문자열을 연결할 때는 연결되는 대상이 모두 문자열이어야 한다. 하지만 변수 eng는 정수형 숫자이기 때문에 실행 결과와 같은 오류가 발생하게 된다.

여기서 발생하는 오류를 방지하기 위해서는 str() 함수를 이용하여 정수형 변수인 eng의 데이터 형을 문자열로 바꿔줘야 한다.

str() 함수

```
str(변수_데이터)
```

str() 함수는 정수형, 실수형 등의 변수 또는 데이터를 문자열로 변환한다.

예제 2-18에서와 같은 오류가 발행하지 않도록 하기 위해서는 예제 2-18이 다음과 같이 수정되어야 한다.

<table>
<tr><td>예제 2-19. 예제 2-18의 오류 수정</td><td>ex2-19.py</td></tr>
</table>

```
01    eng = 80
02    result = '영어 점수 : ' + str(eng) + '점'
03    print(result)
```

¤ 실행 결과

영어 점수 : 80점

2행 str(eng)는 정수형 변수인 eng의 데이터 형을 문자열로 변환한다. + 연산자는 세 개의 문자열을 연결한 다음 변수 result에 저장한다.

위의 예제 2-19에서와 같이 문자열에서 +를 이용하여 문자열을 연결할 때는 해당 변수 (또는 데이터)들의 데이터 형이 모두 문자열이어야 함을 꼭 기억하기 바란다.

2.4.4 문자열 포맷팅

문자열 포맷팅은 특정 포맷에 맞추어 문자열을 재배치하는 것이다. 일반적으로 문자열 포맷팅에는 % 연산자를 이용하는 방법과 str.format을 이용하는 방법 두 가지가 있다.

1 % 연산자를 이용한 문자열 포맷팅

다음 예제를 통하여 %s를 이용하여 문자열을 포맷팅을 하는 방법에 대해 알아보자.

예제 2-20. 문자열 포맷팅 : %s	ex2-20.py

```
01    name = '김수영'
02    a = '나는 %s입니다.' % name
03    print(a)
```

¤ 실행 결과

    나는 김수영입니다.

1행 변수 name에 문자열 '김수영'을 저장한다. 따라서 변수 name은 문자열의 데이터형을 가진다.

2행 포맷팅 기호 %s 대신에 name의 값이 대입된다. %s에서 s는 'string', 즉 문자열을 나타낸다. 따라서 문자열 a는 '나는 김수영입니다.'의 값을 가지게 된다.

※ %s는 문자열의 변수와 데이터에 대해 사용한다.

TIP

문자열 포맷팅 형식 : %s

'... *%s* .....' % 변수_데이터

*변수_데이터*에 해당되는 문자열의 값이 *%s* 위치에 대입된다.

이번에는 문자열 포맷 기호 %d가 사용되는 다음의 예를 살펴보자.

예제 2-21. 문자열 포맷팅 : %d   ex2-21.py

```
01    age = 20
02    a = '나이는 %d살 입니다.' % age
03    print(a)
```

¤ 실행 결과

나이는 20살 입니다.

1행 변수 age에 정수형 숫자 20을 저장한다.

2행 %d 대신에 age의 값 20을 대입한다. %d에서 d는 'digit', 즉 숫자를 의미한다. 따라서 문자열 a는 '나이는 20살 입니다.'의 값을 가진다.

※ %d는 정수형 변수(또는 데이터)에 대해 사용한다.

%d를 이용하여 문자열 포맷팅을 할 때, 01, 02, 03, 0001, 0002, ... 에서와 같이 숫자 앞에 0을 채워야 하는 경우가 종종 있다.

다음 예제를 통하여 숫자 앞을 0으로 채워서 문자열을 포맷팅하는 방법을 배워보자.

예제 2-22. 정수형 숫자 0으로 채우기 : %2d	ex2-22.py

```
01   year = 2020
02   month = 3
03   day = 5
04
05   a = '%d-%02d-%02d' % (year, month, day)
06   print(a)
```

¤ 실행 결과

2020-03-05

1~3행 변수 year, month, day에 각각 정수형 숫자 2020, 3, 5를 저장한다.

5행 %2d는 전체 자릿수가 두자리이고, 자리가 남을 때에는 0으로 채우게 된다. 그리고 '%d-%02d-%02d'에서 사용된 %d, %02d, %02d에는 각각 변수 year, month, day 의 값이 대입된다. 따라서 문자열 a는 '2020-03-05'의 값을 가진다.

TIP

포맷 기호와 변수의 매핑

예제 2-22의 5행에서 사용된 문자열 포맷팅의 매핑 관계는 다음과 같다.

'%d-%02d-%02d' % (year, month, day)

이번에서 %f를 이용하여 실수형 숫자를 포맷팅하는 방법을 익혀보자.

예제 2-23. 문자열 포맷팅 : %.2f ex2-23.py

```
01    height = 172.5
02    a = '키는 %.2f입니다.' % height
03    print(a)
```

¤ 실행 결과

키는 172.50입니다.

1행 변수 height에 실수형 숫자 172.5를 저장한다.

2행 여기서 사용된 %.2f에서 f는 'floating point', 즉 '부동 소수점'인 실수형 데이터를 의미한다. 그리고 .2는 소수점 둘째 자리(셋째 자리에서 반올림)까지 표시하게 한다.

%를 이용한 문자열 포맷팅에서 사용되는 포맷 기호들을 정리하면 다음과 같다.

표 2-3 %를 이용한 문자열 포맷팅의 포맷 기호

포맷 기호	사용되는 데이터 형
%d	정수형 숫자
%s	문자열
%f	실수형 숫자
%05d	정수형 숫자 다섯 자리, 남는 부분을 0으로 채움.
%.2f	소수점 둘째 자리의 실수형 숫자

2 format() 이용한 문자열 포맷팅

앞에서 배운 % 연산자와 더불어 문자열을 포맷팅하는 방법은 format() 메소드(Method)를 이용하는 것이다. 지금 단계에서 메소드는 함수와 거의 동일한 것, 즉 어떤 기능을 수행하는 것으로 이해하면 된다.

예제 2-24. str.format() 문자열 포맷팅   ex2-24.py

```
01    name = '황예린'
02    age = 18
03    eyesight = 1.2
04
05    a = '이름 : {}'.format(name)
06    b = '나이 : {}세'.format(age)
07    c = '시력 : {}'.format(eyesight)
08
09    print(a)
10    print(b)
11    print(c)
```

☼ 실행 결과

이름 : 황예린
나이 : 18세
시력 : 1.2

5행 중괄호({})의 자리에 문자열 name의 값이 대입된다. 문자열 a는 '이름 : 황예린'의 값을 가지게 된다.

6행 5행과 마찬가지로 중괄호({})의 자리에 정수형 변수 age의 값이 대입된다.

7행 같은 방식으로 중괄호({})의 자리에 실수형 변수 eyesight의 값이 대입된다.

format()을 이용하면 변수의 형에 상관없이 문자열을 포맷팅할 수 있다. 그러나 코드가 길어지는 단점이 있다. % 연산자를 이용하면 더 축약해서 표현할 수 있지만 해당 데이터 형에 맞는 기호를 알아두어야 한다. 두 가지 방법 중 본인이 편리하다고 생각하는 방식을 사용하면 된다.

메소드란?

메소드(Method)는 객체지향(Object-Oriented)에서 함수와 동일한 역할을 수행한다. 객체 내에서 함수들이 사용되는데 이 함수들을 우리는 '메소드'라고 부른다.

메소드를 조금 더 이해하기 위해 위에서 사용한 str.format() 형태를 조금 더 살펴보자.

```
str.format(변수_데이터, 변수_데이터, ...)
```

여기서 str은 문자열 객체(Object)이다. 객체의 메소드를 사용하기 위해서는 객체 이름 옆에 점(.)을 붙인 다음 해당 메소드를 이용한다.

문자열 객체를 다루기 위해 파이썬에서 준비한 문자열 메소드에는 다음과 같은 것들이 있다.

표 2-4 문자열 메소드

기호	설명
str.format()	문자열 포맷팅하기
str.count()	문자열 개수 세기
str.find()	문자열 내부의 특정 문자열 찾기
str.upper()	문자열 대문자로 바꾸기
str.lower()	문자열 소문자로 바꾸기
str.replace()	문자열 내부의 특정 문자열 바꾸기
str.split()	문자열 분리하기
str.isspace()	문자열에 공백이 있는지 체크하기

※ 객체, 클래스, 메소드 등을 다루는 객체지향 프로그래밍에 대해서는 9장에서 자세히 설명한다. 지금 단계에서는 메소드가 대충 어떤 것인지 정도만 이해하면 된다.

print() 함수를 이용하여 모니터 화면에 데이터를 출력하는 방법과 input() 함수를 이용하여 키보드로 데이터를 입력받아 이를 변수에 저장하는 방법에 대해 알아보자.

2.5.1 화면 출력

파이썬에서 화면에 데이터를 출력할 때는 print() 함수를 이용한다. print() 함수는 출력 방식에 따라 다음과 같이 여섯 가지 유형으로 분류할 수 있다.

❶ 콤마(,)를 이용한 출력
❷ 문자열 연결 기호(+)를 이용한 출력
❸ 문자열 포맷팅(%)을 이용한 출력
❹ format()을 이용한 출력
❺ 키워드 sep을 이용한 출력
❻ 키워드 end를 이용한 출력

1 콤마(,)를 이용한 출력

다음의 예제는 print() 함수에서 콤마(,)를 이용하여 변수 또는 데이터를 화면에 출력한다. 이를 통하여 기본적인 print() 함수의 사용법을 익혀보자.

예제 2-25. 콤마(,)를 이용한 출력   ex2-25.py

```
01    name = '홍길동'
02    age = 30
03    height = 173.7
04    print(name, age, height)
```

홍길동 30 173.7

4행에서 사용된 print() 함수에서는 괄호 안의 각 항목을 콤마(,)로 구분하고 있다. 이와 같은 방식으로 출력하면, 실행 결과에 나타난 것과 같이 각 항목 사이에 공백(' ')이 하나씩 삽입된다.

2 문자열 연결 기호(+)를 이용한 출력

앞의 2.4.3절에서 문자열을 연결할 때는 + 기호를 사용한다고 배웠다. 이것을 이용하여 메시지를 화면에 출력하는 방법에 대해 알아보자.

예제 2-26. 문자열 연결 기호(+)를 이용한 출력	ex2-26.py

```
01    x = 10
02    y = 20
03
04    print('x = ' + str(x) + ', y = ' + str(y))
```

¤ 실행 결과

x = 10, y = 20

4행에서는 네 개의 문자열 'x = ', str(x), ', y = ', str(y)를 + 기호로 연결하여 출력하고 있다.

※ 앞의 2.4.3절에서도 설명한 것과 같이 문자열을 + 기호로 연결할때는 대상이 되는 변수나 데이터의 데이터 형이 모두 문자열이어야 한다는 점에 유의하기 바란다. str() 함수에 대한 자세한 사용법은 앞의 72쪽을 참고한다.

문자열 포맷팅(%)을 이용한 출력

앞의 2.4.4절에서 % 기호를 이용한 문자열 포맷팅에 대해 알아보았다. 다음 예제는 두 과목의 합계와 평균을 구한 다음, 문자열 포맷팅을 이용하여 결과를 출력하는 프로그램이다.

예제 2-27. 문자열 포맷팅(%)을 이용한 출력	ex2-27.py

```
01   score1 = 80
02   score2 = 87
03
04   sum = score1 + score2
05   avg = sum/2
06
07   print('두 과목 점수 : %d, %d' % (score1, score2))
08   print('합계 : %d, 평균 : %.2f' % (sum, avg))
```

¤ 실행 결과

```
두 과목 점수 : 80, 87
합계 : 167, 평균 : 83.50
```

4행 두 과목의 합계를 구하여 sum에 저장한다.

5행 두 과목의 합계 sum을 2로 나눈 평균 값을 avg에 저장한다.

7행 %d는 정수형 숫자의 데이터 형을 의미하기 때문에 실행 결과의 첫 번째 줄에서와 같이 출력된다.

8행 %.2f는 소수점 둘째 자리까지의 실수형 숫자의 데이터 형을 의미한다. 실행 결과의 두 번째 줄에서와 같이 평균 값이 소수점 둘째 자리까지 표시된다.

※ %를 이용한 문자열 포맷팅에 대한 자세한 설명은 앞의 74쪽을 참고하기 바란다.

4 format()을 이용한 출력

다음 예제는 2.4.4절에서 배운 format() 메소드를 이용하여 메시지를 출력하는 프로그램이다. 이 예제를 통하여 print() 함수에서 format() 메소드를 활용하는 방법을 익혀보자.

예제 2-28. format()을 이용한 출력   ex2-28.py

```
01    name = '김소원'
02    id = 'kim'
03    point = 18000
04
05    print('이름 : {}'.format(name))
06    print('아이디: {}, 마일리지 : {}'.format(id, point))
```

¤ 실행 결과

```
이름 : 김소원
아이디: kim, 마일리지 : 18000
```

5행 format() 메소드를 이용하여 실행 결과의 첫 번째 줄에서와 같이 출력한다.

6행 format() 메소드를 이용하여 출력하고자 하는 항목이 두 개 이상일 경우에는 6행의 format(id, point)에서와 같이 각 항목을 콤마(,)로 구분하면 된다.

※ format() 메소드의 사용법에 대한 자세한 설명은 앞의 78쪽을 참고한다.

5 키워드 sep을 이용한 출력

키워드 sep은 출력되는 각 항목 사이에 들어갈 문자열을 정의하는 데 사용된다. 다음 예제를 통하여 키워드 sep의 사용법에 대해 알아보자.

예제 2-29. 키워드 sep을 이용한 출력	ex2-29.py

```
01    year = 2020
02    month = 3
03    day = 5
04
05    print(year, month, day, sep='/')
```

¤ 실행 결과

    2020/3/5

5행 출력되는 각 항목을 콤마(,)로 구분하고, 키워드 sep에 '/'를 입력하면 실행 결과에 나타난 것과 같이 각 항목 사이에 문자열 '/'가 삽입된다.

TIP

키워드 sep

print(변수_데이터, 변수_데이터, ... , sep = 문자열)

키워드 sep에 설정된 문자열이 각 항목, 즉 변수_데이터 사이에 삽입된다.

키워드 sep을 따로 설정하지 않으면 각 항목 사이에는 공백이 삽입되고, 키워드 sep을 이용하면 각 항목 사이에 공백 대신 특정한 문자열이나 기호를 넣을 수 있다.

6 키워드 end를 이용한 출력

키워드 end는 출력되는 내용의 마지막에 들어갈 문자열을 정의하는 데 사용된다. 다음 예를 통하여 키워드 end의 사용법을 익혀보자.

예제 2-30. 키워드 end를 이용한 출력	ex2-30.py

```
01    a = '안녕하세요.'
02    b = '반갑습니다.'
03
04    print(a)
05    print(b)
06
07    print('\n\n')
08
09    print(a, end='')
10    print(b)
```

¤ 실행 결과

안녕하세요.
반갑습니다.

안녕하세요.반갑습니다.

4,5행   print() 함수를 수행하면 기본적으로 실행 결과 첫 번째와 두 번째 줄에 나타난 것과 같이 줄바꿈이 일어나서 한 줄에 하나의 메시지가 출력된다.

7행   여기서 사용된 '\n'은 개행 문자라 부르고, 강제로 줄바꿈을 하는 데 사용한다. print('\n\n')는 print() 함수의 기본 줄바꿈 한번에 '\n'이 두번 사용되었기 때문에 실행 결과에서와 같이 세 개의 빈 줄이 생기게 된다.

9,10행 print(a, end='')는 문자열 a에 키워드 end에 설정된 문자열을 붙여서 출력하라는 의미이다. 여기서 end에 설정된 ''(단따옴표(') 2개)는 빈 문자열을 나타낸다. 문자열의 내용이 없는 빈 문자열은 다른 말로 '널', 즉 Null(또는 None)이라 부른다.

따라서, 키워드 end가 Null 문자인 ''로 설정되었기 때문에 9행과 10행에서 출력한 내용이 한 줄에 붙어서 보여진다.

널(Null)이란?

Null은 일반적으로 컴퓨터 언어에서 빈 문자열을 뜻한다. 파이썬에서는 Null에 해당되는 객체로 None을 사용한다.

※ None 에 대한 자세한 설명은 3장의 114쪽을 참고한다.

개행 문자 '\n' 이란?

파이썬에서 줄바꿈을 할 때는 개행 문자(New Line Character)가 사용되는데 개행 문자는 다른 말로 라인 피드(Line Feed)라고도 부른다. 파이썬을 포함한 대부분의 컴퓨터 언어에서는 개행 문자로 '\n'을 많이 사용한다.

※ 한글 키보드에서 역슬래시(\)를 입력하기 위해서는 키보드 우측 상단의 엔터 키 위에 있는 ₩ 으로 표시된 자판을 누르면 된다.

2.5.2 키보드 입력

파이썬에서 키보드로 데이터를 입력받기 위해서는 input() 함수를 이용한다. 다음 예제를 통하여 input()을 이용하여 데이터를 처리하는 방법을 익혀보자.

예제 2-31. input()을 이용한 키보드 입력   ex2-31.py

```
01    name = input('이름을 입력하세요 : ')
02
03    print('%s님 반갑습니다.' % name)
```

¤ 실행 결과

```
이름을 입력하세요 : 홍길동
홍길동님 반갑습니다.
```

1행 input() 함수가 실행되면 실행 결과에서와 같이 키보드 입력을 기다린다. 만약 '홍길동'을 키보드로 입력하면 변수 name에 그 값을 저장하게 된다.

3행 키보드로 입력한 내용을 포함한 '###님 반갑습니다.'란 메시지를 실행 결과에서와 같이 출력한다.

TIP

input() 함수

input(문자열)

input() 함수는 키보드로부터 입력되는 데이터를 받아들인다. 괄호 안에 있는 문자열은 입력 안내를 위한 메시지를 나타낸다.

이번에는 두 개의 숫자를 키보드로 입력받아 두 수의 합을 구하는 다음의 예를 살펴보자.

예제 2-32. 입력받은 두 수의 합 구하기 : 잘못된 결과	ex2-32.py

```
01    a = input('첫 번째 숫자를 입력하세요 : ')
02    b = input('두 번째 숫자를 입력하세요 : ')
03
04    c = a + b
05
06    print(c)
07    print(type(a), type(b), type(c))
```

¤ 실행 결과

```
첫 번째 숫자를 입력하세요 : 10
두 번째 숫자를 입력하세요 : 20
1020
〈class 'str'〉 〈class 'str'〉 〈class 'str'〉
```

1,2행 두 수를 입력받아 각각 변수 a와 b에 저장한다 .

4행 두 수를 합(a + b)을 구해 c에 저장한다.

6행 변수 c를 출력한다. 여기서 두 수의 합 30이 출력되지 않고 1020이 출력되고 있다.
여기서 꼭 알아두어야 할 것은 키보드로 입력되는 데이터는 문자열로 처리된다는 것이다.

7행 변수 a, b, c의 데이터 형을 출력해 보면 모두 'str', 즉 문자열임을 알 수 있다. 4행
에서 사용된 + 연산자는 문자열 연결 연산자이다. 따라서 '10'과 '20'을 연결한 새로운 문
자열 '1020'이 그 결과가 되는 것이다.

위의 예시와 달리 키보드로 입력받은 숫자를 정수형으로 처리하기 위해서는 다음의 예제
에서와 같이 int() 함수를 이용하여 문자열을 정수형 숫자로 변환해서 사용하여야 한다.

```
01    a = input('첫 번째 숫자를 입력하세요 : ')
02    b = input('두 번째 숫자를 입력하세요 : ')
03
04    c = int(a) + int(b)
05
06    print(c)
```

¤ 실행 결과

첫 번째 숫자를 입력하세요 : 10
두 번째 숫자를 입력하세요 : 20
30

4행 키보드로 입력받은 문자열 a와 b를 int() 함수를 이용하여 정수형 숫자로 변환하고 있다.

6행 여기서는 10과 20의 합인 30이 제대로 출력되고 있다.

위의 예제 2-33에서 1~4행은 다음과 같은 코드로 대체될 수 있다. 키보드로 입력받은 값, 즉 문자열을 int() 함수에 바로 적용하여 변수 a와 변수 b에 저장하는 것이다. 이렇게 함으로써 변수 a와 b는 정수형 숫자 값을 가지게 된다.

```
a = int(input('첫 번째 숫자를 입력하세요 : '))
b = int(input('두 번째 숫자를 입력하세요 : '))

c = a + b
```

int() 함수

int() 함수는 문자열, 실수형 등의 변수 또는 데이터를 정수형으로 변환한다.

```
int(변수_데이터)
```

파이썬에서 많이 사용되는 데이터 형 변환 함수를 정리하면 다음과 같다.

표 2-5 데이터 형 변환에 사용되는 함수

데이터 형 변환 함수	설명
str()	문자열로 변환
int()	정수형으로 변환
float()	실수형으로 변환

다음은 키보드로 실수형인 인치(inch)를 입력받아 센티미터(cm)로 변환하는 예이다.

예제 2-34. 키보드 입력된 인치를 센티미터로 변환	ex2-34.py

```
01    inch = float(input('인치(inch)를 입력하세요 : '))
02
03    cm = inch * 2.54
04
05    print('센티미터 : %.2f' % cm)
```

¤ 실행 결과

```
인치(inch)를 입력하세요 : 32.8
센티미터 : 83.31
```

1행 키보드로 입력받은 인치를 실수형으로 변환하여 변수 inch에 저장한다.

3,5행 변수 inch에 2.54를 곱해서 얻은 값을 cm에 저장한 다음 화면에 출력한다.

코딩 연습 : 삼각형의 면적 구하기

다음은 삼각형의 밑변의 길이와 높이를 이용하여 삼각형의 면적을 구하는 프로그램이다. 올바른 실행 결과가 나오도록 밑줄 친 부분을 채우시오.

◎ 실행 결과

삼각형의 밑변 길이 : 10
삼각형의 높이 : 3
삼각형의 면적 : 15.0

```
width  = 10
height = 3

area = ❶_____ * height / 2

print('삼각형의 밑변 길이 :', width)
print('삼각형의 높이 :', ❷_____)
print('삼각형의 면적 :',❸_____)
```

※ 정답은 97쪽에 있어요.

코딩 연습 : 거스름돈 계산하기

다음은 물건가격, 구매개수, 지불금액에 따라 거스름돈을 계산하는 프로그램이다. 밑줄 친 부분을 채우시오.

◎ 실행 결과

물건가격 : 800 원
구매개수 : 3 개
지불금액 : 5000 원
거스름돈 : 2600 원

```
price = 800
buy = 3
pay = 5000


❶_____ = ❷_____ – price * buy

print('물건가격 :', price, '원')
print('구매개수 :', ❸_____, '개')
print('지불금액 :', pay, '원')
print('거스름돈 :', change, '원')
```

※ 정답은 97쪽에 있어요.

코딩 연습 : 숫자 연산자

다음은 프로그램의 실행결과는 어떻게 되는가? 밑줄 친 부분을 채우시오.

```
x = 20
y = 4

x = y % x
print(x)

y -= x * 2
print(x, y)
```

◎ 실행 결과

❶_____

❷_____ ❸_____

※ 정답은 97쪽에 있어요.

코딩 연습 : 문자열 추출과 문자열 포맷팅

다음은 이름, 나이, 키를 포맷에 맞추어 출력하는 프로그램이다. 밑줄 친 부분을 채우시오.

◎ 실행 결과

성 : 홍
이름 : 길동
홍길동의 나이 : 30세, 키 : 171.50cm

```
name = "홍길동"
age = 30
height = 171.5

print('성 :', name[❶_____])
print('이름 :', name[❷_____])
print("❸_____의 나이 : ❹_____세, 키 : ❺_____cm" % (name, age,
height))
```

※ 정답은 97쪽에 있어요.

코딩 연습 : 키보드로 성적 입력받아 평균 구하기

다음은 학생 이름과 국어, 영어 수학 성적을 키보드로 입력받아 합계와 평균을 구하는 프로그램이다. 밑줄 친 부분을 채우시오.

◎ 실행 결과

학생 이름을 입력하세요 :황예린
국어 성적을 입력하세요 :83
영어 성적을 입력하세요 :85
수학 성적을 입력하세요 :91
이름:황예린, 국어:83, 영어:85,수학:91, 평균:86.3점

```
name = input('학생 이름을 입력하세요 :')
kor = ❶_____(input('국어 성적을 입력하세요 :'))
eng = ❶_____(input('영어 성적을 입력하세요 :'))
math = ❶_____(input('수학 성적을 입력하세요 :'))

❷_____ = kor + eng + math
❸_____ = total / ❹_____

print('이름:❺_____, 국어:%d, 영어:%d,수학:%d, 평균:%.1f점' % (name,
kor, eng, math, avg))
```

※ 정답은 97쪽에 있어요.

주석문은 프로그램 내부에서 프로그램을 설명, 즉 주석을 삽입하는 데 사용된다.

파이썬의 주석문에는 다음의 두 가지 있다.

❶ # : 한줄의 주석처리

❷ """ 또는 ''' : 여러 줄의 주석처리

다음 예제를 통하여 위의 두 가지 주석문이 어떻게 사용되는지 알아보자.

예제 2-35. 주석문	ex2-35.py

```
01   """
02   프로그램명 : 두 수 더하기
03   작성자 : 홍길동
04   작성일 : 2021.9.20
05   """
06
07   a = 10            # 변수 a에 10 저장
08   b = 20            # 변수 b에 20 저장
09
10   c = a + b          # 두 수를 더해 변수 c에  저장
11
12   # 결과를 출력한다.
13   print(c)
```

¤ 실행 결과

  30

1~5행 """과 """으로 둘러싸인 부분은 주석문으로서, 프로그램 소스에 대한 참고사항을 적어놓은 것이다. 이와 같이 """는 여러 줄을 주석 처리할 때 사용한다.

7,8,10,12행 이 행들에서는 #을 이용하여 하나의 줄에 대해 주석을 달고 있다.

예제 2-35에서와 같이 주황색으로 표시된 주석문은 프로그램 실행에 전혀 영향을 미치지 않는다. 달리 말하면 프로그램이 실행 될 때 주석 처리된 부분은 모두 무시된다.

코딩연습 정답

Q2-1 ❶ width ❷ height ❸ area
Q2-2 ❶ change ❷ pay ❸ buy
Q2-3 ❶ 4 ❷ 4 ❸ -4
Q2-4 ❶ 0 ❷ 1: ❸ %s ❹ %d ❺ %.2f
Q2-5 ❶ int ❷ total ❸ avg ❹ 3 ❺ %s

1. 다음은 파이썬에서 많이 사용되는 데이터 형이다. 데이터 형의 정의 및 특징에 대해 설명하시오.

　(1) 숫자 :

　(2) 문자열 :

2. 다음 프로그램의 실행 결과는?

```
a = 7
b = 10

c = a + b * 2
c %= 5
c **= 3
c -= c * 10

print(c)
```

　실행 결과 : _____

3. 원의 둘레와 면적을 구하는 프로그램을 작성하시오. 단, 실행 결과는 아래와 정확하게 일치하도록 하고, 반지름은 키보드로 입력받아 처리한다.

　▦ 실행 결과

　반지름을 입력하세요 : 10
　반지름 : 10 cm
　원의 둘레 : 62.80 cm
　원의 면적 : 314.00 cm2

4. 온라인 서점에서 결제할 금액을 계산하는 프로그램을 작성하시오. 단, 실행결과는 아래와 정확하게 일치하도록 하고, 책 값, 할인율, 배송료는 키보드로 입력 받아 처리한다.

※ 힌트 : 결제 금액 = 책 값 - (책 값 * 할인율 / 100) + 배송료

▦ 실행 결과

책 값을 입력하세요 : 15000
할인율을 입력하세요(%) : 15
배송료를 입력하세요 : 3000
결제 금액 : 15750원

5. 이름, 현재년, 출생년을 입력받아 나이를 계산하는 프로그램을 작성하시오.

※ 힌트 : 나이 = 현재년 - 출생년 + 1

▦ 실행 결과

이름을 입력하세요 : 안지영
현재년을 입력하세요 : 2020
탄생년을 입력하세요 : 1997
안지영님의 나이는 24세 입니다!

6. 연, 월, 일을 입력받아 ####-##-##의 형태로 출력하는 프로그램을 작성하시오. 단, 실행 결과에서와 같이 월과 일에 1~9의 숫자가 입력되면 그 숫자 앞에 0을 채운다.

▦ 실행 결과

연을 입력하세요 : 2020
월을 입력하세요 : 1
일을 입력하세요 : 5
2020-01-05

Chapter 03

조건문

파이썬의 조건문은 주어진 조건식의 참/거짓에 따라 필요로 하는 문장들을 선택적으로 수행할 수 있게 해준다. if문은 if~ 구문, if~ else~ 구문, if~ elif~ else~ 구문의 3가지로 나뉜다. 이번 장에서는 이러한 구문들의 구조를 이해하고 프로그램에서 활용할 수 있는 방법을 배운다. 또한 if문의 조건식에서 사용되는 비교 연산자와 논리 연산자에 대해서도 공부한다.

3.1 조건문이란?

인간의 뇌가 판단 능력을 가지듯 컴퓨터도 주어진 조건을 판단하여 필요로 하는 작업을 수행할 수 있는 능력이 있다. 파이썬에서 이러한 용도로 사용되는 것이 조건문이다. 조건문에서는 조건식의 참과 거짓의 상태에 따라 그 상태에서 필요로 하는 코드들을 수행하게 된다. 이번 절에서는 파이썬의 조건문인 if문의 동작 원리와 사용법에 대해 알아보자.

3.1.1 if문의 동작 원리

파이썬의 조건문인 if문은 다음의 세 가지 구문으로 구분된다. 프로그램을 작성할 때 조건문이 필요한 상황이 주어지면, 그 상황에 맞게끔 세 가지 구문 중에 하나를 선택하여 사용하거나, 경우에 따라서는 이 구문들을 적절하게 섞어서 사용할 수도 있다.

❶ if~ 구문
❷ if~ else~ 구문
❸ if~ elif~ else~ 구문

※ 지금 단계에서는 if문에 위의 세 가지 구문이 존재한다는 사실만 기억하면 된다. 이번 3장을 통하여 이 구문들에 대해 하나씩 알아보고 다양한 실습 예제들을 공부할 것이다.

if문의 동작 원리와 사용법에 대해 알아보도록 하자.

위의 세 가지 구문 중 ❷번의 if~ else~ 구문이 if문의 동작 원리를 파악하는 데 가장 적합하다.

if~ else~ 구문으로 키보드로 입력된 숫자가 양수인지 아닌지를 판별하는 다음의 프로그램을 살펴보자.

예제 3-1. if~ else~ 구문으로 양수 판별	ex3-1.py

```
01    x = int(input('숫자를 입력하세요 : '))
02
03    if x > 0 :
04    └┘print('양수!')
05    else :
06    └┘print('0 또는 음수!')
```

※ └┘는 들여쓰기를 의미한다.

☼ 실행 결과 1 : 23을 입력하였을 경우

```
숫자를 입력하세요 : 23
양수!
```

☼ 실행 결과 2 : -6을 입력하였을 경우

```
숫자를 입력하세요 : -6
0 또는 음수!
```

※ 위의 예에서와 같이 파이썬에서 if문을 사용할 때는 if의 다음 줄인 4행과 else 다음 줄인 6행이 반드시 들여쓰기(탭 키 또는 공백 4개를 삽입) 되어야 한다. 일반적으로 들여쓰기는 키보드 좌측의 탭(Tab) 키를 한번 누르면 된다.

3행의 if 다음의 조건식 'x가 0보다 크다'가 참(True)이면, 4행의 문장이 수행된다. 그렇지 않고 조건식이 거짓인 경우에는 5행 else 다음의 6행이 수행된다.

달리 말하면, 4행의 문장은 if의 조건식 'x > 0'이 참일 때 수행되고, 6행의 문장은 if의 조건식이 거짓일 때 수행된다.

예제 3-1의 if~ else~ 구문을 이용한 양수 판별 프로그램을 흐름도(Flow Chart)로 나타내면 다음과 같다.

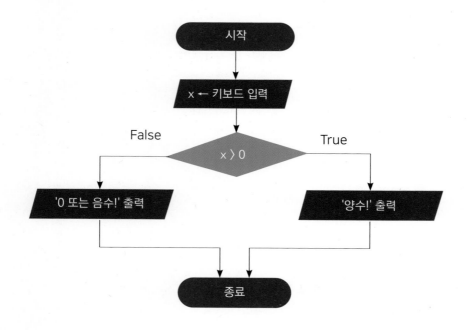

그림 3-1 키보드에서 입력한 수가 양수인지를 판별하는 흐름도

위의 흐름도를 살펴보면 키보드로 입력 받은 숫자를 x에 저장한 다음 'x > 0' 인지를 체크하여 참(True)인 경우에는 '양수!'를 출력한다. 그렇지 않은 경우에는 '0 또는 음수!'를 출력하게 된다.

이와 같이 if문에서는 조건식의 참/거짓의 결과에 따라 문장들을 선택하여 실행할 수 있다.

3.1.2 파이썬의 들여쓰기

파이썬의 조건문(if문)과 4장에서 배우는 반복문(for문, while문)에서 조건식 다음의 행들의 문장에는 반드시 들여쓰기를 사용하여야 한다.

파이썬에서 조건문과 반복문에 들여쓰기를 사용하는 이유를 알기 위해 C/C++, 자바, PHP 등에서 사용하는 중괄호({}) 방식과 파이썬의 들여쓰기 방식을 비교해보자.

❶ **괄호({}) 방식** : 파이썬을 제외한 C/C++, 자바 등 대부분의 언어에서 사용하는 방식

```
if (조건식)
{
    문장1
    문장2
    ....
}
else
{
    문장I
    문장II
    ....
}
```

if문의 조건식이 참이면 if 다음에 중괄호({}) 사이에 있는 문장1, 문장2, ... 을 수행하고, 조건식이 거짓이면 else 다음의 중괄호({}) 안에 있는 문장I, 문장II, ...를 수행한다.

이것이 C/C++을 비롯한 대부분의 언어들에서 조건문과 반복문에 사용하는 방식이다.

❷ 들여쓰기 방식 : 파이썬에서만 사용하는 방식

```
if 조건식 :
   └─ 문장1
   └─ 문장2
      ....
else :
   └─ 문장I
   └─ 문장II
      ....
```

if문의 조건식이 참이면 if 다음에 들여쓰기 되어 있는 문장1, 문장2, ... 을 수행하고, 조건식이 거짓이면 else 다음에 들여쓰기 되어 있는 문장I, 문장II, ...를 수행한다.

들여쓰기는 탭(Tab) 키나 공백 키를 이용하여 일정한 개수의 공백을 삽입하면 된다. 일반적으로 탭 키를 한 번 눌러 일정한 들여쓰기를 한다. 텍스터 에디터의 탭 키의 설정에 따라 다르지만 일반적으로 탭 키 한번이 공백 4개로 설정되어 있는 경우가 많다.

C++, 자바 등 다른 언어에 익숙한 프로그래머가 처음 파이썬의 들여쓰기를 접하면 낯설고 불편하게 느끼는 경우가 많다. 그러나 이 들여쓰기에 익숙해지면 상당히 편리한 방식이라는 것을 느끼게 될 것이다.

비교 연산자와 논리 연산자

이번 절에서는 if문의 조건식에서 사용되는 다음의 비교 연산자와 논리 연산자에 대해 알아보자.

❶ 비교 연산자 : 〉, 〈, 〉=, 〈=, ==, !=
❷ 논리 연산자 : and, or, not

3.2.1 비교 연산자

if문(또는 for문과 while문)의 조건식에서 사용되는 비교 연산자를 표로 정리하면 다음과 같다.

※ for문에 while문에 대해서는 4장에서 자세히 다룬다.

표 3-1 비교 연산자

비교 연산자	설명
a 〉 b	a는 b보다 크다
a 〈 b	a는 b보다 작다
a == b	a와 b는 같다
a != b	a와 b는 같지 않다
a 〉= b	a는 b보다 크거나 같다
a 〈= b	a는 b보다 작거나 같다

다음의 예제를 통하여 표 3-1의 비교 연산자들이 어떤 경우에 참(True)이 되고 어떤 경우에 거짓(False)이 되는지 알아보자.

예제 3-2. 비교 연산자의 참/거짓   ex3-2.py

```
01    x = 10
02    y = 3
03
04    print(x > 9)          # x가 9보다 큰가?
05    print(y <= 10)         # y가 10보다 작거나 같은가?
06    print(x + y == 13)     # x + y가 13과 같은가?
07    print(x % 2 == 0)      # x를 2로 나눈 나머지가 0인가? 즉, 짝수인가?
08    print(y % 2 == 0)      # y를 2로 나눈 나머지가 0인가? 즉, 짝수인가?
09    print(x % 4 == 0)      # x가 4의 배수인가?
10    print(y % 3 != 0)      # y는 3의 배수가 아닌가?
```

¤ 실행 결과

```
True
True
True
True
False
False
False
```

7행 조건식 x % 2 == 0은 'x를 2로 나눈 나머지가 0과 같다'는 의미이며, 이것은 x가 짝수인지 아닌지를 판단하게 된다. 여기서 x는 10의 값을 가지기 때문에 10 % 2 == 0 이 참이 되어 실행 결과 4번째 줄에서와 같이 참인 True가 출력된다.

10행 y % 3 != 0은 y가 3의 배수가 아닌 경우에 참이 되는데, 현재 y의 값이 3이기 때문에, 조건식은 '3을 3으로 나눈 나머지는 0이 아니다'가 되어, 실행 결과의 마지막 줄에 나타난 것과 같이 그 결과는 거짓(False)이 된다.

이번에는 키보드로 입력받은 수가 짝수인지 홀수인지를 판별하는 프로그램을 작성해 보자.

예제 3-3. 짝수/홀수 판별	ex3-3.py

```
01    num = int(input('숫자를 입력하세요 : '))
02
03    if num % 2 == 0 :
04        print('짝수이다.')
05    else :
06        print('홀수이다.')
```

☼ 실행 결과 1 : **짝수가 입력되었을 경우**

숫자를 입력하세요 : 24
짝수이다.

☼ 실행 결과 2 : **홀수가 입력되었을 경우**

숫자를 입력하세요 : 35
홀수이다.

3행 if의 조건식이 참인 경우에는 4행에 의해 '짝수이다.'가 출력되고, 그렇지 않고 조건식이 거짓인 경우에는 6행의 문장에 의해 '홀수이다.'가 출력된다.

정리하면, 키보드로 짝수의 숫자가 입력되면 실행 결과 1과 같이 '짝수이다.'란 메시지가 출력되고, 홀수의 숫자가 입력되는 경우에는 실행 결과 2에서와 같이 '홀수이다.'가 출력된다.

3.2.2 논리 연산자

논리 연산자도 앞에서의 비교 연산자와 마찬가지로 if문, for문, while문에서 주로 사용된다. 다음의 표는 파이썬에서 사용되는 논리 연산자를 정리한 것이다.

표 3-2 논리 연산자

논리 연산자	설명
조건1 and 조건2	조건1과 조건2 둘 다 참이어야 전체 결과가 참이 된다
조건1 or 조건2	조건1과 조건2 중 하나만 참이어도 전체 결과가 참이 된다
not 조건	조건이 참이면 그 결과는 거짓, 조건이 거짓이면 그 결과는 참이 된다

표 3-2에서 논리 연산자 and는 두 조건이 모두 참이어야만 참이 되고 , or 연산자는 두 조건 중 하나만 참이어도 참이 된다. 그리고 not 연산자는 참을 거짓으로, 거짓을 참으로 변경한다.

1 │ 논리 연산자 : and

다음은 자격증 시험에서 필기 성적이 80점 이상이고, 실기 성적이 80점 이상인 경우에 합격이라고 판정하는 프로그램이다.

예제 3-4. 자격증 시험 합격/불합격 판정   ex3-4.py

```
01    score1 = int(input('필기성적을 입력하세요 : '))
02    score2 = int(input('실기성적을 입력하세요 : '))
03
04    if score1 >= 80 and score2 >= 80 :
05        print('합격!')
06    else :
07        print('불합격!')
```

¤ 실행 결과 1 : 필기 90, 실기 80인 경우

필기성적을 입력하세요 : 90
실기성적을 입력하세요 : 85
합격!

¤ 실행 결과 2 : 필기 75, 실기 95일 경우

필기성적을 입력하세요 : 75
실기성적을 입력하세요 : 95
불합격!

4~7행 if문의 조건식은 score1이 80 이상이고, 동시에 score2가 80 이상이어야만 조건식이 참이 된다. 조건식이 참이 되면, 5행의 문장에 의해 '합격!'이 출력된다.

그렇지 않고 두 조건 중 하나라도 거짓이면 전체가 거짓이 되어 7행에 의해 '불합격!'이 출력된다.

2 논리 연산자 : or

다음은 홈페이지에서 아이디가 'admin'이거나 회원 레벨이 1이면, 관리자라고 판정하는 프로그램이다. 이 때는 논리 연산자 or가 사용된다.

예제 3-5. 홈페이지 관리자 판별	ex3-5.py

```
01    id = input('아이디를 입력하세요 : ')
02    level = int(input('회원 레벨을 입력하세요 : '))
03
04    if id == 'admin' or level == 1 :
05        print('관리자이다.')
06    else :
07        print('관리자가 아니다.')
```

☼ 실행 결과 1 : 아이디가 'admin', 회원 레벨이 1인 경우

아이디를 입력하세요 : admin
회원 레벨을 입력하세요 : 1
관리자이다.

☼ 실행 결과 2 : 아이디가 'rubato', 회원 레벨이 1인 경우

아이디를 입력하세요 : rubato
회원 레벨을 입력하세요 : 1
관리자이다.

☼ 실행 결과 3 : 아이디가 'ocella', 회원 레벨이 7인 경우

아이디를 입력하세요 : ocella
회원 레벨을 입력하세요 : 7
관리자가 아니다.

4~7행 if문의 조건식은 아이디가 'admin'이거나 level이 1인 경우에 참이 된다. 이 경우는 아이디가 'admin'이면 회원 레벨과 상관없이 관리자이고, 만약 아이디가 'admin'이 아니라면 회원 레벨을 체크하여 회원 레벨이 1인 경우에는 관리자라고 판정하게 된다.

3 논리 연산자 : not

다음은 논리 연산자 not이 사용된 예이다.

예제 3-6. 논리 연산자 not의 사용 예	ex3-6.py

```
01   name = input('이름을 입력하세요 : ')
02
03   if not name :
04       print('이름이 입력되지 않았다.')
05   else :
06       print('이름 : %s' % name)
```

¤ 실행 결과 1 : **이름이 입력되지 않은 경우**

    이름을 입력하세요 :
    이름이 입력되지 않았다.

¤ 실행 결과 2 : **'홍지수'가 입력된 경우**

    이름을 입력하세요 : 홍지수
    이름 : 홍지수

위에서 실행 결과 1과 실행 결과 2의 두 가지 경우를 좀 더 자세히 살펴보자.

❶ 실행결과 1을 얻는 경우

1행에서 키보드로 이름을 입력하지 않고 엔터 키를 치면 변수 name은 값이 없는 상태, 즉 None의 값을 가진다. None은 조건식에서 False로 판정된다. 따라서 name의 값이 None이면 조건식 not name은 True가 되어 4행에 의해 '이름이 입력되지 않았다.'가 출력된다.

None이란?

파이썬에서 None은 다른 컴퓨터 언어에서 말하는 Null을 의미한다. 키워드 None 은 값이 없는 것을 의미한다.

None이 조건식에서 사용되면 False로 판정된다.

❷ 실행결과 2를 얻는 경우

1행에서 키보드로 '홍지수' 이름이 입력되면 name 값은 '홍지수'가 되어 그 결과는 True 가 된다. 따라서 not name은 False가 되어 else 다음의 문장에 의해 '이름 : 홍지수'가 출력된다.

※ 주어진 조건식에 따른 참/거짓의 정확한 판정은 다음 쪽의 알아두기에서 자세히 설명한다.

참(True)과 거짓(False)의 판정

if문에서 다음의 조건식은 참일까 거짓일까?

```
if 15 :
if 0 :
if None :
if '홍길동' :
```

위의 if문 조건식들은 모두 문법적으로 유효하다. 실제로 다음과 같이 참 거짓을 테스트해 보자.

예제 3-7. 참/거짓 판정	ex3-7.py

```
print(True) if 15 else print(False)
print(True) if 0 else print(False)
print(True) if None else print(False)
print(True) if '홍길동' else print(False)
```

¤ 실행 결과

```
True
False
False
True
```

위의 첫 번째 줄은 다음의 축약형이다.

```
if 0 :
    print(True)
else :
    print(False)
```

0과 None은 거짓(False)이고 15와 '홍길동'은 참(True)으로 간주됨을 알 수 있다.

조건식의 결과 값이 0 또는 None의 값을 가지게 되면 거짓(False)이 되고 그 외 모든 값은 참(True)이 된다.

3.3 if~ 구문

if~ 구문은 다음과 같은 사용 형식을 가지고 있다.

```
if 조건식 :
    문장1
    문장2
    ...
```

'if 조건식 :' 다음 줄에 들여쓰기 되어 있는 문장1, 문장2, ... 는 조건식이 참일 때만 수행 된다.

다음은 if~ 구문을 이용하여 입장료를 계산하는 프로그램이다. 이 예에서 기본 입장료는 3,000원이고, 나이가 65세 이상이거나 7세 미만인 경우에는 입장료가 0원이 된다.

예제 3-8. if~ 구문의 사용 예   ex3-8.py

```
01      age = int(input('나이를 입력하세요 : '))
02      pay = '3000원'
03
04      if age >= 65 or age < 7 :
05          pay = '무료'
06
07      print('입장료 : %s' % pay)
```

¤ 실행 결과 1 : **키보드로 입력한 나이가 65 이상 또는 7 미만인 경우**

나이를 입력하세요 : 67
입장료 : 무료

¤ 실행 결과 2 : **키보드로 입력한 나이가 7~64인 경우**

나이를 입력하세요 : 25
입장료 : 3000원

4,5행 if문의 조건식 'age >= 65 or age < 7'은 age가 65 이상이거나 age가 7 미만인 경우에는 참이 되어 6행의 문장이 수행된다. 따라서 '3000원'의 값을 가지고 있던 변수 pay의 값이 '무료'가 된다.

7행 입장료를 나타내는 변수 pay의 값은 4행의 조건식이 참이면 '무료'가 되고, 만약 조건식이 거짓이면, 5행의 문장이 수행되지 않기 때문에 2행에서 설정된 pay의 값 '3000원'이 그대로 유지된다.

if~ 구문의 예로 사용된 예제 3-8을 흐름도로 나타내면 다음과 같다.

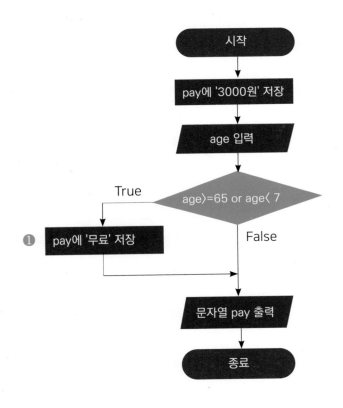

그림 3-2 예제 3-8의 흐름도

위의 흐름도에서 제일 중요한 점은 ①의 pay에 '무료'를 저장하는 블록은 if~ 구문의 조건식 'age>=65 or age<7'이 참(True)인 경우에만 수행된다는 것이다.

3.4 if~ else~ 구문

if~ else~ 구문은 짝수/홀수, 합격/불합격 등에서와 같이 이분법적 논리가 적용되는 경우에 사용된다. 즉, 다음과 같이 두 가지 조건만 존재하는 경우에는 if~ else~ 구문을 적용할 수 있다.

> · 남성 vs 여성
>
> · 3의 배수이다 vs 3의 배수가 아니다
>
> · 존재한다 vs 존재하지 않는다
>
> · 회원 vs 비회원
>
> · 합격 vs 불합격

파이썬에서 사용되는 if~ else~ 구문의 형식을 정리하면 다음과 같다.

```
if 조건식 :
    문장1
    문장2
    ...
else :
    문장A
    문장B
    ...
```

위에서 만약 조건식이 참이면 if 다음 줄에 들여쓰기 되어있는 문장1, 문장2, ... 가 수행되고, 그렇지 않고 조건식이 거짓이면 else 다음 줄에 있는 문장A, 문장B, ...가 수행된다.

키보드로 입력한 비밀번호가 맞는지를 체크하는 다음의 예를 통하여 if~ else~ 구문의 구조와 사용법을 익혀보자.

예제 3-9. if~ else~ 구문의 사용 예

ex3-9.py

```
01    answer = '12345'
02    password = input('비밀번호를 입력하세요 : ')
03
04    if password == answer :
05        print('비밀번호 OK!')
06    else :
07        print('비밀번호 Not OK!')
```

¤ 실행 결과

비밀번호를 입력하세요 : 34566
비밀번호 Not OK!

1행 설정 비밀번호를 의미하는 answer에 '12345'를 저장한다.

4~7행 입력된 비밀번호 password와 설정 비밀번호 answer가 같으면, 5행을 수행하고, 그렇지 않으면 7행을 수행한다.

위의 예에서 입력된 비밀번호는 맞는 비밀번호이거나 틀린 비밀번호이다. 그 외의 경우는 존재하지 않는다.

이와 같이 두 가지 경우만 존재할 때 사용하는 것이 if~ else~ 구문이다.

if~ else~ 구문의 동작 과정을 좀 더 자세히 보기 위해 다음의 예제 3-9의 흐름도를 살펴보자.

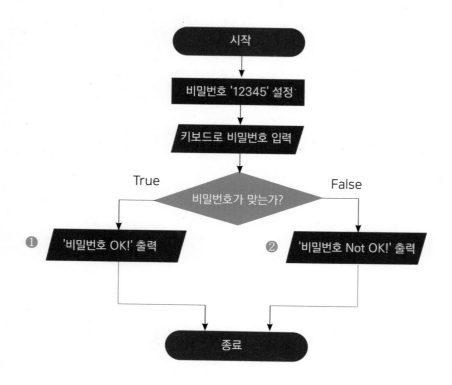

그림 3-3 예제 3-9(if~ else~ 구문)의 흐름도

위의 흐름도에서 ❶의 '비밀번호 OK!'란 메시지는 조건식이 참일 때 수행되고, ❷의 '비밀번호 Not OK!'란 메시지는 조건식이 거짓일 때 수행된다.

프로그램이 실행되면 ❶과 ❷의 문장 중에 하나만 수행되고, 어느 문장이 수행될지를 판단하는 것이 if의 조건식이라는 것에 유의하기 바란다.

3.5 if~ elif~ else~ 구문

if~ elif~ else~ 구문은 다수의 조건식이 존재할 때 사용하며 다음과 같은 형식을 갖고 있다.

```
if 조건식1 :
    문장1
    문장2
    ...
elif 조건식2 :
    문장a
    문장b
    ...
elif 조건식3 :
    문장A
    문장B
    ...
else :
    문장I
    문장II
    ...
```

만약 조건식1이 참이면 문장1, 문장2, ... 를 수행하고, 그렇지 않고 조건식2가 참이면 문장a, 문장b, ...를 수행하고, 그렇지 않고 조건식3이 참이면 문장A, 문장B, ...를 수행한다. 그리고 조건식1, 조건식2, 조건식3, ... 등의 조건식이 모두 거짓일 경우에는 else 다음의 문장I, 문장II, ...를 수행하게 된다.

다음은 점수에 따라 등급 A, B, C, D, F를 판정하는 프로그램이다. 이 예제를 통하여 if~ elif~ else~의 구조를 살펴보자.

표 3-3 점수에 따른 등급표

등급	A	B	C	D	F
점수	90~100	80~89	70~79	60~69	0~59

예제 3-10. if~ elif~ else~ 구문의 사용 예   ex3-10.py

```
01    score = int(input('점수를 입력하세요 : '))
02
03    if score >= 90 :
04        grade = 'A'
05    elif score >= 80 :
06        grade = 'B'
07    elif score >= 70 :
08        grade = 'C'
09    elif score >= 60 :
10        grade = 'D'
11    else :
12        grade = 'F'
13
14    print('성적 : %d점' % score)
15    print('등급 : %s' % grade)
```

¤ 실행 결과

점수를 입력하세요 : 85
성적 : 85점
등급 : B

3~12행 if~ elif~ else~에 의해 각 점수에 해당되는 등급 grade가 결정된다.

코딩 연습 : 월을 입력받아 계절 표시하기

다음은 if~ 구문을 이용하여 월을 입력받아 해당 계절을 표시하는 프로그램이다. 밑줄 친 부분을 채우시오.

◎ 실행 결과

월을 입력하세요 : 7
7월은 여름입니다.

```
month = int(input('월을 입력하세요 : '))

if month >= 3 ❶_____ month <= 5 :
    print('❷_____월은 봄입니다.' % ❹_____)

if month >= 6 ❶_____ month <= 8 :
    print('❷_____월은 여름입니다.' % ❹_____)

if month >= 9 ❶_____ month <= 11 :
    print('❷_____월은 가을입니다.' % ❹_____)

if month == 12 ❸_____month == 1 ❸_____ month == 2 :
    print('❷_____월은 겨울입니다.' % ❹_____)
```

※ 정답은 124쪽에 있어요.

코딩 연습 : 숫자로 열차 좌석 판별하기

다음은 if~ 구문을 이용하여 숫자를 입력받아 열차의 좌석 종류를 알려주는 프로그램이다. 밑줄 친 부분을 채우시오.

◎ 실행 결과

좌석 종류를 입력해 주세요(1:일반실, 2:특실) : 1
일반실입니다.

```
a = input('좌석 종류를 입력해 주세요(1:일반실, 2:특실) : ')

seat1 = '일반실'
seat2 = '특실'

❶____ a == ❷_____ :
    print('%s입니다.' % seat1)

❶____ a == ❸_____ :
    print('%s입니다.' % seat2)
```

※ 정답은 126쪽에 있어요.

코딩 연습 : 4의 배수인지 5의 배수인지 판별하기

다음은 if~ 구문을 이용하여 입력받은 수가 4의 배수인지 5의 배수인지를 판별하는 프로그램이다. 밑줄 친 부분을 채우시오.

◎ 실행 결과

숫자를 입력하세요 : 34
34은(는) 4의 배수도 5의 배수도 아니다.

```
num = int(input('숫자를 입력하세요 : '))
result = '4의 배수도 5의 배수도 아니다.'

❶____  num % 4 ==  ❷____ :
   result = '4의 배수이다'
❶____ num % 5 ==  ❷____ :
   result = '5의 배수이다'
❶____ num % 4 == 0  ❸____ num%5 == 0 :
   result = '4의 배수이면서 5의 배수이다.'

print('%d은(는) ❹____ ' % (num, result))
```

※ 정답은 126쪽에 있어요.

다음은 if~ else~ 구문을 이용하여 영문 알파벳 하나를 입력받아 모음인지 자음인지를
판별하는 프로그램이다. 밑줄 친 부분을 채우시오.

◎ 실행 결과

영어 알파벳을 입력하세요 : w
w은(는) 자음이다.

```
char = input('영어 알파벳을 입력하세요 : ')

char2 = char.upper()

❶____ char2 == 'A' ❷____ char2 == 'E' ❷____ char2 == 'I' ❷____ char2
== 'O' ❷____ char2 == 'U' :
    print('%s은(는) 모음이다.' % ❸____)
❹____ :
    print('%s은(는) 자음이다.' % ❸____)
```

※ char.upper()는 문자열 char을 대문자로 변경한다. upper() 메소드에 대한 설명
은 2.4절의 79쪽을 참고하기 바란다.

※ 정답은 129쪽에 있어요.

| 코딩연습 정답 | Q3-2 ❶ if ❷ '1' ❸ '2' |
| | Q3-3 ❶ if ❷ 0 ❸ and ❹ %s |

코딩 연습 : 키와 몸무게에 따라 체형 판정하기

다음은 if~ else~ 구문을 이용하여 키와 몸무게를 입력받아 체형을 판정하는 프로그램이다. 밑줄 친 부분을 채우시오.

◎ 실행 결과

```
키를 입력해 주세요 : 175
몸무게를 입력해 주세요 : 70
------------------------------

키 : 175cm
몸무게 : 70kg
딱 보기 좋습니다.
------------------------------
```

```python
height = int(input('키를 입력해 주세요 : '))
weight = int(input('몸무게를 입력해 주세요 : '))

a = (height − 100) * 0.9;

print('−' * 30)
print('키 : %dcm' % ❶_____)
print('몸무게 : %dkg' % ❷_____)

❸_____ weight 〉❹_____ :
    print('딱 보기 좋습니다.')
❺_____ :
    print('표준(또는 마른) 체형입니다.')

print('−' * 30)
```

※ 정답은 129쪽에 있어요.

코딩 연습 : 할인율에 따른 지불 금액 계산하기

다음은 if~ elif~ else~ 구문을 이용하여 물건 구매가를 입력받아 할인율에 따라 지불 금액을 계산하는 프로그램이다. 밑줄 친 부분을 채우시오.

※ 할인율 : 10000원 이상~50000원 미만 : 5%, 50000원 이상~300000원 미만 :7.5%, 300000원 이상:10%

◎ 실행 결과

```
물건 구매가를 입력하세요 : 60000
구매가 : 60000원
할인율 : 7.5%
할인 금액 : 4500원
지불 금액 : 55500원
```

```
buy = int(input('물건 구매가를 입력하세요 : '))

❶_____ buy >= 10000 and buy < 50000 :
    rate = 5
❷_____ buy >= 50000 and buy < 300000 :
    rate = 7.5
❷_____ buy >= 300000 :
    rate = 10
❸_____ :
    rate = 0

discount = buy * rate / 100
pay = buy - discount

print('구매가 : %.0f원' % buy)
print('할인율 : %.1f%%' % rate)
print('할인 금액 : %.0f원' % ❹_____)
print('지불 금액 : %.0f원' % ❺_____)
```

※ 정답은 133쪽에 있어요.

코딩 연습 : 세 수 중 가장 큰 수 찾기

다음은 if~ elif~ else~ 구문을 이용하여 입력받은 세 수 중 가장 큰 수를 찾는 프로그램이다. 밑줄 친 부분을 채우시오.

◎ 실행 결과

첫 번째 정수를 입력하세요 : 34
두 번째 정수를 입력하세요 : 33
세 번째 정수를 입력하세요 : 27
입력된 세 수 34, 33, 27 중에서 가장 큰 수는 34 입니다.

```python
num1 = int(input('첫 번째 정수를 입력하세요 : '))
num2 = int(input('두 번째 정수를 입력하세요 : '))
num3 = int(input('세 번째 정수를 입력하세요 : '))

❶_____ (num1 >= num2) and (num1 >= num3) :
    largest = num1
❷_____ (num2 >= num1) and (num2 >= num3) :
    largest = num2
❸_____ :
    largest = num3

print('입력된 세 수 %d, %d, %d 중에서 가장 큰 수는 %d 입니다.' % (num1,
num2, num3, ❹_____))
```

※ 정답은 133쪽에 있어요.

코딩연습 정답   Q3-4 ❶ if ❷ or ❸ char ❹ else

Q3-5 ❶ height ❷ weight ❸ if ❹ a ❺ else

코딩 연습 : 고객 만족도에 따른 팁 계산하기

다음은 음식점 직원 서비스에 대한 고객 만족도에 따라 팁을 계산하는 프로그램이다. 밑줄 친 부분을 채우시오.　　　※ 팁 : 매우만족(1) 20%, 만족(2) 10%, 불만족(3) 5%

◎ 실행 결과

서비스 만족도 :
　1: 매우만족
　2: 만족
　3: 불만족
서비스 만족도를 입력해주세요(예: 1 또는 2 또는 3) : 2
음식값을 입력해 주세요(예:8000) : 9000

서비스 만족도 : 만족, 팁 : 900원

```
print('서비스 만족도 :')
print('  1: 매우만족')
print('  2: 만족')
print('  3: 불만족')
a = input('서비스 만족도를 입력해주세요(예: 1 또는 2 또는 3) : ')

price = int(input('음식값을 입력해 주세요(예:8000) : '))

if ❶_____ :
    tip = int(price * 0.2)
    service = '매우 만족'
elif ❷_____ :
    tip = int(price * 0.1)
    service = '만족'
else :
    tip = int(price * 0.05)
    service = '불만족'

print()
print('서비스 만족도 : %s, 팁 : %d원' % (❸_____, ❹_____))
```

※ 정답은 133쪽에 있어요.

if문으로 만 나이 계산하기

이번 절에서는 앞에서 배운 세 가지 if 구문들을 이용하여 만 나이를 계산하는 프로그램을 작성하여 보자.

만 나이는 출생연월일과 현재의 연월일에 따라 결정되는데 만 나이가 계산되는 알고리즘을 표로 정리하면 다음과 같다.

표 3-4 만 나이 계산 알고리즘(오늘 날짜가 8월 20일 이라고 가정)

출생월	출생일	만 나이 계산법
8월 이전(1월~7월)	–	만 나이 = 현재년 – 출생년
8월	20일 이전(1일 ~ 20일)	만 나이 = 현재년 – 출생년
	20일 이후(21일 ~ 31일)	만 나이 = 현재년 – 출생년 – 1
8월 이후(9월~12월)	–	만 나이 = 현재년 – 출생년 – 1

표 3-4의 만 나이 계산 알고리즘은 다음의 3가지 경우로 나눌 수 있다.

❶ **출생월이 현재월(8월) 이전 : 1~7월 출생**

만 나이 = 현재년 – 출생년

❷ **출생월이 현재월(8월) 과 같은 경우 : 8월 출생**

같은 달에 출생한 경우에는 다시 출생일이 현재일 이전인지 이후인지를 체크해야 한다.

⑴ **출생일 현재일(20일) 이전 : 1~19일 출생**

만 나이 = 현재년 – 출생년

⑵ **출생일 현재일(20일) 이후 : 20~31일 출생**

만 나이 = 현재년 – 출생년 – 1

❸ **출생월이 현재월(8월) 이후 : 9~12월 출생**

만 나이 = 현재년 – 출생년 – 1

```
01    now_year  = int(input('현재년을 입력해 주세요 : '))
02    now_month = int(input('현재월을 입력해 주세요 : '))
03    now_day   = int(input('현재일을 입력해 주세요 : '))
04
05    birth_year  = int(input('출생년을 입력해 주세요 : '))
06    birth_month = int(input('출생월을 입력해 주세요 : '))
07    birth_day   = int(input('출생일을 입력해 주세요 : '))
08
09    if birth_month < now_month :
10        age = now_year - birth_year
11    elif birth_month == now_month :
12        if birth_day < now_day :
13            age = now_year - birth_year
14        else :
15            age = now_year - birth_year - 1
16    else :
17        age = now_year - birth_year - 1
18
19    print('-' * 50)
20    print('오늘 날짜 : %d년 %d월 %d일' % (now_year, now_month, now_day))
21     print('생년 월일 : %d년 %d월 %d일' % (birth_year, birth_month, birth_day))
22    print('-' * 50)
23    print('만 나이 : %d세' % age)
24    print('-' * 50)
```

1~7행 현재의 연월일과 출생연월일을 키보드로 입력받는다.

9행 출생월이 현재월 이전인지를 체크한다.

11행 출생월이 현재월과 같은지를 체크한다. 만약 같다면, 다시 12~15행에 의해 출생일이 현재일 이전인지를 체크하여 만 나이를 계산한다.

현재년을 입력해 주세요 : 2020
현재월을 입력해 주세요 : 1
현재일을 입력해 주세요 : 27
출생년을 입력해 주세요 : 1997
출생월을 입력해 주세요 : 5
출생일을 입력해 주세요 : 7

오늘 날짜 : 2020년 1월 27일
생년 월일 : 1997년 5월 7일

만 나이 : 22세

16행 else는 나머지 모든 경우, 즉 표 3-4의 마지막 줄에서 설명한 출생월이 현재월 이후인 경우를 나타낸다.

19~24행 실행 결과에서와 같이 현재의 연월일, 출생연월일, 오늘 날짜, 생년월일, 그리고 마지막 줄에 계산된 만 나이를 출력한다.

코딩연습 정답		
Q3-6	❶ if ❷ elif ❸ else ❹ discount ❺ pay	
Q3-7	❶ if ❷ elif ❸ else ❹ largest	
Q3-8	❶ a=='1' ❷ a=='2' ❸ service ❹ tip	

1. 변수 a, b, c의 값에 따라 연산의 결과가 참이면 True, 거짓이면 False를 빈 칸에 적으시오.

a	b	c	a != 2	not(b >= a)	c/2 > a*3
2	5	−3			
3	7	−4			
−10	10	−2			

2. 변수 a, b, c의 값에 따라 연산의 결과가 참이면 True, 거짓이면 False를 빈 칸에 적으시오.

a	b	c	a > 2 or c > b and c > 2	not(a > 5 or b > c and c >= 3)
−5	3	2		
10	5	7		
−3	10	2		

3. 다음 프로그램의 실행 결과는?

```
a = 2
z = a * 5
w = (z − 3) * (a −2) / 7 +10

if a > z or w > a :
    y = 2 * a
else :
    y = 4 * a

print(y)
```

실행 결과 : _____

4. 물의 섭씨 또는 화씨 온도를 입력받아 섭씨 온도와 물의 상태를 판별하는 프로그램을 작성하시오. 단, 화씨 온도가 입력될 경우에는 섭씨 온도로 변환한다.

※ 힌트 : 섭씨 = (화씨 – 32) * 5 / 9

⊞ 실행 결과
단위를 입력하세요(1:섭씨, 2:화씨): 2
온도를 입력하세요: 80
물의 섭씨 온도 : 26.67, 상태 : 액체

5. 아이디를 입력받아 아이디가 'admin'이면 '모든 콘텐츠 이용 가능'을 출력하고 프로그램을 종료한다. 아이디가 'admin'이 아니면 회원 레벨을 입력받아 회원 레벨이 2~7이면 '일부 콘텐츠 이용 가능'을 출력하고, 그렇지 않으면 '콘텐츠 이용 불가'를 출력하는 프로그램을 작성하시오.

⊞ 실행 결과
아이디를 입력하세요 : rubato
회원 레벨을 입력해 주세요 : 3
일부 콘텐츠 이용 가능

6. 나이를 입력받아 입장료를 계산하는 프로그램을 작성하시오. 단, 10세 이하의 입장료는 1000원, 65세 이상의 입장료는 0원, 기본 입장료는 2000원이다.

⊞ 실행 결과
나이를 입력하세요 :6
입장료는 1000원 입니다.

7. 영어와 수학이 모두 80점 이상이면 '합격', 영어와 수학이 모두 80점 미만이면 '불합격', 두 시험 중 한 과목이 80점 이상이면 '재시험 기회제공'의 메시지를 출력하는 프로그램을 작성하시오.

⊞ 실행 결과
영어시험 점수를 입력하세요 : 85
수학시험 점수를 입력하세요 : 75
재시험 기회제공

Chapter 04

반복문

반복문은 프로그램의 일부 코드를 여러 번 반복시킬 때 사용한다. 이번 장에서는 파이썬의 반복문인 for문과 while문의 기본 구조를 살펴보고, 배수 합계 구하기, 문자열 처리하기, 단위 환산표 만들기, 홀수 개수 세기, 문장 역순 출력하기 등의 다양한 반복문 실습 예제를 통하여 프로그램에서 반복문을 활용하는 방법을 익힌다. 또한 반복 루프가 수행되는 도중에 바로 루프를 빠져 나갈 수 있는 break문에 대해서도 배운다.

4.1 반복문이란?

프로그램에서 특정 코드를 반복해서 사용하고 싶을 때 사용하는 것이 반복문이다. 컴퓨터는 이러한 반복문을 사용하여 복잡한 연산을 쉽게 할 수 있게 된다.

파이썬의 반복문에는 다음의 두 가지가 있다.

❶ for문
❷ while문

먼저 for문을 이용하여 화면에 '안녕하세요.'를 5번 출력하는 다음의 예를 살펴보자.

예제 4-1. for문으로 반복 출력하기	ex4-1.py

```
01    for x in range(5) :
02    └print('안녕하세요.')
```

※ └는 들여쓰기를 나타낸다. 3장의 if문에서와 같이 for의 다음 줄에 있는 문장들은 반드시 들여쓰기 되어 있어야 한다. 들여쓰기에 대한 자세한 설명은 3장의 105쪽을 참고한다.

¤ 실행 결과

```
안녕하세요.
안녕하세요.
안녕하세요.
안녕하세요.
안녕하세요.
```

1행의 range(5)는 0, 1, 2, 3, 4의 범위 값을 가진다. 따라서 'x in range(5)'에서 x는 0, 1, 2, 3, 4의 값을 가지고 2행의 print('안녕하세요.')의 문장을 5번 반복 수행한다.

※ for문과 range() 함수에 대해서는 4.2절 144쪽에서 배운다.

이번에는 예제 4-1의 실행 결과와 동일한 결과를 가져오는 프로그램을 while문으로 작성해보자.

```
01    x = 0
02    while x < 5 :
03        print('안녕하세요.')
04        x += 1
```

¤ 실행 결과

안녕하세요.
안녕하세요.
안녕하세요.
안녕하세요.
안녕하세요.

1행 변수 x에 0을 저장한다.

2행 while의 조건식 'x < 5', 즉 '0 < 5'는 참이 된다. 조건식이 참이기 때문에 3행과 4행을 수행한다.

3행 실행결과의 첫 번째 줄의 '안녕하세요.'를 화면에 출력한다.

4행 'x += 1'은 'x = x + 1'과 같은 것이기 때문에 현재 x의 값인 0에 1을 더해 1의 값을 x에 저장한다.

2행 다시 while의 조건식 'x < 5'를 체크한다. 여기서 x가 1이기 때문에 조건식은 '1 < 5'가 되어 참이 된다. 3행과 4행이 다시 수행되어 실행 결과 두 번째 줄의 '안녕하세요.'가 화면에 출력되고 x의 값은 2가 된다.

이와 같은 방식으로 2행 while문의 조건식이 참인 동안 3행과 4행의 문장의 반복 수행되어 실행 결과와 같은 결과가 출력되는 것이다. while의 조건식은 x가 5의 값을 가지는 순간 '5 < 5'가 거짓이 되어 while 반복 루프를 빠져나와 프로그램이 종료된다.

결과적으로 while의 반복 루프에 있는 x는 0부터 4까지의 값을 가지고 '안녕하세요.'를 5번 출력하게 된다.

※ while문에 대한 자세한 설명은 4.4절 160쪽에 있다.

4.2.1 for문의 기본 구조

다음은 for문을 이용하여 1~10까지 정수의 합계를 구하는 프로그램이다. 이 예제를 통하여 for 문의 기본 구조에 대해 알아보자.

예제 4-3. 1~10의 합계(for문)   ex4-3.py

```
01    sum = 0
02
03    for i in range(1, 11) :
04        sum += i
05        print('i의 값 : %d, 합계 : %d' % (i, sum))
```

¤ 실행 결과

```
i의 값 : 1, 합계 : 1
i의 값 : 2, 합계 : 3
i의 값 : 3, 합계 : 6
i의 값 : 4, 합계 : 10
i의 값 : 5, 합계 : 15
i의 값 : 6, 합계 : 21
i의 값 : 7, 합계 : 28
i의 값 : 8, 합계 : 36
i의 값 : 9, 합계 : 45
i의 값 : 10, 합계 : 55
```

1행 합계를 의미하는 변수 sum을 0으로 초기화한다.

3행 range(1, 11)은 1, 2, 3, ..., 10까지의 범위(끝의 숫자 11은 포함되지 않음)를 갖게 되어 4행과 5행의 문장이 10번 반복된다. 이 때 변수 i는 range() 함수에 의해 1에서 10까지의 정수 값을 가지게 된다.

4행 각 반복 루프에서 sum + i의 결과가 다시 sum에 저장된다. 이러한 과정을 거쳐 변수 sum에 누적 합계가 구해진다.

5행 각 반복 루프에서 i와 sum의 값을 실행 결과에서와 같이 출력한다.

예제 4-3의 동작 과정에서 변화되는 변수 값을 표로 정리하면 다음과 같다.

표 4-1 예제 4-3의 각 반복 루프에 따른 변수 값의 변화

반복 루프	i	sum ← sum + i
1번째	1	1 ← 0 + 1
2번째	2	3 ← 1 + 2
3번째	3	6 ← 3 + 3
4번째	4	10 ← 6 + 4
5번째	5	15 ← 10 + 5
6번째	6	21 ← 15 + 6
7번째	7	28 ← 21 + 7
8번째	8	36 ← 28 + 8
9번째	9	45 ← 36 + 9
10번째	10	55 ← 45 + 10

4.2.2 for문에서 range() 함수 활용

앞 절의 예제 4-3에서와 같이 for문은 range() 함수와 함께 사용되는 경우가 많다. range() 함수는 특정 범위의 정수 값을 가진다.

다음 예제를 통하여 range() 함수의 사용법을 익혀보자.

예제 4-4. range() 함수의 활용	ex4-4.py

```
01    for i in range(10) :
02        print(i, end =' ')
03    print()
04
05    for i in range(1, 11) :
06        print(i, end =' ')
07    print()
08
09    for i in range(1, 10, 2) :
10        print(i, end =' ')
11    print()
12
13    for i in range(20, 0, -2) :
14        print(i, end =' ')
```

¤ 실행 결과

```
0 1 2 3 4 5 6 7 8 9
1 2 3 4 5 6 7 8 9 10
1 3 5 7 9
20 18 16 14 12 10 8 6 4 2
```

1,2행 range(10)은 0에서 9까지의 범위(10은 포함하지 않음)를 가지기 때문에 변수 i 가 0, 1, 2, …, 9의 값을 가지고 2행의 문장이 반복 수행된다.

※ 2행의 키워드 end는 print() 함수에 의해 출력한 마지막 값 다음에 end에 설정된 공백(' ')을 삽입한다. 키워드 end에 대한 자세한 설명은 2장의 85쪽을 참고한다.

5행 range(1, 11)은 1에서 10까지의 범위를 가진다.

※ 범위의 값이 증가할 때에 범위의 마지막 값은 종료값-1이 된다. 아래의 서식1을 참고한다.

9행 range(1, 10, 2)는 1에서 9의 범위(2씩 증가)의 값을 의미하여 1, 3, 5, 7, 9의 값을 가지게 된다.

13행 range(20, 0, -2)는 20에서 1까지의 범위(2씩 감소)의 값을 의미하고 그 값은 20, 18, 16, 14, 12 10, 8, 6, 4, 2가 된다.

※ 범위의 값이 감소할 때에 범위의 마지막 값은 종료값+1이 된다. 다음 페이지의 서식3을 참고한다.

위의 예제에서 사용된 range() 함수는 네 가지 유형이 있다. 다음의 서식1 ~ 서식4를 통하여 각 유형에서 사용되는 방법을 익혀보자.

서식1

```
for 변수 in range(종료값) :
    문장1
    문장2
    ...
```

---

*0 ~ 종료값-1*의 정수 범위(1씩 증가)의 값을 가진다. 그리고 변수는 각 반복 루프에서 *range()* 범위에 있는 *각각의 값*을 가지게 된다.

예) range(10)은 0에서 9까지의 정수 범위, 즉 0, 1, 2, 3, 4, 5, 6, 7, 8, 9의 값을 가진다.

서식2

```
for 변수 in range(시작값, 종료값) :
    문장1
    문장2
    ...
```

---

*시작값*에서 *종료값-1*의 정수 범위(1씩 증가)의 값을 가진다.

예) range(1, 11)은 1에서 10까지의 정수 범위인 1, 2, 3, 4, 5, 6, 7, 8, 9, 10의 값을 가진다.

```
for 변수 in range(시작값, 종료값, 증가값) :
    문장1
    문장2
    …
```

시작값 ~ 종료값-1의 정수 범위를 갖는데, 각 정수 사이의 간격은 *증가값*에 의해 결정된다.

예) range(1, 11, 2)는 1 ~ 10까지의 정수 중에서 2씩 증가하는 범위를 나타내기 때문에, 그 값은 1, 3, 5, 7, 9이 된다.

```
for 변수 in range(시작값, 종료값, 감소값) :
    문장1
    문장2
    …
```

서식4에서와 같이 감소값, 즉 음수의 값을 가지는 경우 범위는 *시작값* ~ *종료값+1* 이 된다.

예) range(10, -1, -2)에서의 종료값은 -1+1인 0이 된다. 따라서 10~0까지의 정수 중에서 2씩 감소하는 범위를 나타내기 때문에, 그 값은 10, 8, 6, 4, 2, 0이 된다.

4.2.3 배수의 합계

다음은 for문을 이용하여 1~100까지의 정수 중에서 3의 배수의 합계를 구하는 프로그램이다.

예제 4-5. 3의 배수의 합계   ex4-5.py

```
01    sum = 0
02    for i in range(1, 101) :
03        if i%3 == 0 :
04            print('%d' % i, end = ' ')
05            sum += i
06
07    print('\n','-' * 50)
08    print('1~100에서 3의 배수의 합계 : %d' % sum)
```

```
3 6 9 12 15 18 21 24 27 30 33 36 39 42 45 48 51 54 57 60 63 66 69 72 75 78
81 84 87 90 93 96 99
----------------------------------------------------------------
1~100에서 3의 배수의 합계 : 1683
```

1행 sum을 0으로 초기화한다.

2행 range(1, 101)은 1, 2, 3, ..., 100 의 범위 값을 가진다. 반복 루프에서 변수 i는 이 범위 값들을 가지고 3~5행의 문장을 반복 수행한다.

3행 if문의 조건식 i%3 == 0 이 참일 경우, 즉 i가 3의 배수인 경우에만 4행과 5행의 문장이 수행된다.

4행 실행 결과의 첫 번째 줄에서와 같이 3의 배수인 경우에 i 값을 출력하게 된다.

5행 3행의 if문 조건식이 참일 때, i가 3의 배수일 경우에만 5행의 문장이 수행되어 누적 합계 sum이 구해진다.

7행 여기서 \n은 개행 문자라 부르는데, 이것은 줄바꿈을 의미한다. 이와 같이 \로 시작하는 문자를 이스케이프 코드(Escape Code)라고 부른다.

8행 실행 결과의 마지막 줄에서와 같이 3의 배수의 합계를 출력한다.

자주 사용되는 이스케이프 코드를 표로 정리하면 다음과 같다.

표 4-2 자주 사용되는 이스케이프 코드

코드	의미
\n	줄바꿈
\t	탭
\\	역 슬래시(\) 자체를 출력
\'	단 따옴표(')를 출력
\"	쌍 따옴표(")를 출력

4.2.4 for문에서 문자열 다루기

for문에서 문자열을 세로로 출력하는 다음의 예를 살펴보자.

예제 4-6. 문자열 세로 출력	ex4-6.py

```
01    word = input('영어 문장을 입력하세요 : ')
02
03    for x in word :
04        print(x)
```

¤ 실행 결과

```
영어 문장을 입력하세요 : I see!
I

s
e
e
!
```

for의 반복 루프에서 변수 x는 문자열 word 각 문자의 값, 즉 'I', ' ', 's', 'e', 'e', '!'을 가진다. 따라서 print(x)에 의해 문자를 하나씩 출력하면 실행 결과에서와 같이 영어 문장이 세로로 출력된다.

for문에서 문자열을 처리하는 형식은 다음과 같다.

서식

```
for 변수 in 문자열 :
    문장1
    문장2
    ....
```

여기서 변수는 문자열의 각 문자 값을 가지며 for의 반복 루프가 진행되어 문장1, 문장2, … 가 반복 수행된다.

4.2.5 단위 환산표 만들기

이번에는 for문을 이용하여 -20도에서 30도(5씩 증가)의 섭씨 온도를 화씨로 환산하는 표를 만들어보자.

섭씨 온도를 화씨로 환산하는 수식은 다음과 같다.

화씨 온도 = 섭씨 온도 * 9/5 + 32

예제 4-7. 섭씨 온도를 화씨로 환산   ex4-7.py

```
01    print('-' * 30)
02    print('   섭씨    화씨')
03    print('-' * 30)
04
05    for c in range(-20, 31, 5) :
06        f = c * 9.0/ 5.0 + 32.0
07        print('%8d  %6.1f' % (c, f))
08
09    print('-' * 30)
```

☼ 실행 결과

```
------------------------------
   섭씨    화씨
------------------------------
    -20    -4.0
    -15     5.0
    -10    14.0
     -5    23.0
     ...
     25    77.0
     30    86.0
------------------------------
```

5행 range(-20, 31, 5)는 -20, -15, -10, …, 30의 값을 가지며 이 값들은 for 루프 내의 변수 c에 저장되어 반복 루프가 진행된다.

6행 각 반복 루프에서 변환 수식을 이용하여 섭씨 온도(변수 c)를 화씨 온도(변수 f)로 변환한다.

7행 각 반복 루프에서 섭씨 온도 c와 화씨 온도 f를 포맷에 맞추어 화면에 출력한다. 이 때 사용된 문자 코드 %8d는 8자리의 정수를 나타내고, %6.1f는 전체 자리 수는 6이고 소수점 첫째 자리까지의 실수형의 포맷을 나타낸다.

코딩 연습 : 5의 배수가 아닌 수의 합계 구하기

다음은 키보드로 정수 범위의 시작 수와 끝 수를 입력받아 그 범위에 있는 수 중에서 5의 배수가 아닌 수의 합계를 구하는 프로그램이다. 밑줄 친 부분을 채우시오.

◎ 실행 결과

시작 수를 입력하세요 : 100
끝 수를 입력하세요 : 200

100에서 200까지 5의 배수가 아닌 수의 합계 : 12000

```
n1 = int(input('시작 수를 입력하세요 : '))
n2 = int(input('끝 수를 입력하세요 : '))

sum = 0
for i in range(n1, ❶_____) :
    if i%5 ❷____ 0 :
        ❸_____ += i

print('-' * 50)
print('%d에서 %d까지 5의 배수가 아닌 수의 합계 : %d' % (❹_____, ❺
_____, ❻_____))
```

※ 정답은 150쪽에 있어요.

코딩 연습 : 전화번호에서 하이픈(-) 삭제하기

다음은 하이픈(-)이 포함된 휴대폰 번호를 입력받아 하이픈을 삭제하는 프로그램이다. 밑줄 친 부분을 채우시오.

◎ 실행 결과

하이픈(-)을 포함한 휴대폰 번호를 입력하세요: 010-1234-5678
01012345678

```
number = input('하이픈(-)을 포함한 휴대폰 번호를 입력하세요: ')

for x in ❶_____ :
    if x ❷_____ '-' :
        print('%s' % x, ❸_____='')
```

※ 정답은 153쪽에 있어요.

코딩 연습 : 전화번호에 하이픈(-) 추가하기

다음은 "###########" 형태의 11자리의 휴대폰 번호를 입력받아 하이픈(-)을 추가한 "###-####-####"의 형태로 전화번호를 출력하는 프로그램이다. 밑줄 친 부분을 채우시오.

◎ 실행 결과

하이픈(-)을 뺀 11자리의 휴대폰 번호를 입력하세요: 01033334444
010-3333-4444

```
phone = input('하이픈(-)을 뺀 11자리의 휴대폰 번호를 입력하세요: ')

number = '';
for i in range(0, ❶_____) :
    if i == ❷_____ :
        number = number + (phone[2]+'-')
    elif i == ❸_____ :
        number = number + (phone[6]+'-')
    else :
        number = number + phone[i]

print(number)
```

※ 정답은 153쪽에 있어요.

코딩 연습 : 길이 단위 환산표 만들기

다음은 길이 단위(센티미터, 인치, 피트, 야드)에 대한 환산표를 만드는 프로그램이다. 밑줄 친 부분을 채우시오.

※ 환산 공식
   inch = cm x 0.393701
   ft = cm x 0.032808
   yd = cm x 0.010936

◎ 실행 결과

```
--------------------------------------------------
센티미터(cm) 인치(inch)   피트(ft)    야드(yd)
--------------------------------------------------
   10      3.9      0.3      0.1
   20      7.9      0.7      0.2
   30     11.8      1.0      0.3
   ...
  190     74.8      6.2      2.1
  200     78.7      6.6      2.2
--------------------------------------------------
```

```python
print('-' * 50)
print('센티미터(cm) 인치(inch)   피트(ft)     야드(yd)')
print('-' * 50)

for ❶_____ in ❷_____(10, 201, 10) ❸_____
    inch = cm * 0.393701
    ft = cm * 0.032808
    yd = cm * 0.010936
    print('%8d  %10.1f %10.1f  %10.1f' % (cm, inch, ft, yd))

print('-' * 50)
```

※ 정답은 157쪽에 있어요.

코딩 연습 : 무게 단위 환산표 만들기

다음은 길이 단위(킬로그램(kg), 파운드(lb), 온스(oz))에 대한 환산표를 만드는 프로그램이다. 밑줄 친 부분을 채우시오.

※ 환산 공식

lb = kg x 2.204623

oz = kg x 35.273962

◎ 실행 결과

```
----------------------------------------
킬로그램(kg) 파운드(lb)   온스(oz)
----------------------------------------
    10      22.0     352.7
    15      33.1     529.1
    20      44.1     705.5
    ...
    95     209.4    3351.0
   100     220.5    3527.4
----------------------------------------
```

```
print('-' * 40)
print('킬로그램(kg) 파운드(lb)   온스(oz)')
print('-' * 40)

for kg in range(10, 101, 5) :
    ❶_____ = kg * 2.204623
    oz = ❷_____ * 35.273962
    print('%8d  %10.1f %10.1f' % (kg, lb, ❸_____))

print('-' * 40)
```

※ 정답은 157쪽에 있어요.

코딩연습 정답　Q4-2　❶ number　❷ !=　❸ end

　　　　　　　　　　Q4-3　❶ len(phone)　❷ 2　❸ 6

코딩 연습 : 홀수 개수 세기

다음은 입력받은 숫자에 포함된 홀수의 개수를 세는 프로그램이다. 밑줄 친 부분을 채우시오.

◎ 실행 결과

숫자를 입력하세요 : 3049894
입력된 숫자 중 홀수의 개수 : 3개

```
number = input('숫자를 입력하세요 : ')

total = ❶_____

for a in number :
  a = int(a)
  if ❷_____ == 1 :
    total ❸_____ 1

print('입력된 숫자 중 홀수의 개수 : %d개' % total)
```

※ 정답은 157쪽에 있어요.

이중 for문

이중 for문은 for문 내에 다시 for문이 있는 형태인데, 구구단표를 만드는 과정을 통하여 이중 for문의 구조와 활용법을 익혀보자.

먼저 for문을 이용하여 2단 구구단표를 만드는 다음의 프로그램을 살펴보자.

예제 4-8. 2단 구구단표 만들기   ex4-8.py

```
01    a = 2
02
03    for b in range(1, 10) :
04        c = a * b
05        print('%d x %d = %d' % (a, b, c))
```

¤ 실행 결과

```
2 x 1 = 2
2 x 2 = 4
2 x 3 = 6
2 x 4 = 8
2 x 5 = 10
2 x 6 = 12
2 x 7 = 14
2 x 8 = 16
2 x 9 = 18
```

1행 변수 a에 2를 저장하며, 이는 구구단 2단을 의미한다.

3~5행 변수 b가 1에서 9까지의 값을 가지면서 반복 루프가 수행된다. 각 반복 루프에서 변수 a와 변수 b를 곱한 결과를 변수 c에 저장한 다음, '# x # = #'와 같은 형태로 구구단 2단을 한 줄씩 화면에 출력한다.

이번에는 이중 for문을 이용하여 전체 구구단 표(2단~9단)를 만들어보자.

예제 4-9. 전체 구구단표 만들기	ex4-9.py

```
01    print('-' * 50)
02
03    for a in range(2, 10) :
04        for b in range(1, 10) :
05            c = a * b
06            print('%d x %d = %d' % (a, b, c))
07
08        print('-' * 50)
```

¤ 실행 결과

```
--------------------------------------------------
2 x 1 = 2
2 x 2 = 4
...
2 x 9 = 18
--------------------------------------------------
...
--------------------------------------------------
9 x 1 = 9
...
9 x 8 = 72
9 x 9 = 81
--------------------------------------------------
```

2단 만들기

제일 먼저 3행의 첫 번째 for문의 변수 a가 2의 값을 가지며 값이 2로 고정된 상태에서 4행의 두 번째 for문의 변수 b가 1에서 9까지의 값을 가지고 반복 루프가 진행되어 구구단 표 2단이 만들어진다.

3단 만들기

3행의 for 루프에서 변수 a가 2일 때 2단이 만들어졌으면, 그 다음에는 변수 a가 3의 값을 가지게 된다. 이번에는 변수 a가 3으로 고정된 상태에서 다시 4행의 for문의 변수 b가 1에서 9까지의 값으로 반복 루프가 수행되어 구구단 표 3단이 만들어진다.

이와 같은 방식으로 나머지 4단에서 9단까지의 구구단 표도 만들어진다.

3~6행에서 변화하는 a, b, c의 값들과 실행 결과를 잘 비교해 가면서 천천히 살펴보아야 한다. 이 예제의 동작을 잘 알아두면 이중 for문의 구조를 이해하는 데 도움이 될 것이다.

코딩 연습 : 별표(*)로 특정 형태 만들기 1

다음은 이중 for문을 이용하여 실행 결과와 같은 형태로 출력하는 프로그램이다. 밑줄 친 부분을 채우시오.

◎ 실행 결과

```
*
**
***
****
*****
******
*******
********
*********
**********
```

```
for i in range(1,11) :
    for j in range(1, ❶_____) :
        print('*', end=❷_____)
    print()
```

※ print() 함수에서 사용되는 키워드 end에 대한 설명은 2장의 85쪽을 참고한다.

※ 정답은 160쪽에 있어요.

코딩 연습 : 별표(*)로 특정 형태 만들기 2

다음은 이중 for문을 이용하여 실행 결과와 같은 형태로 출력하는 프로그램이다. 밑줄 친 부분을 채우시오.

◎ 실행 결과

```
        *
       **
      ***
     ****
    *****
   ******
  *******
 ********
*********
**********
```

```
for i in range(1,11) :
    for j in range(1, ❶_____ ) :
        print(' ', end='')
    for k in range(1, ❷_____ ) :
        print('*', end='')
    print()
```

※ 정답은 160쪽에 있어요.

파이썬의 while문은 for문과 더불어 자주 사용되는 반복문 중 하나이다. 이번 절에서는 while 문의 기본 구조와 사용법에 대해 배워보자.

4.4.1 while문의 기본 구조

다음 예제를 통하여 while문이 사용되는 기본 구조에 대해 알아보자.

예제 4-10. 1~10의 합계(while문)   ex4-10.py

```
01    sum = 0
02    i = 1
03
04    while i <= 10 :
05        sum += i
06        print('i의 값 : %d => 합계 : %d' % (i, sum))
07        i += 1
```

¤ 실행 결과

```
i의 값 : 1 => 합계 : 1
i의 값 : 2 => 합계 : 3
i의 값 : 3 => 합계 : 6
i의 값 : 4 => 합계 : 10
i의 값 : 5 => 합계 : 15
i의 값 : 6 => 합계 : 21
i의 값 : 7 => 합계 : 28
i의 값 : 8 => 합계 : 36
i의 값 : 9 => 합계 : 45
i의 값 : 10 => 합계 : 55
```

코딩연습 정답   Q4-7 ❶ i+1 ❷ "
              Q4-8 ❶ 10-i+1 ❷ i+1

1행 합계를 나타내는 변수 sum을 0으로 초기화한다.

2행 while문의 반복 루프에서 사용될 변수 i를 1로 초기화한다.

4~7행 while의 조건식 i <= 10 이 참인 동안에 5~7행의 문장이 반복 수행된다. 그리고 while의 조건식 i <= 10 이 거짓이 되는 순간 바로 반복 루프를 빠져나간다.

각 반복 루프에서 조건식(i <= 10)의 참/거짓 상태와 루프 내 변수들의 변화를 표로 정리하면 다음과 같다.

표 4-3 예제 4-10의 조건식과 변수 값의 변화

반복 루프	i 의 값	조건식(i <= 10)	sum = sum + i	i = i + 1
1번째	1	1 <= 10 : 참	1 ← 0 + 1	2 ← 1 + 1
2번째	2	2 <= 10 : 참	3 ← 1 + 2	3 ← 2 + 1
3번째	3	3 <= 10 : 참	6 ← 3 + 3	4 ← 3 + 1
4번째	4	4 <= 10 : 참	10 ← 6 + 4	5 ← 4 + 1
5번째	5	5 <= 10 : 참	15 ← 10 + 5	6 ← 5 + 1
6번째	6	6 <= 10 : 참	21 ← 15 + 6	7 ← 6 + 1
7번째	7	7 <= 10 : 참	28 ← 21 + 7	8 ← 7 + 1
8번째	8	8 <= 10 : 참	36 ← 28 + 8	9 ← 8 + 1
9번째	9	9 <= 10 : 참	45 ← 36 + 9	10 ← 9 + 1
10번째	10	10 <= 10 : 참	55 ← 45 + 10	11 ← 10 + 1
11번째	11	11 <= 10 : 거짓	반복 루프를 빠져나감	

앞의 예제에서 사용된 while문의 사용 형식을 정리하면 다음과 같다.

서식

❶ 변수 값 초기화

❷ while 조건식 :

❸   문장1

    문장2

    ......

❹   변수 값의 증가(또는 감소)

❶ ❹에서 사용되는 *변수* 값을 초기화한다.

❷ while의 *조건식*이 참인 동안 다음 줄에 들여쓰기 되어 있는 문장들이 반복 수행된다.

❸ ❸의 문장과 ❹의 문장은 ❷의 *조건식*이 참인 동안에 반복 수행된다.

❹ *변수* 값을 증가(또는 감소) 시킨다. 이 *변수*의 값이 증가(또는 감소)되어야만 ❷의 *조건식*의 참 거짓에 변화를 줄 수 있게 된다.

※ 만약 ❹의 문장이 없으면 ❶에서 설정된 *변수*의 값에 변화가 없게 되어 ❷의 *조건식*은 항상 참이 되기 때문에 컴퓨터는 ❸의 문장들을 무한 반복 수행하여 컴퓨터에 랙이 걸린다.

4.4.2 배수의 합계(while문)

다음은 시작 수(n1), 끝 수(n2), 합계를 구하고자 하는 배수(n)를 입력받아 n1~n2까지의 n의 배수의 합을 구하는 프로그램이다. 이를 통하여 while문의 활용법을 익혀보자.

예제 4-11. 배수의 합계 구하기(while문)	ex4-11.py

```
01    n1 = int(input('첫 수를 입력하세요 : '))
02    n2 = int(input('끝 수를 입력하세요 : '))
03    n = int(input('합계를 구하고자 하는 배수를 입력하세요 : '))
04
05    sum = 0
06    i = n1
07
08    while i < n2+1 :
09        if i%n == 0 :
10            sum += i
11
12        i += 1
13
14    print('%d~%d까지의 정수 중 %d의 배수의 합계 : %d' % (n1, n2, n, sum))
```

첫 수를 입력하세요 : 100
끝 수를 입력하세요 : 300
합계를 구하고자 하는 배수를 입력하세요 : 5
100~300까지의 정수 중 5의 배수의 합계 : 8200

5행 합계를 나타내는 변수 sum을 0으로 초기화한다.

6행 9행에서 사용되는 변수 i에 시작 수인 n1을 저장한다.

8행 i의 값이 끝 수인 n2가 될때까지, 즉 n2+1보다 작을 때까지 9~12행을 반복 수행한다.

9~10행 i가 n의 배수이면 sum에 i를 더한 값을 다시 sum에 저장한다. i의 누적 합계를 구한다.

12행 i의 값을 1씩 증가시킨다.

14행 실행결과에서와 같이 시작 수(n1), 끝 수(n2), 배수(n), 합계(sum)를 출력한다.

코딩 연습 : 섭씨/화씨 환산표 만들기(while문)

다음은 while문을 이용하여 섭씨 온도를 화씨 온도로 환산하는 표를 만드는 프로그램이다. 밑줄 친 부분을 채우시오.

◎ 실행 결과

```
------------------------------
   섭씨    화씨
------------------------------
  -20    -4.0
  -19    -2.2
  -18    -0.4
  ...
   39   102.2
   40   104.0
------------------------------
```

```python
print('-' * 30)
print('   섭씨    화씨')
print('-' * 30)

c = -20
while c < 41 :
    ❶_____ = c * 9.0/ 5.0 + 32.0
    print('%8d  %8.1f' % (❷_____, f))

    ❸_____

print('-' * 30)
```

※ 정답은 170쪽에 있어요.

코딩 연습 : 3의 배수가 아닌 수 출력하기(while문)

다음은 while문을 이용하여 200~600의 수 중 3의 배수가 아닌 수를 출력하는 프로그램이다. 밑줄 친 부분을 채우시오.

– 조건 : 한 줄에 8개씩 출력함.

◎ 실행 결과

```
200 202 203 205 206 208 209 211
212 214 215 217 218 220 221 223
224 226 227 229 230 232 233 235
...
584 586 587 589 590 592 593 595
596 598 599
```

```
i = 200
count = 0
while i < 601 :
    if i % 3 ❶_____ 0 :
        print('%d ' % i, end='')
        ❷_____
        if count % 8 == 0 :
            print()
    i ❸_____ 1
```

※ 정답은 170쪽에 있어요.

4.4.3 while문에서 문자열 다루기

이번에는 while문을 이용하여 문자열을 처리하는 방법을 익혀보자.

이 예제는 영어 문장에 포함된 모음('a', 'e', 'i', 'o', 'u')과 모음의 개수를 출력하는 프로그램이다.

예제 4-12. 영어 모음과 개수 구하기	ex4-12.py

```
01   s = input('영어 문장을 입력하세요 :')
02
03   i = 0
04   count = 0
05
06   print('모음 : ', end = '')
07
08   while i <= len(s) - 1 :
09     if (s[i] == 'a' or s[i] == 'A'  or s[i] == 'e' or s[i] == 'E' \
10         or  s[i] == 'i' or s[i] == 'I' or s[i] == 'o' or s[i] == 'O' \
11         or s[i] == 'u' or s[i] == 'U') :
12         count += 1
13         print(s[i], end=' ')
14
15     i += 1
16
17   print('\n모음의 개수 : %d' % count)
```

¤ 실행 결과

```
영어 문장을 입력하세요 :We are the champion.
모음 : e a e e a i o
모음의 개수 : 7
```

3,4행 문자열의 인덱스를 나타내는 변수 i와 모음 개수를 의미하는 변수 count를 0으로 초기화한다.

8행 len(s)는 문자열 s의 길이를 의미한다. 조건식 'i <= len(s) − 1'은 변수 i가 문자열의 길이에서 1을 뺀 숫자보다 작거나 같은 동안 참 값을 가진다. 따라서 while 루프에서 변수 i는 0 ~ len(s)−1 까지의 값을 갖는다. 변수 i는 문자열 s의 인덱스로 사용된다.

9행 if문의 조건식에서는 문자열의 각 문자를 의미하는 s[i]가 모음인지를 체크하여 참인 경우에는 12행과 13행의 문장을 수행한다.

TIP

코드를 여러 줄에 나누어 쓰기

위의 9행과 10행 마지막에 사용된 역 슬래쉬(\)는 코드를 여러 줄로 나누어 쓸 때 사용한다. 코드를 한 줄에 길게 쓰면 가독성이 떨어질 경우에는 이와 같이 역슬래쉬(\)를 이용하여 한 줄의 코드를 여러 줄에 나누어 입력할 수 있다.

12행 모음의 개수를 의미하는 변수 count의 값을 1씩 증가시킨다.

13행 모음인 경우에는 s[i]를 실행 결과의 두 번째 줄에 나타난 것과 같이 화면에 출력한다.

15행 변수 i의 값을 1씩 증가시킨다.

17행 실행 결과의 마지막 줄에서와 같이 모음의 개수 count를 출력한다. 여기서 '\n'은 줄바꿈을 의미하는 개행 문자이다.

코딩 연습 : 문장 역순으로 출력하기(while문)

다음은 문장을 입력받아 순서를 역순으로, 공백(' ') 대신에 하이픈(-)을 입력하여 출력하는 프로그램이다. 밑줄 친 부분을 채우시오.

◎ 실행 결과

문장을 입력해 주세요 : 쥐 구멍에 볕 들 날 있다.
.다있-날-들-볕-에멍구-쥐

```
sentence = input('문장을 입력해 주세요 : ')

i = len(sentence) - 1

while i ❶____ 0 :
    if ❷_____ == ' ' :
        print('-', end='')
    else :
        print('%s' % sentence[i], end='')

    i ❸____ 1
```

※ 정답은 170쪽에 있어요.

4.5 break문

for문이나 while문을 사용하다보면 반복 루프를 수행하는 중에 루프를 빠져나가고 싶은 경우가 종종 생긴다. 이 때 사용하는 것이 break문이며 break문은 일반적으로 if문과 같이 사용된다.

다음 예제는 break문을 이용하여 for 루프가 반복되는 중간에 빠져나가는 프로그램이다. 이 예를 통하여 break문의 사용법을 익혀보자.

예제 4-13. break문으로 반복 루프 빠져나가기	ex4-13.py

```
01    for i in range(1, 1001) :
02        print(i)
03
04        if i == 10 :
05            break
```

◎ 실행 결과

```
1
2
3
4
5
6
7
8
9
10
```

위의 프로그램에서 4행과 5행의 if문과 break문이 없다고 가정하면 1행과 2행에 의해 1~1000까지의 숫자가 출력된다.

그러나 4행 if문의 조건식 'i == 10' 에 의해 변수 i가 10의 값을 갖는 순간 조건식이 참이 되어 5행의 break문에 의해 for 루프를 빠져 나가게 된다.

따라서 실행 결과에 나타난 것과 같이 화면에 1~10까지의 숫자만이 출력되는 것이다.

break문은 다음과 같은 형태로 사용된다.

<table>
<tr><td>서식</td><td>

❶ for 변수 in range(범위) :
❷   문장 1
       문장 2
       ...
❸   *if 조건식 :*
❹   break
❺   ...

</td></tr>
</table>

❶의 range() 함수 범위 동안 ❷ ~ ❺의 문장들이 반복 수행된다. 반복 루프가 수행되는 도중 ❸의 if문의 조건식이 참이 되는 순간 ❹의 break문이 실행되어 루프를 빠져나간다. 따라서 for 루프 내의 ❺ 이하에 기술된 문장들은 더 이상 수행되지 않는다.

1. for문을 이용하여 실행 결과와 같은 형태로 출력하는 프로그램을 작성하시오.

▨ 실행 결과

```
* * * * * * * * *
* * * * * * * * *
* * * * * * * * *
* * * * * * * * *
* * * * * * * * *
```

2. while문을 이용하여 1번 문제와 동일한 결과를 가져오는 프로그램을 작성하시오.

3. for문을 이용하여 실행 결과와 같은 형태로 출력하는 프로그램을 작성하시오.

▨ 실행 결과

```
6 6 6 6 6 6
5 5 5 5 5
4 4 4 4
3 3 3
2 2
1
```

4. for문을 이용하여 실행 결과와 같은 형태로 출력하는 프로그램을 작성하시오.

▨ 실행 결과

```
0
0 1
0 1 2
0 1 2 3
0 1 2 3 4
0 1 2 3 4 5
```

5. for문을 이용하여 실행 결과와 같은 형태로 출력하는 프로그램을 작성하시오.

▦ 실행 결과

```
* * * * * * * *
*             *
*             *
*             *
*             *
*             *
*             *
* * * * * * * *
```

6. 1~100까지의 수 중에서 홀수와 홀수의 합을 실행 결과와 같이 출력하는 프로그램을 작성하시오.

1 + 3 + 5 + ... + 99

▦ 실행 결과

1 + 3 + 5 + 7 + 9 + 11 + 13 + 15 + 17 + 19 + 21 + 23 + 25 + 27 + 29 + 31 + 33 + 35 + 37 + 39 + 41 + 43 + 45 + 47 + 49 + 51 + 53 + 55 + 57 + 59 + 61 + 63 + 65 + 67 + 69 + 71 + 73 + 75 + 77 + 79 + 81 + 83 + 85 + 87 + 89 + 91 + 93 + 95 + 97 + 99 = 2500

7. 다음과 같은 수식의 결과를 구하는 프로그램을 작성하시오.

$2^1 + 4^3 + 6^5 + ... + 2N^{(2N-1)}$

▦ 실행 결과

N의 값을 입력하세요 : 12
N의 값 : 12
합계 : 744010475682

8. N 값을 입력받아 1부터 N까지의 수 중에서 소수를 구하는 프로그램을 작성하시오.
   ※ 소수 : 1과 자기 자신만으로 나누어 떨어지는 1보다 큰 양의 정수.

▦ 실행 결과

N 값을 입력해주세요 : 200
2 3 5 7 11 13 17 19 23 29 31 37 41 43 47 53 59 61 67 71 73 79 83 89 97 101 103 107 109 113 127 131 137 139 149 151 157 163 167 173 179 181 191 193 197 199

9. while문을 이용하여 달러($), 원화(원), 유로(€)의 환산표를 만드는 프로그램을 작성하시오.

※ 1$ 당 환율 : 1080원(원화), 0.81€(유로)

▦ 실행 결과

```
----------------------------------------------------
달러($)  원화(원)  유로(€)
----------------------------------------------------
    10    10800     8.1
    20    21600    16.2
    30    32400    24.3
    ...
    90    97200    72.9
   100   108000    81.0
----------------------------------------------------
```

10. while문을 이용하여 센티미터(cm), 밀리리터(mm), 미터(m), 인치(inch)의 길이 환산표를 만드는 프로그램을 작성하시오.

※ 1cm : 10 mm, 0.01 m, 0.3937 inch

▦ 실행 결과

```
----------------------------------------------------
  cm     mm      m     inch
----------------------------------------------------
   1     10    0.01    0.39
   3     30    0.03    1.18
   5     50    0.05    1.97
   ...
  97    970    0.97   38.19
  99    990    0.99   38.98
----------------------------------------------------
```

Chapter 05

리스트

이번 장에서는 리스트의 생성, 리스트 요소의 추출, 추가, 삭제 등에 대해 배운다. 리스트는 for문이나 while문과 같은 반복문에서 사용될 때 더욱 효율적이다. 반복문에서 리스트를 사용하는 방법, 두 개의 리스트를 병합하는 방법, 리스트의 길이를 구하는 방법에 대해서도 알아본다. 또한 이중 for문과 2차원 리스트을 이용한 2차열 배열 데이터의 처리 방법도 배운다.

이번 절에서는 리스트를 생성하고 원하는 리스트의 요소를 추출하는 방법에 대해 알아본다.

먼저 다음 예제를 통하여 리스트를 생성하는 방법을 익혀보자.

예제 5-1. 리스트 생성   ex5-1.py

```python
01    fruits = ['사과', '오렌지', '딸기', '포도', '감', '키위', '멜론', '수박']
02    list1 = [5, 10.2, '탁구', True, [4, 5, 6]]
03    numbers = list(range(1, 10, 2))
04
05    print(fruits)
06    print(list1)
07    print(numbers)
08
09    print()
10    print(fruits[0])
11    print(fruits[1:4])
12    print(fruits[2:])
13    print(fruits[-1])
14    print(fruits[-4:-2])
15    print(fruits[-3:])
```

¤ 실행 결과

```
['사과', '오렌지', '딸기', '포도', '감', '키위', '멜론', '수박']
[5, 10.2, '탁구', True, [4, 5, 6]]
[1, 3, 5, 7, 9]

사과
['오렌지', '딸기', '포도']
['딸기', '포도', '감', '키위', '멜론', '수박']
수박
['감', '키위']
['키위', '멜론', '수박']
```

1행 리스트는 대괄호([])로 감싸고 콤마로 구분한다. 여기서는 문자열 데이터를 변수 fruits에 저장한다. fruits와 같은 변수를 리스트라 부른다.

2행 하나의 리스트는 정수형, 실수형, 문자열, 리스트, 튜플 등 다양한 데이터 형을 요소로 가질 수 있다.

3행 list()와 range() 함수를 이용하여 리스트를 생성할 수 있다. range(1, 10, 2)는 1, 3, 5, 7, 9 의 범위 값을 가진다. 따라서 리스트 numbers는 [1, 3, 5, 7, 9]의 값을 가지게 된다.

10행 fruits[0]은 리스트 fruits의 첫 번째 요소인 '사과'를 의미한다.

※ 리스트의 인덱스는 문자열의 인덱스와 마찬가지로 0부터 시작한다.

1행에서와 같이 리스트를 생성하는 일반 형식은 다음과 같다.

서식 1	리스트명 = [데이터, 데이터, 데이터, ...]

데이터, 데이터, ... 로 구성된 리스트명의 리스트를 생성한다. 여기서 데이터는 정수형과 실수형의 숫자, 문자열, 불(True/False) 등의 다양한 데이터 형을 가질 수 있다.

3행에서와 같이 list()와 range() 함수로 리스트를 생성하는 형식은 다음과 같다.

서식 2	리스트명 = list(range(시작값, 종료값, 증가(또는 감소)))

range() 함수의 시작값, 종료값, 증가(또는 감소)에 의해 지정되는 범위의 수들로 구성된 리스트를 리스트명에 저장한다.

※ range() 함수에 대한 자세한 설명은 4장 142쪽을 참고하기 바란다.

11행 fruits[1:4]은 인덱스 1 ~ 3의 요소를 추출한다.

12행 fruits[2:]은 인덱스 2 ~ 끝까지의 요소를 추출한다.

13행 fruits[-1]은 마지막 요소를 추출한다.

14행 fruits[-4:-2]은 끝에서 4번째 요소부터 끝에서 3번째 요소까지 추출한다.

15행 fruits[-3:]은 끝에서 3번째 요소부터 나머지 요소들을 추출한다.

5.2.1 리스트 요소 추가

다음 예제를 통하여 리스트에 요소를 추가하고 리스트를 병합하는 방법을 익혀보자.

예제 5-2. 리스트 요소 추가	ex5-2.py

```
01    a = ['red', 'green', 'blue']
02    a.append('yellow')
03    print(a)
04
05    a.insert(1, 'black')
06    print(a)
07
08    b = ['purple', 'white']
09    a.extend(b)
10    print(a)
11
12    c = a + b
13    print(c)
```

¤ 실행 결과

```
['red', 'green', 'blue', 'yellow']
['red', 'black', 'green', 'blue', 'yellow']
['red', 'black', 'green', 'blue', 'yellow', 'purple', 'white']
['red', 'black', 'green', 'blue', 'yellow', 'purple', 'white', 'purple', 'white']
```

2행 리스트 a의 append() 메소드는 리스트의 끝에 특정 요소를 추가한다. a.append
('yellow')는 리스트 a의 끝에 문자열 'yellow'를 추가한다.

※ 메소드는 객체의 함수를 의미하는데 자세한 설명은 9장의 291쪽을 참고한다.

5행 리스트 a의 insert() 메소드는 특정 인덱스에 요소를 추가한다. insert(1, 'black')는 인덱스 1의 요소에 문자열 'black'을 추가한다.

9행 리스트 a의 extend(b) 메소드는 리스트 a에 리스트 b를 연결하여 확장한다. 이것은 두 리스트를 병합하는 것과 같다.

12행 리스트 a와 리스트 b를 서로 병합한다. 이와 같이 리스트에서 사용되는 + 기호는 두 리스트를 병합하는 데 사용된다.

5.2.2 리스트 요소 삭제

이번에는 다음 예제를 통하여 리스트의 요소를 삭제하는 방법에 대해 알아보자.

예제 5-3. 리스트 요소 삭제   ex5-3.py

```
01    a = [10, 20, 30, 40, 50, 60, 70, 80, 90, 100]
02    x = a.index(30)
03    print(x)
04
05    a.pop(x)      # del a[x]와 동일
06    print(a)
07
08    a.remove(90)
09    print(a)
10
11    a.clear()
12    print(a)
```

¤ 실행 결과

```
2
[10, 20, 40, 50, 60, 70, 80, 90, 100]
[10, 20, 40, 50, 60, 70, 80, 100]
[]
```

2행 index() 메소드는 리스트 요소의 위치, 즉 인덱스 값을 얻는 데 사용한다. a.index(30)은 리스트 a에서 30의 값을 가지는 요소의 위치인 인덱스 2를 의미한다. 3행에서 이 값을 출력하면 2가 출력됨을 알 수 있다.

5행 pop() 메소드는 특정 인덱스의 요소를 리스트에서 삭제한다. a.pop(x)는 a.pop(2)가 되므로, 리스트에서 인덱스 2의 요소 값인 30을 삭제한다.

※ del a[x]는 a.pop(x)와 동일한 결과를 가져오는 파이썬 명령이다.

8행 remove() 메소드는 리스트에서 특정 값을 가진 요소를 삭제한다. a.remove(90)은 리스트 a에서 90의 값을 가진 요소를 삭제한다.

TIP

pop()과 remove() 메소드의 차이

둘 다 리스트의 요소를 삭제하는 메소드(또는 함수)인데 pop() 함수 안에는 리스트의 인덱스가 들어가고, remove() 함수 안에는 리스트 요소의 값이 들어가게 된다.

11행 clear() 메소드는 리스트의 모든 요소를 삭제한다. a.clear()는 리스트 a의 모든 요소를 삭제한다.

5.2.3 리스트 요소 카운트

다음 예제를 통하여 리스트에서 특정 값을 가지는 요소가 몇 개인지를 카운트하는 방법에 대해 알아보자.

예제 5-4. 리스트 요소 카운트　　　　　　　　　　　　　　　　　　　　ex5-4.py

```
01    list1 = ['a', 'bb', 'c', 'd','aaa', 'c', 'ddd', 'aaa',  'b', 'cc', 'd', 'aaa', ]
02    length = list1.count('aaa')
03
04    print(length)
```

3

2행 count() 메소드는 해당 값을 가진 요소의 개수를 카운트한다. list1.count('aaa')는
리스트 list1에서 'aaa'의 값을 가진 요소의 개수인 3을 얻는다.

5.2.4 리스트 정렬

이번에는 다음 예제를 통하여 리스트의 요소들을 오름차순과 내림차순으로 정렬하는 방
법을 익혀보자.

예제 5-5. 리스트 정렬	ex5-5.py

```
01    list2 = [-7, 1, 5, 8, 3, 9, 11, 13]
02    list2.sort()
03    print(list2)
04
05    list2.sort(reverse=True)
06    print(list2)
```

¤ 실행 결과

[-7, 1, 3, 5, 8, 9, 11, 13]
[13, 11, 9, 8, 5, 3, 1, -7]

2행 sort() 메소드는 리스트의 요소들을 오름차순(또는 내림차순)으로 정렬한다. list2.
sort()는 리스트 list2의 요소들을 기본 설정된 오름차순으로 정렬한다.

5행 list2.sort(reverse=True)는 리스트 list2의 요소들을 내림차순으로 정렬한다.

다음의 표는 앞의 예제들에서 사용된 리스트의 주요한 메소드를 정리한 것이다.

표 5-1 리스트의 주요한 메소드

메소드	설명
append()	리스트의 끝에 요소를 추가한다.
insert()	특정 위치에 요소를 추가한다.
extend()	리스트의 끝에 또 다른 리스트를 병합한다.
index()	특정 값을 가진 첫 번째 요소의 인덱스를 얻는다.
pop()	특정 위치의 요소를 삭제한다.
remove()	특정 값을 가진 요소를 삭제한다.
clear()	리스트의 모든 요소를 삭제한다.
count()	특정 값을 가진 요소의 수를 카운트한다.
sort()	리스트를 정렬한다.

코딩 연습 : 리스트 추출하기

다음은 리스트를 생성하고 특정 요소를 추출하는 프로그램이다. 밑줄 친 부분을 채우시오.

◎ 실행 결과

```
red
white
['green', 'blue', 'black']
```

```
color = ['red', 'green', 'blue', 'black', 'white']

print(color[❶_____])
print(color[❷_____])
print(color[❸_____])
```

※ 정답은 188쪽에 있어요.

코딩 연습 : list()와 range()로 리스트 생성하기

다음은 list()와 range() 함수를 이용하여 1부터 19까지의 홀수 리스트를 생성하는 프로그램이다. 밑줄 친 부분을 채우시오.

◎ 실행 결과

```
[1, 3, 5, 7, 9, 11, 13, 15, 17, 19]
```

```
num = list(range(❶_____, ❷_____, ❸_____))
print(num)
```

※ 정답은 188쪽에 있어요.

코딩 연습 : 리스트 요소 추가하기

다음은 리스트의 마지막에 특정 요소를 추가하는 프로그램이다. 밑줄 친 부분을 채우시오.

◎ 실행 결과

사과
바나나
파인애플
배
키위

```
mylist = ['사과', '바나나', '파인애플', '배']
mylist.❶_____('키위')

for a ❷_____ ❸_____:
    print(a)
```

※ 정답은 188쪽에 있어요.

코딩 연습 : 리스트 요소 삭제하기

다음은 리스트에서 특정 요소를 삭제하는 프로그램이다. 밑줄 친 부분을 채우시오.

◎ 실행 결과

['사과', '파인애플', '포도', '오렌지', '배']

```
mylist = ['사과', '바나나', '파인애플', '포도', '오렌지', '배']

mylist.❶_____('바나나')
print(mylist)
```

※ 정답은 188쪽에 있어요.

Q5-5

코딩 연습 : 리스트 병합하기

다음은 두개의 리스트를 서로 병합하는 프로그램이다. 밑줄 친 부분을 채우시오.

◎ 실행 결과

['kim', 24, 'kim@naver.com', 'lee', 35, 'lee@hanmail.net']

```
person1 = ['kim', 24, 'kim@naver.com']
person2 = ['lee', 35, 'lee@hanmail.net']

person = person1 ❶_____ person2
print(person)
```

※ 정답은 188쪽에 있어요.

5.3 반복문에서 리스트 활용

5.3.1 for문에서 리스트 활용

다음 예제를 통하여 for문에서 리스트를 활용하는 방법을 익혀보자.

예제 5-6. for문에서 리스트 활용	ex5-6.py

```
01    fruits = ['apple', 'orange', 'banana']
02
03    for fruit in fruits :
04        print(fruit)
```

¤ 실행 결과

```
apple
orange
banana
```

3,4행 for 루프의 각 반복에서 사용되는 변수 fruit는 리스트 fruits의 각각의 요소 값을 가진다. 4행에서는 각각의 fruit 변수에 저장된 문자열을 출력한다.

for ... in ... 형식에서 리스트를 활용하는 형식은 다음과 같다.

서식	
	for *변수* in *리스트명* :

for 루프에서 사용되는 *변수*는 *리스트명*의 각 요소 값을 가지고 반복 루프가 진행된다.

다음의 예제는 리스트를 이용하여 8과목의 합계와 평균을 구하는 프로그램이다.

예제 5-7. 리스트로 합계와 평균 구하기 ex5-7.py

```
01    scores = [88, 75, 90, 95, 77, 69, 80, 92]
02
03    sum = 0
04    for score in scores :
05        sum += score
06
07    avg = sum/8
08
09    print('총점 : %d, 평균 : %.2f' % (sum, avg))
```

¤ 실행 결과

총점 : 666, 평균 : 83.25

1행 8과목의 성적을 리스트 scores에 저장한다.

3행 합계를 의미하는 변수 sum을 0으로 초기화한다.

4~5행 for 루프에서 사용되는 변수 score는 반복 루프에서 리스트 scores의 각 요소 값을 가진다. 5행에 의해 각 성적의 누적 합계가 sum에 저장된다.

7행 변수 avg에 sum을 8로 나눈 평균 값을 저장한다.

8행 실행 결과에 나타난 것과 같이 총점과 평균을 출력한다.

5.3.2 while문에서 리스트 활용

이번에는 while문에서 리스트를 활용하는 방법에 대해 알아보자.

while문에서는 다음 예제에서와 같이 리스트의 인덱스를 변수로 설정하여 각 요소 값을 추출할 수 있다.

```
01    animals = ['토끼', '거북이', '사자', '호랑이']
02
03    i = 0
04    while i ⟨ len(animals) :
05        print(animals[i])
06
07        i += 1
```

¤ 실행 결과

```
토끼
거북이
사자
호랑이
```

3행 변수 i를 0으로 초기화한다.

4행 len(animals)는 리스트 animals의 개수인 4의 값을 가진다. 따라서 조건식은 'i ⟨ 4'가 된다.

5행 animals[i]에서 i의 값이 7행에 의해 1씩 증가하기 때문에, i는 0, 1, 2, 3의 값을 가지게 된다. 따라서 반복 루프가 진행됨에 따라 print(animals[i])에 의해 리스트 animals의 모든 요소 값들이 출력된다.

7행 리스트 animals의 인덱스로 사용되는 변수 i를 1씩 증가시킨다.

코딩연습 정답

Q5-1	❶ 0 ❷ 4 ❸ 1:4
Q5-2	❶ 1 ❷ 20 또는 21 ❸ 2
Q5-3	❶ append ❷ in ❸ mylist
Q5-4	❶ remove
Q5-5	❶ +

코딩 연습 : while문에서 리스트 활용하기

다음은 while문과 리스트를 이용하여 100점 만점의 점수에 대해 각 등급(수우미양가)의 개수를 카운트하는 프로그램이다. 밑줄 친 부분을 채우시오.

◎ 실행 결과

수 : 3명
우 : 6명
미 : 3명
양 : 4명
가 : 4명

```
s = [64, 89, 100, 85, 77, 58, 79, 67, 96, 87,
      87, 36, 82, 98, 84, 76, 63, 69, 53, 22]

count_su = 0          # 90점 ~ 100점
count_woo = 0         # 80점 ~ 89점
count_mi = 0          # 70점 ~ 79점
count_yang = 0        # 60점 ~ 69점
count_ga = 0          # 0점  ~ 59점


❶_____
while i < ❷_____ :
   if s[i] >= 90 and s[i] <=100 :
      count_su = count_su + 1

   if s[i] >= 80 and s[i] <= 89 :
      count_woo = count_woo + 1

   if s[i] >= 70 and s[i] <= 79 :
      count_mi = count_mi + 1

   if s[i] >= 60 and s[i] <= 69 :
      count_yang = count_yang + 1
```

```
    if s[i] >= 0 and s[i] <= 59 :
        count_ga = count_ga + 1

        ❸_____

print('수 : %d명' % count_su)
print('우 : %d명' % count_woo)
print('미 : %d명' % count_mi)
print('양 : %d명' % count_yang)
print('가 : %d명' % count_ga)
```

※ 정답은 193쪽에 있어요.

코딩 연습 : 리스트를 이용한 영어 단어 퀴즈

다음은 리스트를 이용하여 영어 단어 스펠링 맞추기 퀴즈를 만드는 프로그램이다. 밑줄 친 부분을 채우시오.

◎ 실행 결과

```
tr_in 에서 밑줄(_) 안에 들어갈 알파벳은?a
정답입니다!
b_s 에서 밑줄(_) 안에 들어갈 알파벳은?a
틀렸습니다!
_axi 에서 밑줄(_) 안에 들어갈 알파벳은?h
틀렸습니다!
air_lane 에서 밑줄(_) 안에 들어갈 알파벳은?w
틀렸습니다!
```

```
questions = ['tr_in', 'b_s', '_axi', 'air_lane']
answers   = ['a', 'u', 't','p']

for i in range(❶_____ ) :
    q = '%s 에서 밑줄(_) 안에 들어갈 알파벳은?' % questions[i]
    ans = input(❷_____)

    if ans == ❸_____ :
        print('정답입니다!')
    else :
        print('틀렸습니다!')
```

※ 정답은 193쪽에 있어요.

2차원 리스트는 리스트의 각 요소가 리스트 형태를 가진다. 리스트 내에 리스트가 있는 이중의 구조로 생각하면 된다.

하나의 예로 5명의 국어, 영어, 수학 성적을 저장하는 다음의 리스트를 생각해보자.

```
scores = [[75, 83, 90], [86, 86, 73], [76, 95, 83], [89, 96, 69], [89, 76, 93]]
```

리스트 scores에는 리스트 형태로 된 5개의 요소들이 있고, 그리고 각 요소들은 3개의 요소로 구성된 리스트이다.

리스트 scores와 같이 이중 구조의 리스트를 2차원 리스트라고 한다.

5.4.1 2차원 리스트의 구조

다음 예제를 통하여 2차원 리스트의 기본 구조를 알아보고 인덱스를 이용하여 2차원 리스트의 각 요소에 접근하는 방법에 대해 알아보자.

예제 5-9. 2차원 리스트의 기본 구조   ex5-9.py

```
01    numbers = [[10, 20, 30], [40, 50, 60]]
02
03    print(numbers[0])
04    print(numbers[1])
05
06    print(numbers[0][0])
07    print(numbers[0][1])
08    print(numbers[0][2])
09
10    print(numbers[1][0])
11    print(numbers[1][1])
12    print(numbers[1][2])
```

```
[10, 20, 30]
[40, 50, 60]
10
20
30
40
50
60
```

1행 리스트의 각 요소가 리스트인 [10, 20, 30]과 [40, 50, 60]으로 구성된 2차원 리스트 numbers를 생성한다.

3행 numbers[0]은 리스트 numbers의 0번째 인덱스의 요소, 즉 [10, 20, 30]를 의미한다.

4행 numbers[1]은 리스트 numbers의 1번째 인덱스의 요소, 즉 [40, 50, 60]를 의미한다.

6~8행 2차원 리스트의 요소 numbers[0][0]은 10, numbers[0][1]는 20, numbers[0][1]는 30의 값을 가지게 된다.

10~12행 같은 맥락으로 numbers[1][0]은 40, numbers[1][1]은 50, numbers[1][2]는 60의 값을 가진다.

2차원 리스트를 생성하는 형식은 다음과 같다.

서식	리스트명 = [[데이터, 데이터,....], [데이터, 데이터, ...], ... , [데이터, 데이터, ...]]

2차원 리스트에서는 *리스트명*의 각 요소가 *[데이터, 데이터,.....]*의 형태를 가진다. 여기서 *데이터*는 정수형과 실수형 숫자, 문자열 등의 다양한 데이터 형태를 가질 수 있다.

코딩연습 정답   Q5-6 ❶ i = 0 ❷ len(s) ❸ i += 1
            Q5-7 ❶ len(questions) ❷ q ❸ answers[i]

5.4.2 for문에서 2차원 리스트 활용

이번에는 for문과 2차원 리스트를 이용하여 8명 학생의 3과목 성적에 대한 합계와 평균을 구하는 프로그램을 작성해보자.

예제 5-10. 8명 학생의 3과목 성적의 합계/평균	ex5-10.py

```
01    scores = [[96, 84, 80], [96, 86, 76], [76, 95, 83], [89, 96, 69], \
02            [90, 76, 91], [82, 66, 88], [83, 86, 79], [85, 90, 83]]
03
04    for i in range(len(scores)) :
05        sum = 0
06        for j in range(len(scores[i])) :
07            sum = sum + scores[i][j]
08
09        avg = sum/len(scores[i])
10
11        print('%d번째 학생의 합계 : %d, 평균 : %.2f' % (i+1, sum, avg))
```

¤ 실행 결과

```
1번째 학생의 합계 : 260, 평균 : 86.67
2번째 학생의 합계 : 258, 평균 : 86.00
3번째 학생의 합계 : 254, 평균 : 84.67
4번째 학생의 합계 : 254, 평균 : 84.67
5번째 학생의 합계 : 257, 평균 : 85.67
6번째 학생의 합계 : 236, 평균 : 78.67
7번째 학생의 합계 : 248, 평균 : 82.67
8번째 학생의 합계 : 258, 평균 : 86.00
```

1행 8명 학생의 3과목 성적을 2차원 리스트 scores에 저장한다.

4행 len(scores)는 리스트 scores의 길이인 8이 된다. 이 for 루프에서 변수 i는 0, 1, 2, 3, 4, 5, 6, 7의 값을 가지면서 5~11행의 문장이 반복수행 된다.

5행 변수 sum을 0으로 초기화한다.

6행 반복 루프에서 첫 번째, 즉 i가 0일 때 len(scores[i])의 값은 3이다. 따라서 변수 j의 값은 0, 1, 2 값을 가지면서 7행의 문장이 반복 수행된다.

7행 i가 0일 때, 이 문장이 세 번 반복(j는 0, 1, 2)되면, 0번째 학생의 3과목 성적의 합계 sum이 구해진다.

9행 i가 0일 때, len(scores[i])는 3이 된다. sum을 3으로 나눈 평균 값을 avg에 저장한다.

11행 i가 0일 때, 실행 결과의 첫 번째 줄에 나타난 것과 같이 첫번째 학생(i는 0의 값을 가짐)의 합계와 평균이 화면에 출력된다.

같은 방법으로 나머지 7명의 학생들에 대한 성적의 합계와 평균이 구해져 실행 결과에 나타나게 된다.

코딩 연습 : 예제 5-10을 while문으로 작성하기

다음은 앞의 예제 5-10에서 사용한 for문 대신 while문을 사용하여 동일한 결과가 출력되도록 하는 프로그램이다. 밑줄 친 부분을 채우시오.

◎ 실행 결과

```
1번째 학생의 합계 : 260, 평균 : 86.67
2번째 학생의 합계 : 258, 평균 : 86.00
3번째 학생의 합계 : 254, 평균 : 84.67
4번째 학생의 합계 : 254, 평균 : 84.67
5번째 학생의 합계 : 257, 평균 : 85.67
6번째 학생의 합계 : 236, 평균 : 78.67
7번째 학생의 합계 : 248, 평균 : 82.67
8번째 학생의 합계 : 258, 평균 : 86.00
```

```
scores = [[96, 84, 80], [96, 86, 76], [76, 95, 83], [89, 96, 69], \
    [90, 76, 91], [82, 66, 88], [83, 86, 79], [85, 90, 83]]

❶___ = 0
while i < len(scores) :
    sum = 0
    ❷___ = 0
    while j < len(scores[i]) :
        sum = sum + scores[i][j]
        ❸___ += 1

    avg = sum/len(scores[i])
    print('%d번째 학생의 합계 : %d, 평균 : %.2f' % (i+1, sum, avg))
    ❹___ += 1
```

※ 정답은 201쪽에 있어요.

코딩 연습 : 리스트를 이용한 합계/평균 구하기

다음은 키보드로 성적을 입력받아 리스트에 저장한 다음 합계와 평균을 구하는 프로그램이다. 밑줄 친 부분을 채우시오.

◎ 실행 결과

```
성적을 입력하세요(종료 시 -1 입력): 75
성적을 입력하세요(종료 시 -1 입력): 83
성적을 입력하세요(종료 시 -1 입력): 88
성적을 입력하세요(종료 시 -1 입력): 93
성적을 입력하세요(종료 시 -1 입력): 97
성적을 입력하세요(종료 시 -1 입력): -1
합계 : 436, 평균 : 87.20
```

```
scores = []

while True :
    score = int(input('성적을 입력하세요(종료 시 -1 입력): '))

    if score == -1 :
        ❶_____
    else :
        scores.❷_____(score)

sum = 0
for i in range(0, ❸_____) :
    sum += scores[i]

avg = sum/❹_____

print('합계 : %d, 평균 : %.2f' % (sum, avg))
```

※ 정답은 201쪽에 있어요.

코딩 연습 : 영화관의 빈 좌석 표시하기

다음은 2차원 리스트를 이용하여 영화관의 예약 가능 좌석을 표시하는 프로그램이다. 밑줄 친 부분을 채우시오.

◎ 실행 결과

※ 예약 가능 : ■, 예약 불가 : □

```
seats = [[0, 0, 0, 0, 0, 0, 0, 0, 0, 0],\
    [0, 0, 0, 0, 0, 0, 0, 0, 0, 0],\
    [0, 0, 0, 0, 0, 0, 0, 0, 0, 0],\
    [1, 1, 1, 0, 0, 0, 0, 0, 1, 0],\
    [0, 0, 0, 0, 0, 1, 0, 0, 0, 0],\
    [0, 1, 0, 0, 0, 1, 0, 1, 0, 0],\
    [0, 0, 0, 0, 0, 0, 1, 0, 0, 0],\
    [1, 0, 1, 0, 0, 0, 0, 0, 0, 1]]


for ❶_____ in range(len(❷_____)) :
  for ❸_____ in range(len(❹_____)) :
    if seats[i][j] == 0 :
      print('%3s' % '□', end='')
    else :
      print('%3s' % '■', end='')
  print()

print('\n※ 예약 가능 : ■, 예약 불가 : □')
```

※ 정답은 201쪽에 있어요.

■ 다음은 리스트 data에 관련된 문제이다. 물음에 답하시오.(1번~5번 문제)

data = [–12, 3, –9, 5, 8, –2, 0, –8, 3, 10]

1. for문을 이용하여 data의 요소들 중에서 가장 큰 수를 찾는 프로그램을 작성하시오.

　▦ 실행 결과

　가장 큰 수 : 10

2. while문을 이용하여 짝수 번째 요소들의 합과 평균을 구하는 프로그램을 작성하시오.

　▦ 실행 결과

　합계 : 8, 평균 : 1.60

3. 리스트의 메소드를 이용하여 data를 내림차순으로 정렬하는 프로그램을 작성하시오.

　▦ 실행 결과

　10 8 5 3 3 0 –2 –8 –9 –12

4. data의 4번째 요소에 데이터 100을 추가하는 프로그램을 작성하시오.

　▦ 실행 결과

　–12 3 –9 100 5 8 –2 0 –8 3 10

5. data에서 –12의 값을 가진 요소를 삭제하는 프로그램을 작성하시오.

　▦ 실행 결과

　3 –9 5 8 –2 0 –8 3 10

■ 9 x 9의 미니 바둑판에 돌이 놓여 있는 정보를 저장한 2차원 리스트 stone은 다음과 같다. 물음에 답하시오.(6번~9번 문제)

```
stone = [[0, 0, 0, 0, 0, 0, 0, 0, 0 ],\
        [0, 1, 0, 1, 2, 1, 2, 1, 0 ],\
        [0, 2, 1, 1, 1, 2, 2, 0, 0 ],\
        [0, 0, 2, 2, 2, 1, 0, 2, 0 ],\
        [0, 0, 0, 0, 0, 1, 0, 2, 1 ],\
        [0, 0, 0, 2, 0, 1, 2, 1, 0 ],\
        [0, 0, 0, 2, 1, 0, 1, 1, 0 ],\
        [0, 0, 0, 1, 1, 0, 0, 0, 0 ],\
        [0, 0, 0, 0, 2, 2, 2, 0, 0 ]]
```

※ 리스트 요소의 숫자는 다음을 의미한다.
  – 0 : 돌 없음
  – 1 : 흑돌
  – 2 : 백돌

6. 흑돌과 백돌의 개수를 카운트하는 프로그램을 작성하시오.

  ▦ 실행 결과

  흑돌의 개수 : 17
  백돌의 개수 : 16

7. 실행 결과와 같이 흑돌(●), 백돌(○), 돌이 없는 곳(×)을 표시하는 프로그램을 작성하시오.

  ▦ 실행 결과

  ```
  ×  ×  ×  ×  ×  ×  ×  ×  ×
  ×  ●  ×  ●  ○  ●  ○  ●  ×
  ×  ○  ●  ●  ●  ○  ○  ×  ×
  ×  ×  ○  ○  ○  ●  ×  ○  ×
  ×  ×  ×  ×  ×  ●  ×  ○  ●
  ×  ×  ×  ○  ×  ●  ○  ●  ×
  ×  ×  ×  ○  ●  ×  ●  ●  ×
  ×  ×  ×  ●  ●  ×  ×  ×  ×
  ×  ×  ×  ×  ○  ○  ○  ×  ×
  ```

8. 7번 문제의 결과에 추가로 실행 결과에서와 같이 바둑판의 좌측과 상단에 좌표 값을 삽입하는 프로그램을 작성하시오.

▦ 실행 결과

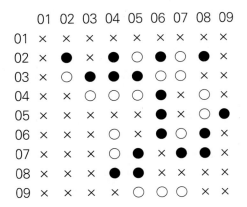

9. 완성된 8번의 프로그램을 수정하여 키보드로 X와 Y의 좌표 값을 입력받아 흑돌, 백돌, 돌없음을 출력하는 프로그램을 작성하시오.

▦ 실행 결과

X축 좌표값을 입력하세요(1~9, 종료 시 -1 입력) : 9
Y축 좌표값을 입력하세요(1~9, 종료 시 -1 입력) : 5
흑돌
X축 좌표값을 입력하세요(1~9, 종료 시 -1 입력) : 7
Y축 좌표값을 입력하세요(1~9, 종료 시 -1 입력) : 2
백돌
X축 좌표값을 입력하세요(1~9, 종료 시 -1 입력) : 4
Y축 좌표값을 입력하세요(1~9, 종료 시 -1 입력) : 1
돌없음
X축 좌표값을 입력하세요(1~9, 종료 시 -1 입력) : -1
종료되었습니다!

코딩연습 정답   Q5-8   ❶ i ❷ j ❸ j ❹ i
                Q5-9   ❶ break ❷ append ❸ len(scores) ❹ len(scores)
                Q5-10 ❶ i ❷ seats ❸ j ❸ seats[i]

Chapter 06

튜플과 딕셔너리

이번 장에서는 리스트와 유사한 데이터 형인 튜플과 자바스크립트나 PHP 언어에서 연관 배열이라고 불리는 딕셔너리에 대해 알아본다. 튜플은 리스트와 거의 동일하지만 리스트와는 달리 요소의 추가, 삭제, 수정 등이 불가능하게 되어 있다. 튜플의 특징과 튜플의 생성, 요소 추출, 요소 삭제 등에 대해 알아본다. 딕셔너리에서는 딕셔너리를 이용한 성적 합계와 평균 구하기, 영어 단어 만들기 퀴즈 등의 실습을 통해 딕셔너리의 활용법을 익힌다.

파이썬에서 튜플(Tuple)은 리스트와 많은 부분이 유사하고 사용법도 거의 같다. 튜플과 리스트의 차이점은 다음의 두 가지로 볼 수 있다.

❶ 튜플에서는 리스트의 대괄호([ ]) 대신에 소괄호(())를 사용

❷ 튜플에서는 리스트와는 달리 요소들의 수정과 추가가 불가

6.1.1 튜플 생성과 추출

다음 예제를 통하여 튜플을 생성하고 튜플 요소를 추출하는 방법을 익혀보자.

예제 6-1. 튜플 생성과 요소 추출	ex6-1.py

```
01    menu = ('coffee', 'milk', 'tea', 'cider')
02
03    print(menu)
04    print(menu[0])
05    print(menu[2])
06    print(menu[0:3])
07
08    menu[1] = 'cola'
```

¤ 실행 결과

```
('coffee', 'milk', 'tea', 'cider')
coffee
tea
('coffee', 'milk', 'tea')


-------------------------------------------------------------Ty
peError                        Traceback (most recent call last)
⟨ipython-input-6-b70851bc9bef⟩ in ⟨module⟩
     7 print(menu[0:3])
     8
----⟩ 9 menu[1] = 'cola'

TypeError: 'tuple' object does not support item assignment
```

튜플의 장점

파이썬에서 리스트와는 별도로 튜플이 존재하는 이유는 다음과 같은 몇 가지 장점을 갖고 있기 때문이다.

(1) 튜플은 반복 처리 시 리스트에 비해 근소하게나마 빠르다. 연산량이 많은 경우에는 약간의 성능 향상을 가져올 수 있다.

(2) 튜플은 요소를 변경할 수 없는 특성으로 인하여 딕셔너리의 키로 사용할 수 있다. 리스트는 딕셔너리의 키로 사용할 수 없다.

(3) 튜플은 요소를 변경할 수 없기 때문에 보안을 요하는 데이터를 보호하는 장점을 가지게 된다.

1행 문자열 'coffee', 'milk', 'tea', 'cider'를 요소로 하는 튜플 menu를 생성한다. 튜플에서는 소괄호(())로 전체 요소들을 감싼다.

4행 menu[0]은 튜플 menu의 0번째 요소인 'coffee'를 의미하기 때문에 print(menu[0])은 실행 결과의 2번째 줄에 나타난 것과 같이 coffee를 출력한다.

※ 문자열과 리스트에서와 마찬가지로 튜플 요소의 인덱스도 0부터 시작한다.

6행 print(menu[0:3])는 인덱스 0번째 ~ 2번째(3번째는 포함되지 않음)의 요소로 구성된 튜플 ('coffee', 'milk', 'tea')를 출력한다.

8행 menu[1] = 'cola'에서와 같이 'cola'를 튜플의 menu[1]에 저장하려고 하면 실행 결과의 마지막 줄에서와 같이 오류 메시지가 표시된다. 튜플에서는 요소의 항목을 수정할 수 없기 때문에 이와 같은 오류 메시지가 발생되는 것이다.

튜플을 생성하는 형식은 다음과 같다.

서식 튜플명 = (데이터, 데이터, 데이터, ...)

데이터는 정수형, 실수형, 문자열 등의 다양한 형태의 데이터가 사용될 수 있다.

6.1.2 튜플 병합과 길이

다음 예제는 두 개의 튜플을 병합하고 튜플의 길이를 구하는 프로그램이다.

예제 6-2. 튜플 병합과 길이 구하기	ex6-2.py

```
01    tuple1 = ('apple', 'banana', 'cherry')
02    tuple2 = ('orange', 'melon', 'strawberry')
03
04    tuple3 = tuple1 + tuple2
05    print(tuple3)
06
07    print(len(tuple3))
08
09    for x in tuple1 :
10        print(x)
11
12    del tuple1
```

¤ 실행 결과

```
('apple', 'banana', 'cherry', 'orange', 'melon', 'strawberry')
6
apple
banana
cherry
```

4행 튜플 tuple1과 tuple2를 합쳐서 튜플 tuple3에 저장한다. 리스트와 마찬가지로 +
연산자는 튜플을 병합하는 데 사용된다.

+ 연산자를 이용하여 튜플을 병합하는 서식은 다음과 같다.

서식	
	튜플명 = 튜플1 + 튜플2 + 튜플3 + ...

+ 연산자를 이용하여 *튜플1, 튜플2, 튜플3, …* 을 하나로 합쳐서 *튜플명*에 저장한다.

7행 len(tuple3)는 튜플 tuple3의 길이인 6의 값을 가진다.

튜플의 길이를 구하는 함수 len() 서식은 다음과 같다.

서식	len(튜플명)

len() 함수는 튜플명에 명시된 튜플의 길이를 구하는 데 사용된다.

9행 튜플에서 for문을 사용하는 방법은 리스트의 경우와 동일하다. 반복 루프에서 사용되는 변수 x는 튜플 tuple1의 각 요소 값을 가진다.

12행 튜플에서는 예제 6-1에서 설명한 것과 같이 요소를 삭제하거나 수정할 수 없다. 그러나 여기에서와 같이 파이썬의 del 명령을 사용하여 튜플 자체를 삭제하는 것은 가능하다. del tuple1은 튜플 tuple1의 존재를 완벽하게 없앤다. 따라서 이 명령 다음에 print(tuple1)을 실행하면 tuple1이 존재하지 않는다는 오류가 발생하게 된다.

코딩 연습 : 튜플로 구구단표 만들기

다음은 튜플을 이용하여 구구단표를 만드는 프로그램이다. 밑줄 친 부분을 채우시오.

◎ 실행 결과

```
구구단표
------------------------------
2 x 1 = 2
2 x 2 = 4
2 x 3 = 6
...
2 x 9 = 18
------------------------------
3 x 1 = 3
3 x 2 = 6
3 x 3 = 9
...
9 x 8 = 72
9 x 9 = 81
------------------------------
```

```python
dans = (2, 3, 4, 5, 6, 7, 8, 9)

print('구구단표')
print('-' * 30)


for ❶_____  in ❷_____ :
    for i in range(1, 10) :
        print('%d x %d = %d' % (dan, ❸_____ , dan*i))
    print('-' * 30)
```

※ 정답은 211쪽에 있어요.

코딩 연습 : 튜플로 관리자 정보 처리하기

다음은 튜플을 이용하여 관리자 정보를 처리하는 프로그램이다. 밑줄 친 부분을 채우시오.

◎ 실행 결과 1

```
관리자 아이디를 입력하세요 : rubato
관리자 비밀번호를 입력하세요 : 1111
아이디 또는 비밀번호가 잘못 입력되었습니다.
```

◎ 실행 결과 2

```
관리자 아이디를 입력하세요 : admin
관리자 비밀번호를 입력하세요 : 12345
관리자입니다.
```

```
admin_info = ('admin', '12345', 'rubato@naver.com')

id = input('관리자 아이디를 입력하세요 : ')
❶_____ = input('관리자 비밀번호를 입력하세요 : ')

if  id == ❷_____ and password == ❸_____ :
    print('관리자입니다.')
else :
    print('아이디 또는 비밀번호가 잘못 입력되었습니다.')
```

※ 정답은 211쪽에 있어요.

딕셔너리(Dictionary)는 사전을 의미하는데 사전은 '단어'와 그 단어를 설명하는 '뜻'으로 구성되어 있다. 유사한 개념으로 사용되는 파이썬의 딕셔너리는 키(Key)와 값(Value)의 쌍으로 이루어져 있다.

```
scores = {'kor':85, 'eng':90, 'math':100}
members = {'name':'홍길동', 'age':25, 'phone':'010-3787-3146'}
```

위의 예에서와 같이 딕셔너리 scores와 members는 요소 전체를 중괄호({ })로 감싸고, 각 요소는 콤마로 구분 지어져 있다.

'kor', 'eng', 'math', 'name', 'age', 'phone'은 딕셔너리의 키가 되고, 85, 90, 100, '홍길동', 25, '010-3787-3146' 은 딕셔너리의 값에 해당된다.

6.2.1 딕셔너리의 기본 구조

다음 예제를 통하여 딕셔너리의 기본 구조를 이해하고 간단한 사용법을 익혀보자.

예제 6-3. 딕셔너리의 기본 구조	ex6-3.py

```
01    members = {'name':'안지영', 'age':30, 'email':'jiyoung@korea.com'}
02
03    print(members)
04    print(members['name'])
05    print(members['age'])
06
07    print('길이 : %d' % len(members))
```

```
{'name': '안지영', 'age': 30, 'email': 'jiyoung@korea.com'}
안지영
30
길이 : 3
```

1행 딕셔너리 members를 생성한다. 여기서 'name', 'age', 'email'은 딕셔너리의 키이며, '안지영', 30, 'jiyoung@korea.com'은 딕셔너리의 값이 된다. 이와 같이 딕셔너리는 키와 값으로 구성된다.

4행 members['name']은 키 'name'에 대응되는 값인 '안지영'을 의미한다.

5행 members['age']는 키 'age'에 대응되는 30의 값을 가진다.

7행 len(members)는 딕셔너리 members의 길이인 3의 값을 가진다.

딕셔너리 생성에 사용되는 서식은 다음과 같다.

| 서식 | *딕셔너리명 = { 키 : 값, 키 : 값, …. }* |

*키*와 *값*으로 구성된 전체 요소들을 중괄호({})로 감싼 다음 *딕셔너리명*에 저장함으로써 딕셔너리가 생성된다.

코딩연습 정답　　Q6-1　❶ dan　❷ dans　❸ i
　　　　　　　　　Q6-2　❶ password　❷ admin_info[0]　❸ admin_info[1]

6.2.2 딕셔너리 요소의 추가/수정/삭제

다음 예제를 통하여 딕셔너리의 요소를 추가, 수정, 삭제하는 방법에 대해 알아보자.

예제 6-4. 딕셔너리 요소 다루기   ex6-4.py

```
01    name = '안진영'
02    scores = {'kor': 95, 'eng': 85, 'math': 90, 'science': 80}
03    print(scores)
04
05    scores['kor'] = 70
06    print(scores['kor'])
07
08    scores['music'] = 100
09    print(scores)
10
11    del scores['science']
12    print(scores)
13
14    print('이름 : %s' % name)
15    print('국어 : %d' % scores['kor'])
16    print('영어 : %d' % scores['eng'])
17    print('수학 : %d' % scores['math'])
```

¤ 실행 결과

```
{'kor': 95, 'eng': 85, 'math': 90, 'science': 80}
70
{'kor': 70, 'eng': 85, 'math': 90, 'science': 80, 'music': 100}
{'kor': 70, 'eng': 85, 'math': 90, 'music': 100}
이름 : 안진영
국어 : 70
영어 : 85
수학 : 90
```

1행 변수 name에 '안진영'을 저장한다.

2행 네 과목(국어, 영어, 수학, 과학)에 대한 과목명과 성적을 키와 값으로 하는 딕셔너리 scores를 생성한다.

5행 국어 성적을 의미하는 요소 scores['kor']에 70을 저장한다.

8행 음악 성적 scores['music']에 100을 저장한다. 2행에서 생성한 딕셔너리 scores에는 'music' 키가 존재하지 않기 때문에 'music' 키와 대응되는 값 100이 딕셔너리의 새로운 요소로 추가된다. 실행 결과를 보면 딕셔너리 scores에 새로운 요소로서 'music': 100이 추가된 것을 확인할 수 있다.

11행 del scores['science']는 'science' 키와 값을 삭제한다. 실행 결과를 보면 'science': 88의 요소가 삭제되어 있음을 알 수 있다.

14~17행 이름과 각 과목의 성적을 실행 결과에서와 같이 출력한다.

딕셔너리에 요소를 수정하거나 추가하는 서식은 다음과 같다.

서식	*딕셔너리명[키] = 값*

*딕셔너리명*에 *키*가 존재하면 해당 키의 *값*을 수정한다. 만약 *딕셔너리명*에 *키*가 존재하지 않으면, 새로운 요소로서 *키*와 *값*이 추가된다.

딕셔너리의 요소를 삭제하는 데 사용되는 del 명령의 서식은 다음과 같다.

서식	*del 딕셔너리명[키]*

del 명령은 *딕셔너리명*에서 *키*를 가진 요소를 찾아 해당 요소의 키와 값을 삭제한다.

6.2.3 for문에서 딕셔너리 활용

다음은 for문에서 딕셔너리를 사용하는 예이다. 이 예를 통하여 반복문에서 딕셔너리를 활용하는 방법을 배워보자.

예제 6-5. for문에서 딕셔너리 사용하기	ex6-5.py

```
01    phones = {'갤럭시 노트8': 2017,  '갤럭시 S9': 2018, '갤럭시 노트10':
2019, '갤럭시 S20': 2020}
02    print(phones)
03
04    for key in phones :
05        print('%s =〉 %s' % (key, phones[key]))
06
07    print(len(phones))
```

¤ 실행 결과

```
{'갤럭시 노트8': 2017, '갤럭시 S9': 2018, '갤럭시 노트10': 2019, '갤럭시 S20': 2020}
갤럭시 노트8 =〉 2017
갤럭시 S9 =〉 2018
갤럭시 노트10 =〉 2019
갤럭시 S20 =〉 2020
4
```

1행 휴대폰 모델을 키로 하고, 출시년도를 값으로 하는 딕셔너리 phones를 생성한다.

4,5행 for 루프는 딕셔너리의 요소의 개수만큼 5행의 문장을 반복 수행한다. 반복 루프 동안 변수 key는 딕셔너리 phones의 각각의 키에 해당되는 '갤럭시 노트8', '갤럭시 S9', '갤럭시 노트10', '갤럭시 S20'을 가진다.

7행 len(phones)는 딕셔너리 phones의 길이인 4의 값을 가진다.

for문에서 사용되는 딕셔너리의 형식은 다음과 같다.

<table>
<tr><td>서식</td><td>

for 변수명 in 딕셔너리명 :

   ...

    딕셔너리명[변수명]

   ...

</td></tr>
</table>

여기서 for 루프에서 사용되는 변수명은 딕셔너리명의 키가 되고, 딕셔너리명[변수명]은 딕셔너리명의 해당 키에 대응되는 값이 된다.

Q6-3 코딩 연습 : 딕셔너리로 성적 합계/평균 구하기

다음은 딕셔너리를 이용하여 3명 학생들의 성적의 합계와 평균을 구하는 프로그램이다. 밑줄 친 부분을 채우시오.

◎ 실행 결과

김예진 : 90
박영진 : 95
김소희 : 84
합계 : 269, 평균 : 89.67

```
scores = {'김예진': 90, '박영진': 95, '김소희': 84}

sum = 0
for key in scores :
    sum += ❶_____

    print('%s : %d' % (❷_____ , scores[key]))

avg = sum/len(❸_____)

print('합계 : %d, 평균 : %.2f' % (sum, avg ))
```

※ 정답은 216쪽에 있어요.

코딩 연습 : 딕셔너리로 정보 접근 제어하기

다음은 웹의 관리자 정보를 딕셔너리에 저장한 다음 입력된 아이디와 비밀번호를 체크하여 정보 접근 가능 여부를 판정하는 프로그램이다. 밑줄 친 부분을 채우시오.

※ 관리자 정보
    아이디 : admin, 비밀번호 : 11111

◎ 실행 결과 1

아이디를 입력하세요: ocella
비밀번호를 입력하세요: 13093
정보에 접근 권한이 없습니다!

◎ 실행 결과 2

아이디를 입력하세요: admin
비밀번호를 입력하세요: 11111
모든 정보에 접근 가능합니다!

```
ad = {'id':'admin', 'password':'11111'}

❶_____ = input('아이디를 입력하세요: ')
in_password = input('비밀번호를 입력하세요: ')

if (in_id == ❷_____ and in_password == ❸_____) :
    print('모든 정보에 접근 가능합니다!')
else :
    print('정보에 접근 권한이 없습니다!')
```

※ 정답은 219쪽에 있어요.

코딩연습 정답   Q6-3   ❶ scores[key]   ❷ key   ❸ scores

코딩 연습 : 딕셔너리로 영어 단어 퀴즈 만들기

다음은 딕셔너리를 이용하여 영어 단어 퀴즈를 만드는 프로그램이다. 밑줄 친 부분을 채우시오.

◎ 실행 결과

사과에 해당되는 영어 단어를 입력해주세요: apple
정답입니다!
컴퓨터에 해당되는 영어 단어를 입력해주세요: commputer
틀렸습니다!
학교에 해당되는 영어 단어를 입력해주세요: school
정답입니다!
책상에 해당되는 영어 단어를 입력해주세요: tesk
틀렸습니다!
의자에 해당되는 영어 단어를 입력해주세요: chaaar
틀렸습니다!

```
words = {'사과':'apple', '컴퓨터':'computer', '학교':'school', '책상':'desk', '의
자':'chair'}

for key in words :
    in_word = input('%s에 해당되는 영어 단어를 입력해주세요: ' % ❶_____)

    if ❷_____ == words[❸_____] :
        print('정답입니다!')
    else :
        print('틀렸습니다!')
```

※ 정답은 219쪽에 있어요.

■ 회사 쇼핑몰 고객의 아이디에 부여된 마일리지 포인트를 딕셔너리에 저장하여 관리하고자 한다. 다음 물음에 답하시오.(1번~4번 문제)

아이디	kim99	lee66	han55	hong77	hwang33
마일리지 포인트	12000	11000	3000	5000	18000

1. 위의 표에 나타난 아이디와 마일리지 포인트를 딕셔너리에 저장한 다음 출력하는 프로그램을 작성하시오.

　📖 실행 결과

　1. 아이디 : kim99, 마일리지: 12000점
　2. 아이디 : lee66, 마일리지: 11000점
　3. 아이디 : han55, 마일리지: 3000점
　4. 아이디 : hong77, 마일리지: 5000점
　5. 아이디 : hwang33, 마일리지: 18000점

2. 아이디 'han55'의 마일리지를 5000점으로 업데이트하고 업데이트된 정보를 출력하는 프로그램을 작성하시오.

　📖 실행 결과

　han55님의 마일리지가 5000점으로 수정 되었습니다.

3. 딕셔너리에 아이디 'jang88'과 마일리지 7000을 추가한 다음 전체 딕셔너리와 추가된 데이터를 출력하는 프로그램을 작성하시오.

　📖 실행 결과

　전체 딕셔너리 : {'kim99': 12000, 'lee66': 11000, 'han55': 3000, 'hong77': 5000, 'hwang33': 18000, 'jang88': 7000}
　jang88님의 마일리지(7000점)가 추가 되었습니다.

4. 딕셔너리에서 가장 높은 마일리지를 찾아서 출력하는 프로그램을 작성하시오.

▦ 실행 결과

hwang33님의 18000점이 가장 높은 점수입니다.

■ 다음은 어느 지역의 일주일 간의 최고 기온을 나타낸 것이다. 다음 물음에 답하시오.(5~8번 문제)

요일	월	화	수	목	금	토	일
최고 기온	25.5	28.3	33.2	32.1	17.3	35.3	33.3

5. 표의 데이터를 딕셔너리에 저장한 다음 출력하는 프로그램을 작성하시오.

▦ 실행 결과

```
----------------------------------------
  월  화  수  목  금  토  일
----------------------------------------
 25.5  28.3  33.2  32.1  17.3  35.3  33.3
----------------------------------------
```

6. 딕셔너리에서 주중 가장 낮은 최고 기온을 찾아서 출력하는 프로그램을 작성하시오.

▦ 실행 결과

가장 낮은 최고 기온 : 17.3˚

7. 딕셔너리에서 주간 최고 기온이 30˚ 이상인 요일을 출력하는 프로그램을 작성하시오.

▦ 실행 결과

기온이 30˚ 이상인 요일 : 수, 목, 토, 일

8. 딕셔너리에서 일주일간 최고 기온의 평균을 구하는 프로그램을 작성하시오.

▦ 실행 결과

일주일간 최고 기온의 평균 : 29.3˚

코딩연습 정답   Q6-4 ❶ in_id ❷ ad['id'] ❸ ad['password']
                 Q6-5 ❶ key ❷ in_word ❸ key

Chapter 07

함수

이번 장에서는 함수란 무엇인지 알아보고 함수를 정의하고 호출하는 방법을 배운다. 또한 정의
된 함수에서 사용되는 매개변수와 반환 값의 사용법을 익히고, 람다 함수의 사용법도 배운다.
프로그램에서 변수를 활용할 때 중요한 개념인 지역 변수와 전역 변수의 사용법, 함수를 이용
하여 파일을 읽고 쓰는 방법을 배운다. 마지막으로 파일 처리 함수를 이용하여 파일로부터 데
이터를 읽어서 처리한 다음 다시 파일에 저장하는 방법을 익힌다.

파이썬과 같은 컴퓨터 언어에서 함수(Function)는 수학에서의 함수의 개념과 비슷하며 영어 단어인 'function'이 가지는 '기능', '역할'이라는 의미도 포함하고 있다.

지금까지 우리가 사용해 온 print(), input(), range(), list() 등은 모두 함수이다. print() 함수는 화면에 데이터를 출력하는 기능을 수행하고, input() 함수는 키보드로부터 입력되는 데이터를 변수로 저장하는 역할을 수행한다. 이러한 함수들은 파이썬 자체에서 기본적으로 제공하는 함수이다.

파이썬에서 기본으로 제공하는 함수 외에도 프로그래머가 직접 함수를 정의하고 호출하여 사용할 수도 있는데 이번 절에서는 함수를 정의하고 호출하는 방법에 대해 알아본다.

7.1.1 함수의 정의와 호출

먼저 다음의 간단한 예를 통하여 함수를 정의하고 호출하는 방법을 익혀보자.

예제 7-1. 함수의 정의와 호출   ex7-1.py

```
01    def hello() :
02        print('안녕하세요.')                    } 함수 정의
03
04    hello()                    ─────────→   함수 호출
05    hello()                    ─────────→   함수 호출
06    hello()                    ─────────→   함수 호출
```

¤ 실행 결과

안녕하세요.
안녕하세요.
안녕하세요.

1,2행에서는 hello() 함수를 정의한다. hello() 함수는 실행 결과에 나타난 것과 같이 '안녕하세요.'란 메시지를 화면에 출력하는 기능을 수행한다. 그리고 4~6행에서 함수 호출이 세번 일어나고 있다. 함수가 호출될 때 마다 1,2행에서 정의된 hello() 함수가 실행된다.

예제 7-1의 동작 과정을 조금 더 자세히 살펴보자.

1,2행 1행에서 hello() 함수를 정의한다. 정의된 hello() 함수의 기능은 화면에 '안녕하세요.'란 메시지를 출력하는 것이다.

4행 hello()는 1,2행에서 정의된 hello() 함수를 호출한다. 그러면 1,2행에서 정의된 함수가 실행되어 실행 결과의 첫번째 줄에서와 같이 '안녕하세요.'를 출력한다.

5행 hello()는 1,2행에서 정의된 hello() 함수를 재호출한다. 따라서 1,2행에서 정의된 함수가 실행되어 실행 결과의 두번째 줄에서와 같이 '안녕하세요.'를 출력하게 된다.

6행 4행과 5행에서와 같은 방법으로 hello() 함수를 재호출하여 실행결과의 세번째 줄의 '안녕하세요.'를 출력한다.

위의 예에서와 같이 hello() 함수를 한 번만 정의해 놓으면, hello() 함수를 필요로 할 때마다 함수를 호출하여 사용할 수 있게 된다. 이렇게 함으로써 프로그램 코드의 길이를 줄일 수 있고 프로그램을 효율적으로 작성할 수 있다.

TIP

함수 사용 시 프로그램의 실행 순서

예제 7-1의 1,2행에서 정의된 함수는 호출이 일어날 때만 실행된다. 따라서 예제 7-1의 프로그램은 다음과 같은 순서로 동작한다.

> 4행 → 1행 → 2행 → 5행 → 1행 → 2행 → 6행 → 1행 → 2행 → 프로그램 종료

※ 4행, 5행, 6행에서 함수 호출이 일어나고 있다.

앞의 예제 7-1에서 배운 함수의 정의와 호출의 사용 형식을 정리하면 다음과 같다.

(1) 함수 정의

서식

```
def 함수명() :
    문장1
    문장2
    ...
```

def 다음에 함수명()과 콜론(:)을 삽입한 후에 함수가 수행할 기능을 문장1, 문장2, ... 에 기술한다.

(2) 함수 호출

서식

```
    ...
    함수명()
    ...
```

함수명()의 함수를 호출한다. 함수가 호출되면 정의된 함수명()을 실행한 다음 다시 호출한 위치로 돌아온다.

7.1.2 함수의 종류

파이썬에서 사용되는 함수는 크게 두 가지로 나눌 수 있다.

(1) 사용자 함수

사용자 함수는 예제 7-1의 hello() 함수와 같이 사용자(프로그래머)가 직접 함수를 정의해서 사용하는 함수이다. 사용자 함수에는 함수의 정의 부분과 함수의 호출 부분이 존재하게 된다.

(2) 내장 함수

내장 함수는 함수의 기능이 파이썬 자체에 내장되어 있기 때문에 별도로 함수를 정의할 필요가 없다. print(), input(), int(), float(), str(), list(), range() 등이 내장 함수에 속한다.

파이썬에서 많이 사용되는 내장 함수를 정리하면 다음과 같다.

표 7-1 파이썬의 내장 함수

내장 함수명	기능
print()	화면에 데이터 값을 출력함
input()	키보드를 통해 데이터를 입력받음
range()	정수의 범위를 설정함
list()	리스트를 생성함
abs()	숫자의 절댓값을 구함
len()	문자열, 리스트, 튜플, 딕셔너리 등의 길이를 구함
round()	소수점 이하 반올림 값을 구함. 예) round(2.5)는 3, round(5.2)는 5의 값을 가짐
int()	문자열이나 실수형 숫자를 정수형 숫자로 변환함
float()	문자열이나 정수형 숫자를 실수형 숫자로 변환함
str()	정수형 또는 실수형 숫자를 문자열로 변환함
type()	데이터의 형을 구함

7.2.1 매개변수란?

매개변수(Parameter)란 정의된 함수명의 괄호(()) 안에 들어가며, 함수 호출 시에 필요한 데이터나 변수를 전달받는 데 사용되는 변수이다. 매개변수의 사용 형식은 다음과 같다.

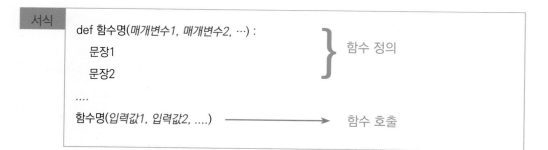

서식	
def 함수명(*매개변수1, 매개변수2, …*) : 　문장1 　문장2 …. 함수명(*입력값1, 입력값2, ….*)	} 함수 정의 　　→ 함수 호출

함수 호출 부분의 함수명의 괄호(()) 안에서 사용된 *입력값1, 입력값2, ….* 는 함수 정의 부분에 있는 함수명의 *매개변수1, 매개변수2, …* 로 복사된다. 이 *매개변수1, 매개변수2, …* 는 함수명의 수행 문장인 문장1, 문장2, …에서 사용된다.

※ 함수에서 매개변수는 필요할 때 사용하면 된다. 예제 7-1에서와 같이 매개변수가 없는 함수도 존재할 수 있다.

다음은 하나의 매개변수가 사용된 프로그램의 예이다.

예제 7-2. 매개변수가 1개인 경우　　　　　　　　　　　　　　　　ex7-2.py

```
01    def even_odd(num) :                       # 함수 정의
02        if num % 2 == 0 :
03            print('%d은(는) 짝수이다.' % num)
04        else :
05            print('%d은(는) 홀수이다.' % num)
06
07    even_odd(7)                               # 함수 호출
08    even_odd(16)                              # 함수 호출
```

7은(는) 홀수이다.
16은(는) 짝수이다.

1~5행 even_odd() 함수를 정의한다. 정의된 even_odd() 함수는 매개변수 num이 짝수인지 홀수인지를 판별하여 그 결과를 화면에 출력한다.

7행 even_odd() 함수를 호출한다. 이 때 함수의 입력 값인 7을 1행에서 정의된 함수 even_odd()의 매개변수 num에 복사한다. 따라서 매개변수 num은 7의 값을 가지고 2~5행의 문장이 수행되어 실행 결과에서와 같이 '7은(는) 홀수이다.'가 화면에 출력된다.

8행 even_odd() 함수를 다시 호출한다. 이번에는 함수의 입력 값인 16이 1행의 even_odd() 함수의 매개변수 num에 복사된 상태에서 함수에 정의된 문장들이 실행되어 '16은(는) 짝수이다.'가 화면에 출력된다.

이번에는 매개변수가 여러 개 사용되는 다음의 예제를 살펴보자.

예제 7-3. 매개변수가 여러개 인 경우   ex7-3.py

```
01    def favorate_color(name, color, amount) :        # 함수 정의
02      if (amount == 1) :
03        print('%s님은 %s을 좋아하지 않습니다.' % (name, color))
04      elif (amount == 2) :
05        print('%s님은 %s을 조금 좋아합니다.' % (name, color))
06      else :
07        print('%s님은 %s을 매우 좋아합니다.' % (name, color))
08
09    favorate_color('김지영', '빨강', 1)                # 함수 호출
10    favorate_color('홍채영', '노랑', 2)                # 함수 호출
11    favorate_color('진소진', '파랑', 3)                # 함수 호출
```

¤ 실행 결과

김지영님은 빨강을 좋아하지 않습니다.
홍채영님은 노랑을 조금 좋아합니다.
진소진님은 파랑을 매우 좋아합니다.

1~7행 favorate_color() 함수를 정의한다. 이 함수는 name, color, amount 3개의 매개변수를 가지고 있다. 여기서 amount는 색을 좋아하는 정도를 나타내는데 amont가 1이면, '... 좋아하지 않습니다.', amount가 2이면 '... 조금 좋아합니다.', 그 외의 amount 값에 대해서는 '... 매우 좋아합니다.' 란 문자열을 출력하게 된다.

9~11행 이 3개의 행에서는 각각 favorate_color() 함수를 호출하여 정의된 함수를 실행시켜 실행 결과와 같은 메시지를 출력한다.

위의 예에서와 같이 매개변수의 개수는 필요에 따라 얼마든지 늘여서 사용할 수 있다.

7.2.2 매개변수 *args

앞 절에서는 매개변수가 1개 혹은 여러 개인 경우의 예를 살펴보았다.

그러나 경우에 따라서는 함수를 정의할 때 매개변수의 개수를 정하지 않고 호출하는 함수에 따라 매개변수의 수를 결정하고 싶은 때가 있다. 이러한 경우에 파이썬에서는 매개변수에 *를 사용한다.

임의의 매개변수 *를 사용하는 다음의 예제를 공부해보자.

예제 7-4. 임의의 매개변수에서 사용되는 *   ex7-4.py

```
01    def average(*scores) :
02        sum = 0
03        for i in range(len(scores)) :
04            sum += scores[i]
05
06        avg = sum/len(scores)
07        print('%d과목의 평균 : %.2f' % (len(scores), avg))
08
09    average(80, 90, 100)
10    average(75, 80, 94, 78)
11    average(80, 73, 76, 86, 82)
```

    3과목의 평균 : 90.00
    4과목의 평균 : 81.75
    5과목의 평균 : 79.40

1~7행 average() 함수를 정의한다. 이 함수는 임의의 매개변수 *를 사용하고 있다. *scores는 호출하는 함수에서 전달하는 변수 또는 데이터를 튜플의 형태로 전달 받는다. 따라서 average() 함수 내에서 매개변수 scores는 scores[0], scores[1], scores[2], ... 와 같이 사용된다.

9행 average(80, 90, 100)은 1~7행에서 정의된 average 함수를 호출한다. 여기서는 80, 90, 100의 3개의 숫자를 average() 함수의 매개변수 scores에 전달한다. 따라서 매개변수 scores의 값은 튜플인 (80, 90, 100)이 된다. 2~4행의 문장들에 의해 실행결과에서와 같이 '3과목의 평균 : 90.00'이 출력된다.

10행 average(75, 80, 94, 78)은 1~7행에서 정의된 average 함수를 다시 호출한다. 여기서 매개변수 scores의 값은 (75, 80, 94, 78)이 된다. 실행결과에서와 같이 '4과목의 평균 : 81.75'가 출력된다.

11행 9행과 10행에서와 같은 방식으로 average() 함수를 다시 호출하여 실행결과에서와 같이 '5과목의 평균 : 79.40'을 출력한다.

7.2.3 매개변수의 변수 값 전달 방식

컴퓨터 언어에서 함수의 매개변수를 통해 변수 값을 전달하는 방식은 크게 두 가지로 나누어진다.

❶ **값에 의한 호출(Call by Value)**

이 방식은 일반적인 함수 호출에서 일어나는 방식으로 호출 함수 측의 데이터나 변수를 정의한 함수 측의 매개변수에 복사한다. 숫자나 문자열 등이 전달될 때 흔히 일어나는 방식이다. 이 경우에는 정의된 함수에서 해당 매개변수 값을 변경하여도 호출한 메인 루틴에 있는 변수의 값은 변하지 않는다.

❷ **레퍼런스에 의한 호출(Call by Reference)**

파이썬의 리스트, 튜플, 딕셔너리(다른 언어에서의 배열)나 포인터(C나 C++ 언어에서 사용됨)를 매개변수로 전달 시에는 그 데이터가 저장된 메모리의 주소, 즉 레퍼런스가 (Reference)가 매개변수에 전달된다. 데이터의 주소 값을 매개변수로 전달함으로써 정의된 함수에서 그 변수에 접근하여 값을 수정하거나 삭제할 수 있다. 이 때 호출된 함수에서 수정한 값은 함수를 호출한 메인 루틴에서도 그대로 적용된다.

C나 C++ 언어에서는 프로그래머가 위의 두 가지 매개변수 전달 방식을 명확하게 구분해서 사용해야 한다.

그러나 파이썬에서는 함수 호출 시 전달되는 값이나 변수의 데이터 형에 따라 자동으로 위의 두 가지 방식 중 하나가 선택된다.
파이썬의 이러한 매개변수 전달 방식을 '할당에 의한 호출(Call by Assignment)'이라고 한다.

파이썬으로 사용자 함수를 이용하여 프로그래밍할 때 매개변수의 전달 방식을 명확하게 이해하지 못하면 매개변수를 처리하는 데 어려움을 겪을 수 있기 때문에 이에 대한 이해가 필수적으로 필요하다.

이번 절을 통하여 파이썬에서의 매개변수 전달 방식을 명확하게 이해하여 보자.

파이썬의 값에 의한 호출 ·····································

파이썬에서 함수 호출 시 값에 의한 호출이 일어나는 다음의 예를 살펴보자.

예제 7-5. 값에 의한 호출의 예	ex7-5.py

```
01    # 서브 루틴 : func() 함수
02    def func(x) :
03        x = 100
04        print('func() : x = ', x, ', id =', id(x))
05
06    # 메인 루틴
07    x = 10
08    print('메인 : x = ', x, ', id =', id(x))
09    func(x)
10    print('메인 : x = ', x, ', id =', id(x))
```

¤ 실행 결과

```
메인 : x =  10 , id = 140719703827120
func() : x =  100 , id = 140719703830000
메인 : x =  10 , id = 140719703827120
```

8행 실행 결과 첫번째 줄에 나타난 것과 같이 메인 루틴의 변수 x의 값은 10이고 변수 x 가 저장된 메모리의 아이디는 140719703827120이다. 이 숫자는 컴퓨터 메모리 번지 를 나타내는 정수이다. 다른 말로 하면 변수나 데이터가 저장된 공간의 주소를 의미한다. 내장 함수인 id()는 특정 변수(또는 객체)가 저장된 메모리 공간의 주소를 나타내는 아이 디를 얻는 데 사용된다.

9행 func(x)는 func() 함수를 호출한다. 이 때 메인 루틴의 x 값이 2행의 매개변수 x에 저장된다.

3행 매개변수 x에 100을 저장한다.

id() 함수

내장 함수인 id()는 변수를 포함하는 모든 객체가 저장된 컴퓨터 메모리의 주소를 나타내는 고유한 아이디를 얻는 데 사용된다.

4행 매개변수 x의 값과 아이디를 출력한다. 실행 결과의 두번째 줄을 보면 아이디 값으로 1407197038300000이 출력된다. 실행 결과의 첫번째 줄과 두번째 줄에서의 아이디 값을 서로 비교해 보면 두 값이 다름을 알 수 있다. 함수를 호출하는 측, 즉 메인 루틴의 x 값이 호출된 함수의 매개변수로 복사되기 때문에, 매개변수 x와 메인 루틴의 x는 서로 다른 변수이다.

이것이 바로 값에 의한 호출(Call by Value)이다. 값에 의해 호출이 일어나면 함수 호출 측의 변수가 매개변수로 복사되어 전혀 다른 메모리 공간에 저장된다. 메인 루틴의 변수 x와 func() 함수에서 사용되는 변수는 변수명은 같지만 사실은 전혀 다른 변수나 마찬가지라는 것을 의미한다.

10행 이 행에서 다시 메인 루틴의 x 값과 그 값이 저장된 메모리 공간의 아이디를 실행 결과의 마지막 줄에 나타난 것과 같이 출력한다. 이 결과는 실행 결과의 첫번째 줄과 동일함을 알 수 있다. 이를 통하여 메인 루틴의 변수 x값은 func() 함수의 매개변수 x에서 변경된 값이 적용되지 않았다는 것을 알 수 있다.

메인 루틴에서 사용되는 변수와 서브 루틴, 즉 호출된 정의 함수에서 사용되는 변수는 서로 다른 메모리 공간을 사용한다.

우리는 메인 루틴에서 사용되는 변수를 전역 변수(Global Variable)라고 하고, 서브 루틴, 즉 호출된 함수에서 사용되는 변수를 지역 변수(Local Variable)라고 한다.

※ 지역 변수와 전역 변수에 대한 설명은 다음의 7.4절의 242쪽을 참고하기 바란다.

2 파이썬의 레퍼런스에 의한 호출

이번에는 함수 호출 시 리스트를 매개변수에 전달하는 다음의 예제를 공부해보자.

예제 7-6. 레퍼런스에 의한 호출의 예	ex7-6.py

```
01    # 서브 루틴 : func() 함수
02    def func(x) :
03        x[0] = 100
04        print('func() : x = ', x, ', id =', id(x))
05
06    # 메인 루틴
07    x = [1, 2, 3]
08    print('메인 : x = ', x, ', id =', id(x))
09    func(x)
10    print('메인 : x = ', x, ', id =', id(x))
```

¤ 실행 결과

```
메인 : x =  [1, 2, 3] , id = 2768370614984
func() : x =  [100, 2, 3] , id = 2768370614984
메인 : x =  [100, 2, 3] , id = 2768370614984
```

7행 리스트 x에 [1, 2, 3]을 저장한다.

9행 리스트 x를 func() 함수의 매개변수 x로 전달한다. 파이썬에서 배열 형태의 리스트나 딕셔너리와 같은 데이터 형(튜플 제외)이 매개변수로 전달될 때에는 앞에서 설명한 레퍼런스에 의한 호출이 일어나서 리스트 x가 저장된 메모리의 레퍼런스, 즉 주소가 2행의 호출된 함수의 매개변수에 저장된다.

3행 x[0] = 100은 매개변수 x의 인덱스 0의 요소에 100의 값을 저장한다.

4행 매개변수 x와 x의 아이디(메모리 주소 값)를 실행 결과의 두번째 줄에 있는 것과 같이 출력한다. 당연히 매개변수 x의 값은 [100, 2, 3]이 되는데 x의 아이디도 실행 결과의 첫번째 줄의 나타난 메인 루틴의 x의 아이디와 동일하다. 이를 통하여 호출된 함수의 매개변수 x는 결국 메인 루틴의 x와 동일한 메모리 공간을 공유하고 있음을 알 수 있다.

이것이 바로 레퍼런스에 의한 호출이다. 레퍼런스에 의한 호출에서는 메인 루틴의 리스트 x의 메모리 주소가 호출된 함수의 매개변수에 전달되기 때문에 호출된 함수에서 변경한 요소의 값이 메인 루틴에도 그대로 적용된다.

10행 9행에서 func() 함수를 호출한 후에 10행에서 다시 메인 루틴의 리스트 x의 값과 메모리 공간의 아이디를 출력한다. 실행 결과의 마지막 줄에 나타난 것과 같이 리스트 x 는 호출된 func() 함수의 3행에서 변경한 요소의 값이 반영되어 [100, 2, 3]의 값을 가진다. 또한 메모리 주소 공간도 처음 7행에서 사용된 동일한 메모리 공간을 사용하고 있음을 알 수 있다.

이것이 바로 레퍼런스에 의한 호출이라는 것이다. 레퍼런스의 호출에서는 메인 루틴의 리스트 x의 메모리 주소가 호출된 함수의 매개변수에 전달되기 때문에 호출된 함수에서 변경한 요소의 값이 메인 루틴에도 그대로 적용된다.

파이썬에서는 사용자 함수를 사용할 때 앞의 예제 7-5와 예제 7-6에서 설명한 것과 같이 값에 의한 호출과 레퍼런스에 의한 호출 두 가지 방식 모두 다음과 같은 동일한 형식을 사용하고 있다.

서식

```
def func(x) :
    ....
...
func(x)
```

파이썬에서는 함수 호출 시 메인 루틴의 변수 x의 데이터 형이 정수형, 실수형, 문자열, 튜플일 경우에는 자동으로 값에 의한 호출이 일어난다. 한편 변수 x가 리스트나 딕셔너리의 데이터 형인 경우에는 레퍼런스에 의한 호출이 일어나게 된다.

7.2.4 함수 값의 반환

정의된 함수는 어떤 기능을 수행하고 난 결과 값을 호출한 함수에 반환할 수 있는데 이것을 '함수 값의 반환'이라고 한다.

다음의 예는 함수를 이용하여 원의 면적을 구하는 프로그램인데, 여기서 함수의 반환 값을 사용하는 방법을 익혀보자.

예제 7-7. 함수 값의 반환의 예　　　　　　　　　　　　　　　　ex7-7.py

```
01    def circle_area(r) :
02        area = r * r * 3.14
03
04        return area              # 함수 값의 반환
05
06    radius = int(input('원의 반지름을 입력하세요 : '))
07    result = circle_area(radius)
08    print('반지름 : %d, 원의 면적 : %.2f' % (radius, result))
09
10    radius = int(input('원의 반지름을 입력하세요 : '))
11    result = circle_area(radius)
12    print('반지름 : %d, 원의 면적 : %.2f' % (radius, result))
```

¤ 실행 결과

```
원의 반지름을 입력하세요 : 10
반지름 : 10, 원의 면적 : 314.00
원의 반지름을 입력하세요 : 20
반지름 : 20, 원의 면적 : 1256.00
```

1~4행 원의 면적을 구하는 circle_area() 함수를 정의한다.

6행 원의 반지름을 입력 받아(값:10) 변수 radius에 저장한다.

7행 우측의 circle_area(radius)로 함수를 호출한다.

1~4행 1행에서 변수 radius의 값 10을 매개변수 r에 복사한 다음 2행에서 원의 면적을 계산한 314.00을 변수 area 저장한다. 4행에서 area를 함수 값으로 반환한다.

7행 우측의 호출 함수를 실행하고 4행에 의해 반환 받은 함수 값 area(값:314.00)를 변수 result에 저장한다.

8행 실행결과에서와 같이 반지름 radius의 값과 원의 면적 area를 화면에 출력한다.

10~12행 6~8행과 같은 방식으로 또 다른 반지름을 입력받아 함수를 다시 호출하여 얻은 반환 값을 다시 result에 저장한 다음 실행 결과에서와 같이 출력한다.

다음의 서식은 함수의 반환 값이 사용되는 형식을 나타내고 있다.

서식

❶ def 함수(매개변수1, 매개변수2, …) :
　　　　문장1
　　　　문장2
　　　　…
❷ 　　　return *변수1*
　　…
❸ *변수2* = 함수(입력값1, 입력값2, …)

❸의 우측에서 함수를 호출하면 ❶에서 정의된 함수가 실행되어 얻은 그 결과 값인 *변수1*의 값이 *return*에 의해 ❸의 우측의 호출한 함수에 반환된다. 이 함수의 반환 값은 ❸의 좌측의 *변수2*에 저장된다. 결론적으로 ❸의 좌측의 *변수2*는 ❷에서 반환한 함수 값인 *변수1*의 값을 가지게 된다.

코딩 연습 : 함수로 정수 합계 구하기

다음은 함수를 이용하여 정수의 합계를 구하는 프로그램이다. 밑줄 친 부분을 채우시오.

◎ 실행 결과

```
10 ~ 100의 정수 합계 : 5005
100 ~ 1000의 정수 합계 : 495550
1000 ~ 10000의 정수 합계 : 49505500
```

```
def sum(❶_____, ❷_____) :
    ❸_____ = 0
    for i in range(start, end+1) :
        ❹_____ += i
    print('%d ~ %d의 정수 합계 : %d' % (start, end, total))

sum(10, 100)
sum(100, 1000)
sum(1000, 10000)
```

※ 정답은 238쪽에 있어요.

코딩 연습 : 함수로 배수 합계 구하기

다음은 함수를 이용하여 배수의 합계를 구하는 프로그램이다. 밑줄 친 부분을 채우시오.

◎ 실행 결과

```
시작 수를 입력하세요: 10
끝 수를 입력하세요: 100
합계를 구할 배수를 입력하세요: 5
10 ~ 100의 정수 중 5의 배수의 합 : 1045
```

```
def sum_besu(❶_____, ❷_____, num) :
    sum = 0
    for i in range(n1, n2+1) :
        if i % ❸_____ == 0 :
            sum += i

    return sum

start = int(input('시작 수를 입력하세요: '))
end = int(input('끝 수를 입력하세요: '))
besu = int(input('합계를 구할 배수를 입력하세요: '))

result = sum_besu(start, end, ❹_____)

print('%d ~ %d의 정수 중 %d의 배수의 합 : %d' % (start, end, besu,
result))
```

※ 정답은 240쪽에 있어요.

코딩연습 정답   Q7-1 ❶ start ❷ end ❸ total ❹ total

코딩 연습 : 함수로 최대 공약수 구하기

다음은 함수를 이용하여 최대 공약수를 구하는 프로그램이다. 밑줄 친 부분을 채우시오.

◎ 실행 결과

첫 번째 수를 입력하세요: 33
두 번째 수를 입력하세요: 44
33과(와) 44의 최대공약수 : 11

```
def computeMaxGong(❶_____, ❷_____):
    if x 〉y:
        small = y
    else:
        small = x

    for i in range(1, small+1):
        if((x % ❸_____ == 0) and (y % ❸_____ == 0)):
            result = i
    return ❹_____

num1 = int(input("첫 번째 수를 입력하세요: "))
num2 = int(input("두 번째 수를 입력하세요: "))

max_gong = computeMaxGong(num1, num2)

print('%d과(와) %d의 최대공약수 : %d' % (num1, num2, ❺_____))
```

※ 정답은240쪽에 있어요.

7.3 람다 함수

람다 함수(Lambda Function)는 다음과 같은 형식으로 사용되는 작은 익명의 함수를 말한다.

lambda *매개변수1, 매개변수2, ... : 수식*

람다 함수는 수식을 실행하고 그 결과를 함수 값으로 반환한다.

람다 함수를 사용하는 다음의 간단한 예를 살펴보자.

예제 7-8. 람다 함수의 간단한 사용 예   ex7-8.py

```
01    x = lambda a : a**2
02
03    print(x(5))
04    print(x(10))
```

¤ 실행 결과

```
25
100
```

1행 우측의 람다 함수는 매개변수 a를 제곱한 값을 반환한다.

3행 x(5)는 5의 값을 1행 람다 함수의 매개변수 a에 전달하고 a**2에 의해 얻은 25의 값을 가지게 된다.

4행 x(10)는 3행과 같은 방식으로 람다 함수를 실행하여 얻은 100의 값을 가진다.

코딩연습 정답   Q7-2 ❶ n1 ❷ n2 ❸ num ❹ besu

Q7-3 ❶ x ❷ y ❸ i ❹ result ❺ max_gong

이번에는 람다 함수가 유용하게 사용되는 또 다른 다음의 예를 살펴보자.

예제 7-9. 람다 함수의 다양한 사용 예

```
01    f = lambda x, y, z : x + y + z
02    print(f(10, 20, 30))
03
04    def mul(n) :
05        return lambda x : x * n
06
07    g = mul(3)
08    h = mul(5)
09
10    print(g(10))
11    print(h(10))
```

¤ 실행 결과

```
60
30
50
```

1행 람다 함수의 매개변수 x, y, z가 사용된다. 이와 같이 람다 함수는 여러 개의 매개변수를 가질 수 있다.

2행 f(10, 20, 30)은 1행에 정의된 람다 함수에 의해 세 수의 합인 60의 값을 가진다.

4,5행 mul() 함수의 반환 값으로 람다 함수를 이용하고 있다.

7행 이 행의 문장은 'g = lambda x : x * 3'와 같은 기능을 수행한다.

8행 이 행의 문장은 'h = lambda x : x * 5'와 같은 기능을 수행한다.

10,11행 g(10)과 h(10)은 앞에서 정의된 람다 함수에 의해 각각 30과 50의 값을 가진다.

7.4 변수의 범위

함수 내에서 사용되는 지역 변수(Local Variable)는 호출된 함수 내에서만 유효하다. 호출된 함수의 실행이 종료되면 그 변수는 삭제되어 사용할 수 없게 된다. 함수의 매개변수도 일종의 지역변수이다.

지역 변수와는 달리 전역 변수(Global Variable)는 프로그램의 메인 루틴에서 사용되는 변수로서 하위의 모든 함수에서 유효하다. 이와 같이 하나의 변수는 사용 가능한 범위를 가지고 있는데 이를 변수의 범위(Scope of Variables)라고 한다.

이번 절에서는 지역 변수와 전역 변수의 사용법과 변수의 범위에 대해 공부해보자.

7.4.1 지역 변수

다음 예제를 통하여 지역 변수가 가지는 범위에 대해 알아보자.

예제 7-10. 지역 변수 사용 시의 오류	ex7-10.py

```
01    def func() :
02        x = 10
03        print(x)
04
05    func()
06    print(x)
```

¤ 실행 결과

```
10
------------------------------------------------------------
NameError                      Traceback (most recent call last)
〈ipython-input-1-77d987d7788b〉 in 〈module〉
    5
    6 func()
----〉 7 print(x)

NameError: name 'x' is not defined
```

1~2행 func() 함수 내에서 사용되는 지역 변수 x는 func() 내에서만 유효하다.

6행 print(x)에서 변수 x를 사용하려고 하면 실행 결과에 나타난 것과 같이 변수 x가 정의되지 않았다는 오류 메시지가 나타난다.

함수 내에서 사용되는 지역 변수는 함수 내에서만 사용 가능하다. 함수 외부에서 이 변수를 사용하려고 하면, 변수가 정의되어 있지 않다는 오류 메시지가 나타난다.

예제 7-10의 func() 함수에서 사용되는 변수 x와 같은 변수를 지역 변수라 하고, 지역 변수는 func() 함수가 호출되어 실행되는 동안에만 사용 가능하다. 이 점을 꼭 기억하기 바란다.

7.4.2 전역 변수

이번에는 다음의 예를 통하여 전역 변수에 대해 공부해보자.

예제 7-11. 전역 변수의 사용 예   ex7-11.py

```
01    def func() :
02        print(x)
03        print(id(x))
04
05    x = 10
06    print(x)
07    print(id(x))
08    func()
```

¤ 실행 결과

```
10
140719703827120
10
140719703827120
```

5행 변수 x에 10을 저장한다. 이처럼 프로그램의 메인 루틴에 정의된 변수 x는 전역 변수가 된다. 전역 변수는 하위 함수를 포함한 모든 범위에서 사용 가능하다.

6,7행 전역 변수 x의 값과 메모리 공간의 아이디 값을 실행 결과의 첫번째와 두번째 줄에 출력한다.

2,3행 여기서 사용된 변수 x는 5행에서 정의된 전역 변수이다. 따라서 3행에서 변수 x가 저장된 주소를 출력해보면 7행에서의 결과와 동일하다.

예제 7-11의 변수 x와 같이 전역 변수는 함수 내부가 아니라 메인 루틴에서 정의되어야 한다는 점을 꼭 기억하기 바란다.

이번에는 전역 변수의 하위 함수에서 변수의 값을 변경하는 예를 살펴보자.

예제 7-12. 하위 함수에서 전역 변수 값의 변경　　　　　　　　　　　ex7-12.py

```
01    def func() :
02        x = 100
03        print(x)
04        print(id(x))
05
06    x = 10
07    print(x)
08    print(id(x))
09
10    func()
11
12    print(x)
13    print(id(x))
```

¤ 실행 결과

```
10
140719703827120
100
140719703830000
10
140719703827120
```

7,8행 6행의 전역 변수 x와 메모리 공간의 아이디를 출력한다.

10행 func() 함수를 호출한다.

2행 변수 x에 100을 저장한다. 여기서 생성된 변수 x는 지역 변수가 되기 때문에 6행에
서 정의한 변수 x와는 전혀 다른 변수이다.

3,4행 변수 x의 값을 출력하고 메모리 공간의 아이디를 출력한다. 실행 결과의 두번째
줄과 네번째 줄에 나타난 결과를 보면 2행과 6행의 변수 x는 같은 변수명을 사용하지만
다른 메모리 공간을 사용하고 있다는 것을 알 수 있다. 이것은 두 변수가 전혀 다른 변수
라는 것을 의미한다.

※ 2장 48쪽에서 설명한 것과 같이 변수는 단지 메모리 공간에 붙이는 이름이라는 것을 꼭 기억하기 바란다.

12,13행 10행의 func() 함수에서 변수 x의 값을 100으로 변경하였음에도 불구하고 여기서는 6행의 변수 x와 동일한 값과 메모리 주소를 가진다는 것을 알 수 있다.

결론적으로 6행의 변수 x와 2행의 변수 x는 다른 메모리 공간을 사용하는 전혀 다른 변수라는 것을 꼭 기억하기 바란다.

그렇다면 예제 7-12의 6행에서 사용된 변수 x를 전역 변수로 사용하여 그 값을 하위 함수인 func() 내에서도 그대로 사용하고 싶은 경우에는 어떻게 해야 할까?

이것에 대한 해결책인 다음의 예를 살펴보자.

예제 7-13. 키워드 global의 사용 예	ex7-13.py

```
01   def func() :
02      global x
03      x = 100
04      print(x)
05      print(id(x))
06
07   x = 10
08   print(x)
09   func()
10   print(x)
11   print(id(x))
```

¤ 실행 결과

```
10
100
140719703830000
100
140719703830000
```

2행에서와 같이 키워드 global을 사용하여 변수 x를 정의하면, 이 변수 x는 지역 변수가 아니라 프로그램 전체에서 사용 가능한 전역 변수가 되는 것이다.

프로그램의 실행 결과를 보면, 호출된 함수 func()의 3행에서 전역 변수 x를 100으로 변경한 것이 함수 호출 후인 10행과 11행에서도 그대로 적용되고 있음을 알 수 있다.

TIP

키워드 global

키워드 global은 '지금부터 해당 변수를 전역 변수로 사용한다'는 것을 파이썬 인터프리터에게 알려주는 역할을 한다.

따라서 함수 정의 내부에서 키워드 global을 사용하면 함수 외부에서 사용 중인 변수 값을 현재의 범위, 즉 호출된 함수 내에서 변경할 수 있게 된다.

7.5 파일 처리 함수

지금까지는 키보드로 값을 입력받고 화면에 출력하는 형태로 프로그램을 작성해왔다. 이번 절에서는 파일에서 데이터를 직접 읽어오거나 프로그램에서 처리된 결과를 파일에 쓰는 방법에 대해 알아보자.

7.5.1 파일 쓰기

다음 예제를 통하여 문자열 데이터를 파일에 저장하는 방법을 익혀보자.

예제 7-14. 문자열을 파일로 저장	ex7-14.py

```
01   file = open('sample.txt', 'w', encoding='utf8')   # 파일 열기
02   file.write('안녕하세요. 반갑습니다.')              # 파일 쓰기
03   file.close()                                       # 파일 닫기
04   print('파일 쓰기 완료!')
```

♯ 실행 결과

　파일 쓰기 완료!

위의 프로그램이 실행되면 작업 폴더 내에 sample.txt 파일이 생성되어 있을 것이다. 테스트 에디터로 파일을 열어 내용을 확인해보기 바란다.

1행 파이썬의 내장 함수인 open()을 이용하여 파일을 쓰기 모드, 인코딩 방식을 'utf-8'로 파일을 열어서 파일 객체 file을 생성한다. 파일을 읽고 쓰기 위해서는 이와 같이 파일 객체를 먼저 만든 다음 파일 객체의 함수인 read()나 write()를 사용해야 한다.

2행 file 객체의 write() 함수를 이용하여 '안녕하세요. 반갑습니다.'를 파일 객체 file이 지시하는 파일에 쓴다.

※ 객체는 객체지향에서 사용되는 용어인데, 지금 단계에서는 변수와 유사한 개념으로 이해해도 무방하다. 객체에 대한 자세한 설명은 9장(객체지향 프로그래밍)을 참고하기 바란다.

3행 file.close()는 file 객체의 sample.txt 파일을 닫는다.

파일 객체를 생성하는 데 사용된 open() 함수의 사용 서식은 다음과 같다.

서식	*파일객체 = open(파일명, 파일모드, 인코딩)*

*파일명*으로 된 파일을 *파일모드*로 열어 *파일 객체*를 생성한다. *인코딩*은 파일을 처리하는 데 사용되는 인코딩 방식을 나타낸다.

위의 open() 함수의 입력 값으로 사용된 파일 모드를 표로 정리하면 다음과 같다.

표 7-2 open() 함수의 파일모드

파일 모드	설명
r	읽기 모드 : 파일을 읽을 때 사용
w	쓰기 모드 : 파일에 내용을 쓸 때 사용 ※ 해당 파일이 존재하지 않으면 새로운 파일을 열고, 해당 파일이 존재하면 파일을 쓸 때 기존 파일의 내용에 덮어씀
a	추가 모드 : 기존의 파일에 새로운 내용을 추가할 때 사용

```
01    scores = ['김소영 82 80 93 97 93 88',
02            '정예린 86 100 93 86 90 77',
03            '이세영 91 88 99 79 92 68',
04            '정수정 86 100 93 89 92 93',
05            '박지수 80 100 95 89 90 84']
06    data = ''
07    for item in scores :
08        data += item + '\n'
09
10    # 화면 출력하기
11    print(data)
12
13    # 파일(scores.txt)에 저장하기
14    file = open('scores.txt', 'w', encoding='utf8' )
15    file.write(data)
16    file.close()
```

☼ 실행 결과

```
김소영 82 80 93 97 93 88
정예린 86 100 93 86 90 77
이세영 91 88 99 79 92 68
정수정 86 100 93 89 92 93
박지수 80 100 95 89 90 84
```

1~5행 5명의 학생 이름과 성적으로 구성된 리스트 scores를 생성한다.

6행 변수 data에 '', 즉 NULL 값을 저장하여 초기화한다.

7,8행 for문을 이용하여 리스트 scores에 저장된 요소들을 하나의 문자열 변수 data에 저장한다.

14행 open() 함수를 이용하여 scores.txt 파일을 쓰기 모드로 열어 파일 객체 file을 생성한다.

15행 file.write(data)는 문자열 data를 파일 객체 file이 지정한 파일인 scores.txt에 저장한다.

16행 file.close()는 file 객체의 scores.txt 파일을 닫는다.

7.5.2 파일 읽기

다음 예제를 통하여 텍스트 파일(.txt)을 읽어서 출력하는 방법을 익혀보자.

예제 7-16. scores.txt 파일 읽기	ex7-16.py

```
01    file = open('scores.txt', 'r', encoding='utf8')
02    lines = file.readlines()
03
04    print('scores.txt 파일의 내용 : ')
05    for line in lines :
06        print(line, end='')
07
08    file.close()
```

¤ 실행 결과

```
scores.txt 파일의 내용 :
김소영 82 80 93 97 93 88
정예린 86 100 93 86 90 77
이세영 91 88 99 79 92 68
정수정 86 100 93 89 92 93
박지수 80 100 95 89 90 84
```

1행 scores.txt 파일을 읽기 모드로 열어 파일 객체 file를 생성한다.

2행 파일 객체 file의 함수 readlines()를 이용하여 파일의 내용을 읽어들여 변수 lines에 저장한다.

5,6행 for문을 이용하여 리스트 lines를 실행 결과에서와 같이 출력한다. 앞의 예제 7-15에서 저장한 내용이 그대로 출력됨을 알 수 있다.

8행 file.close()는 file 객체의 scores.txt 파일을 닫는다.

코딩 연습 : 함수로 만드는 영어 단어 퀴즈

다음은 함수를 이용하여 영어 단어 맞추기 퀴즈를 만드는 프로그램이다. 밑줄 친 부분을 채우시오.

◎ 실행 결과

오렌지에 맞는 영어 단어는? orange
맞습니다!
과자에 맞는 영어 단어는? cookie
맞습니다!
어머니에 맞는 영어 단어는? motheer
틀렸습니다!
형제에 맞는 영어 단어는? brother
맞습니다!
파이썬에 맞는 영어 단어는? pithon
틀렸습니다!

```
def matchWord(❶_____, answer) :
  if word == answer :
    msg = '맞습니다!'
  else :
    msg = '틀렸습니다!'
  return ❷_____

eng_dict = {'orange':'오렌지', 'cookie':'과자', 'mother':'어머니', 'brother':'형
제', 'python':'파이썬'}

for ❸_____ in eng_dict :
    string = input(eng_dict[key] + '에 맞는 영어 단어는? ')
    result = matchWord(string, ❹_____)
    print(result)
```

※ 정답은 255쪽에 있어요.

코딩 연습 : 함수로 세 수 중 큰 수 찾기

다음은 함수를 이용하여 세 개의 정수 중에서 가장 큰 수를 찾는 프로그램이다. 밑줄 친 부분을 채우시오.

◎ 실행 결과

첫 번째 수를 입력하세요: 33
두 번째 수를 입력하세요: 77
세 번째 수를 입력하세요: -21
33, 77, -21 중 가장 큰 수 : 77

```
def maxTwo(i, j):
    if i 〉 j:
        return ❶_____
    else :
        return ❷_____

def maxThree(x, y, z) :
    max1 = maxTwo(x, y)
    max2 = maxTwo(y, z)
    if max1 〉 max2 :
        largest = max1
    else :
        largest = max2
    return ❸_____

a = int(input('첫 번째 수를 입력하세요: '))
b = int(input('두 번째 수를 입력하세요: '))
c = int(input('세 번째 수를 입력하세요: '))

max_num = ❹_____(a, b, c)
print('%d, %d, %d 중 가장 큰 수 : %d' % (a, b, c, max_num))
```

※ 정답은 259쪽에 있어요.

코딩 연습 : 파일에서 성적 합계/평균 구하기

다음은 예제 7-15에서 생성한 scores.txt 파일에서 성적 데이터를 읽어서 합계와 평균을 구하는 프로그램이다. 밑줄 친 부분을 채우시오.

scores.txt 파일

```
김소영 82 80 93 97 93 88
정예린 86 100 93 86 90 77
이세영 91 88 99 79 92 68
정수정 86 100 93 89 92 93
박지수 80 100 95 89 90 84
```

◎ 실행 결과

```
------------------------------------------------
김소영
합계 : 533, 평균 : 88.83
------------------------------------------------
정예린
합계 : 532, 평균 : 88.67
------------------------------------------------
이세영
합계 : 517, 평균 : 86.17
------------------------------------------------
정수정
합계 : 553, 평균 : 92.17
------------------------------------------------
박지수
합계 : 538, 평균 : 89.67
------------------------------------------------
```

코딩연습 정답   Q7-4   ❶ word   ❷ msg   ❸ key   ❹ key

```
file = ❶_____('scores.txt', 'r', encoding='utf8')
lines = file.readlines()
file.close()

print('-' * 50)
for line in lines :
    student = line.split()
    i = 0
    sum = 0
    while i < ❷_____ :
        if i == 0 :
            print(❸_____)
        else :
            ❹_____ += int(student[i])
        i += 1
    print('합계 : %d, 평균 : %.2f' % (sum, sum/6))
    print('-' * 50)
```

※ 정답은 259쪽에 있어요.

TIP

문자열의 split() 메소드

위의 문자열 line의 split() 메소드는 공백이나 줄바꿈을 기준으로 문자열을 잘라서 리스트로 저장한다.

사용 예

```
txt = 'Python is fun!'
x = txt.split()
print(x)
```

실행 결과
['Python', 'is', 'fun!']

1. 다음 프로그램의 실행 결과는 무엇인가? 보기에서 고르시오. (   )

```
def f1(a) :
    a += 10
    print(a, end=', ')

a = 10
f1(a)
print(a)
```

가. 10, 10   나. 20, 10   다. 10, 20   라. 20, 20

2. 다음 프로그램의 실행 결과는 무엇인가? 보기에서 고르시오. (   )

```
def f2(a) :
    global y
    y += a
    x = 500
    print(y, end=', ')

x = 100
y = 200
f2(x)
print(x, end=', ')
print(y)
```

가. 100, 200, 300   나. 300, 500, 300   다. 300, 100, 300   라. 300, 500, 200

3. 다음은 2~n까지의 정수 중에서 소수를 구하는 프로그램의 실행 결과이다. 1개 이상의 사용자 함수를 정의하여 프로그램을 작성하시오.

◫ 실행 결과

n값을 입력해 주세요 : 20
2 ~ 20까지의 정수 중 소수 : 2 3 5 7 11 13 17 19

4. 다음은 입력받은 문자열을 역순으로 출력하는 프로그램의 실행 결과이다. 1개 이상의 사용자 함수를 정의하여 프로그램을 작성하시오.

◫ 실행 결과

문자열을 입력하세요: I am hungry.
.yrgnuh ma I

5. 다음 프로그램의 실행 결과는 무엇인가? 빈 박스 안에 적으시오.

```python
def numSquare(num):
    list_new = []
    for i in range(1, num+1):
        list_new.append(i**2)

    return list_new

n = 5
result = numSquare(n)
print(result)
```

◫ 실행 결과

6. 다음은 두 수의 최소 공배수를 구하는 프로그램의 실행 결과이다. 1개 이상의 사용자 함수를 정의하여 프로그램을 작성하시오.

⊞ 실행 결과

첫 번째 수를 입력하세요: 8
두 번째 수를 입력하세요: 20
8와 20의 최소공배수 : 40

7. 다음은 유효한 비밀번호(10자리 이상, 영문대문자 반드시 포함)를 만드는 프로그램의 실행 결과이다. 1개 이상의 사용자 함수를 정의하여 프로그램을 작성하시오.

⊞ 실행 결과

※ 비밀번호는 10자리 이상, 영문 대문자를 포함하여야 합니다.
비밀번호 : 3677848
비밀번호 확인: 3677848
비밀번호가 잘못되었습니다! 다시 입력해 주세요
비밀번호: A123456789
비밀번호 확인 : asdfsadf
비밀번호와 비밀번호 확인이 서로 다릅니다! 다시 입력해 주세요!
비밀번호: A123456789
비밀번호 확인 : A123456789
유효한 비밀번호입니다~~~

8. 리스트 numbers는 다음과 같이 정의된다. 리스트의 요소를 오름차순으로 정렬하는 프로그램을 작성하시오. (단, 1개 이상의 사용자 함수를 정의하여야 함.)

```
numbers = [77, 36, 29, 11, 20, 6, 91, 33]
```

⊞ 실행 결과

[77, 36, 29, 11, 20, 6, 91, 33]
정렬된 수:
6 11 20 29 33 36 77 91

코딩연습 정답   Q7-5 ❶ i ❷ j ❸ largest ❹ maxThree
Q7-6 ❶ open ❷ len(student) ❸ student[i] ❹ sum

Chapter 08

모듈과 패키지

파이썬의 모듈과 패키지는 특정 기능을 가진 함수와 클래스를 모아 놓은 라이브러리를 말한다. 이번 장에서는 사용자 모듈을 정의하는 방법과 정의된 모듈을 프로그램에서 불러와서 사용하는 방법을 익힌다. 또한 파이썬의 내장함수로서 수학 관련 계산 기능을 제공하는 math 모듈, 랜덤 수를 처리하는 random 모듈, 일자와 시간을 다루는 datetime 모듈의 사용법도 배운다. 마지막으로 주사위 게임과 가위 바위 보 게임 프로그램 작성을 통해 모듈의 활용법을 익힌다.

8.1 모듈이란?

프로그래밍을 할 때 프로그램이 길어지면 몇 개의 파일에 나누어 저장하고 관리할 필요가 있다. 이러한 목적으로 파이썬에서는 모듈 기능을 통하여 공통적으로 사용되는 변수, 함수, 클래스 등을 별도의 파일에 저장해놓고 라이브러리 형태로 사용할 수 있는 방법을 제공한다.

이번 절에서는 사용자 모듈을 생성하고 사용하는 방법을 알아보고 파이썬의 내장 모듈인 math, random, datetime 모듈의 활용법을 익힌다.

8.1.1 모듈 생성하기

다음 예제를 통하여 사용자 함수를 모듈 파일로 저장하는 방법에 대해 알아보자.

예제 8-1. greet 모듈 생성

greet.py

```
01    def hello1(name) :
02        x = '%s님 안녕하세요.' % name
03        return x
04
05    def hello2(name) :
06        x = '%s님 반갑습니다.' % name
07        return x
08
09    def hello3(name) :
10        x = '%s님 만나서 반가워요.' % name
11        return x
```

예제 8-1에서와 같이 hello1(), hello2(), hello3() 3개의 함수를 정의하여 greet.py로 저장하면 greet 모듈이 생성된다.

생성된 greet 모듈은 3개의 함수로 구성되어 있는 파이썬 라이브러리라고 말할 수 있다.

파이썬의 모듈, 패키지, 라이브러리 용어 설명

■ **모듈** : 하나의 파일 내에 포함된 함수와 클래스 등의 프로그램 코드를 의미한다.

■ **패키지** : 모듈 파일들을 담고 있는 폴더 내에 있는 모든 프로그램 코드를 나타낸다. 또한 하나의 패키지 안에는 또 다른 패키지가 포함될 수 있다.

■ **라이브러리** : 모듈과 패키지의 모음을 말하는데 라이브러리는 보통 zip 파일로 압축되어 PyPI 사이트를 통해 배포된다.

※ PyPI(Python Package Index)는 개발된 파이썬 패키지를 공유하는 사이트(http://pypi.org)이다.

이번에는 다음 예제를 통하여 예제 8-1의 greet 모듈을 활용하는 방법에 대해 알아보자.

예제 8-2. greet 모듈 활용하기	ex8-2.py

```
01    import greet
02
03    print(greet.hello1('안지수'))
04    print(greet.hello2('홍지영'))
05    print(greet.hello3('황예림'))
```

¤ 실행 결과

안지수님 안녕하세요.
홍지영님 반갑습니다.
황예림님 만나서 반가워요.

1행 import 명령으로 greet 모듈을 불러온다.

※ 모듈을 불러오는 import 명령에 대해서는 잠시 후 265쪽에서 자세히 설명한다.

3행 greet.hello1()은 greet 모듈에 정의되어 있는 hello1() 함수를 호출하여 실행한다. 이 때 '안지수'가 정의된 함수의 매개변수로 전달되기 때문에 실행 결과의 1번째 줄에서와 같은 결과가 출력된다.

4,5행 3행과 같은 방식으로 greet.hello2()와 greet.hello3()는 greet 모듈에 정의된 해당 함수를 호출하여 실행 결과의 2,3번째 줄에서와 같이 출력한다.

모듈은 예제 8-1에서와 같이 프로그래머가 직접 생성하여 사용할 수도 있지만, 파이썬 시스템은 기본적으로 많은 양의 다양한 라이브러리 모듈을 내장하고 있다. 프로그래머는 잘 준비된 이러한 내장 모듈을 사용하여 난이도가 높은 프로그램을 쉽게 구현할 수 있다.

8.1.2 모듈 사용하기

이번에는 예제 8-1의 greet 모듈과 내장 모듈의 하나인 math 모듈을 불러와 프로그램에서 사용하는 방법에 대해 알아보자.

예제 8-3. 모듈 불러와 사용하기   ex8-3.py

```
01    import greet
02    import math
03    print(greet.hello1('김영진'))
04    print(math.sqrt(100))
05
06    import greet as gr
07    import math as m
08    print(gr.hello2('박소정'))
09    print(m.sqrt(100))
10
11    from greet import hello3
12    from math import sqrt
13    print(hello3('한은정'))
14    print(sqrt(100))
15
16    from greet import *
17    from math import *
18    print(hello2('한은정'))
19    print(sqrt(100), sin(1))
```

> 김영진님 안녕하세요.
> 10.0
> 박소정님 반갑습니다.
> 10.0
> 한은정님 만나서 반가워요.
> 10.0
> 한은정님 반갑습니다.
> 10.0 0.8414709848078965

1~4행 'import 모듈명' 의 형식으로 모듈을 불러온 경우에는 greet.hello1()와 math.sqrt()에서와 같이 모듈명 다음에 점(.)을 찍고 사용하고자 하는 모듈함수를 적으면 된다.

※ math 모듈의 sqrt() 함수는 제곱근을 구하는 함수로 sqrt(25)는 5, sqrt(100)는 10이 된다.

1행에서와 같이 'import 모듈명' 형식으로 모듈을 불러올 경우의 모듈 함수를 호출하는 서식은 다음과 같다.

서식1	import *모듈명*
	...
	모듈명.모듈함수명()
	...

위의 서식1에서 *모듈명*안에 정의된 모듈함수를 호출할 때에는 *모듈명* 다음에 점(.)을 찍고 *모듈함수명()*을 사용한다.

6~9행 'import 모듈명 as 별칭'의 형식으로 모듈을 불러온 경우에는 gr.hello2(), m.sqrt()에서와 같이 별칭 다음에 점(.)을 찍고 사용하고자 하는 모듈함수명를 사용하면 된다.

6행에서와 같이 'import 모듈명 as 별칭' 형식에서 모듈함수를 호출하는 서식은 다음과 같다.

```
import 모듈명 as 별칭
...
별칭.모듈함수명()
...
```

위의 서식2에서와 같이 *별칭*을 사용하면 모듈함수를 불러올 때 *별칭.모듈함수명()*을 사용한다.

11~14행 'from 모듈명 import 모듈함수명'의 형식으로 모듈함수를 불러온 경우에는 hello3(), sqrt()에서와 같이 해당 모듈 내에서 사용된 모듈함수를 그대로 사용할 수 있다. 이러한 형식은 모듈 내에 있는 특정 모듈함수만 불러올 때 사용한다.

11행에서와 같이 'from 모듈명 import 모듈함수명' 형식에서 정의된 모듈함수를 호출하는 서식은 다음과 같다.

서식3

```
from 모듈명 import 모듈함수명, 모듈함수명, ...
...
모듈함수명()
...
```

위의 서식3에서 모듈함수를 호출할 때에는 *모듈함수명()*을 그대로 사용하면 된다.

16~19행 'from 모듈명 import *'의 형식에서 *는 모든 모듈함수를 의미한다. 따라서 hello1(), hello2(), hello3(), sqrt(), sin(), ... 와 같이 해당 모듈 내의 모든 모듈함수를 그대로 사용할 수 있게 된다.

16행에서와 같이 'from 모듈명 import *' 형식에서 정의된 모듈함수를 호출하는 서식은 다음과 같다.

```
from 모듈명 import *

...

   모듈함수명1()
   모듈함수명2()

...
```

위의 서식4에서 *는 모듈 내의 모든 모듈함수를 의미하기 때문에 모듈 내에 정의된 모듈함수인 모듈함수명1(), 모듈함수명2(), ... 을 사용할 수 있다.

8.2 math 모듈

8.2.1 정수 관련 함수

다음 예제에서와 같이 math 모듈을 이용하면 다양한 방식을 이용하여 실수를 정수로 변경할 수 있으며, 수의 팩토리얼 값도 쉽게 구할 수 있다.

예제 8-4. math 모듈의 정수 관련 함수	ex8-4.py

```
01    import math
02
03    print('floor(7.7) : %d' % math.floor(7.7))
04    print('ceil(10.1) : %d' % math.ceil(10.1))
05    print('round(8.6) : %d' % round(8.6))
06    print('5의 팩토리얼 : %d' % math.factorial(5))
```

¤ 실행 결과

```
floor(7.7) : 7
ceil(10.1) : 11
round(8.6) : 9
5의 팩토리얼 : 120
```

1행 math 모듈을 import 명령으로 불러온다.

3행 math.floor() 함수는 실수에서 소수점 이하를 절삭한 값을 반환한다. 따라서 math.floor(7.7)의 값은 7이 된다.

4행 math.ceil() 함수는 실수를 무조건 올림한 값을 반환한다. math.ceil(10.1)의 값은 11이 된다.

5행 round() 함수는 실수를 반올림한 값을 반환한다. 따라서 round(8.6)의 값은 9가 된다.

※ round() 함수는 math 모듈에 포함된 함수가 아니라 파이썬의 내장 함수이다. 따라서 함수 이름 앞에 math를 붙이지 않는다.

6행 math.factorial() 함수는 정수의 팩토리얼 값을 반환한다. 따라서 math.factorial(5)의 값은 5의 팩토리얼, 즉 1 * 2 * 3 * 4 * 5 가 되기 때문에 120이 된다.

8.2.2 삼각/거듭제곱/제곱근/로그 함수

다음 예제를 통하여 math 모듈에서 삼각 함수, 거듭제곱, 제곱근, 로그 함수를 이용하는 방법을 익혀보자.

예제 8-5. 삼각/거듭제곱/제곱근/로그 함수   ex8-5.py

```
01    import math as m
02
03    print('sin(pi/2) : %.2f' % m.sin(m.pi/2))
04    print('cos(pi) : %.2f' % m.cos(m.pi))
05    print('tan(pi*2) : %.2f' % m.tan(m.pi*2))
06
07    print('2의 4승 : %d' % m.pow(2,4))
08    print('49의 제곱근 : %d' % m.sqrt(49))
09    print('log10(100) : %.2f' % m.log10(100))
```

¤ 실행 결과

```
sin(pi/2) : 1.00
cos(pi) : -1.00
tan(pi*2) : -0.00
2의 4승 : 16
49의 제곱근 : 7
log10(100) : 2.00
```

1행 math 모듈을 별칭 m으로 불러온다.

3~5행 m.sin(), m.cos(), m.tan() 함수는 각각 사인, 코사인, 탄젠트 값을 구할 때 사용한다. 함수의 입력 값으로는 라디안(Radian) 단위가 사용된다. 여기서 m.pi는 π (3.141592....)의 값을 나타낸다.

※ m.pi에서와 같이 모듈안에는 함수 뿐만 아니라 상수도 정의하여 사용할 수 있다.

7행 m.pow()는 거듭제곱 값을 구하는 데 사용된다. m.pow(2, 4)는 2^4을 나타내며 그 결과는 16이 된다.

8행 m.sqrt()는 제곱근 값을 구한다. m.sqrt(49)은 $\sqrt{49}$ 를 나타내며 그 결과는 7이 된다.

9행 m.log10()은 밑을 10으로 하는 log 값을 구하는 데 사용된다. log10(100)은 2가 된다.

지금까지 배운 math 모듈의 함수와 상수를 정리하면 다음과 같다.

표 8-1 math 모듈의 주요 함수와 상수

내장 함수명	기능
math.floor()	소수점 이하를 절삭함
math.ceil()	무조건 올림
math.factorial()	팩토리알 값을 구함
math.sin()	사인 값을 구함(라디안 단위)
math.cos()	코사인 값을 구함(라디안 단위)
math.tan()	탄젠트 값을 구함(라디안 단위)
math.pow()	거듭제곱 값을 구함
math.log10()	밑이 10인 로그 값을 구함
math.pi	3.141592653589793 ※ math.pi는 math 모듈에서 정의된 상수임

※ 정수를 반올림하는 데 사용되는 round() 함수는 math 모듈에 포함된 함수가 아니라 파이썬의 내장 함수라는 것을 꼭 기억하기 바란다.

8.3 random 모듈

파이썬에서 난수(Random Number)를 발생시키거나 난수와 관련된 기능을 제공하는 모듈이 random 모듈이다. 이 random 모듈을 이용하면 주사위 게임, 가위바위보 게임 등의 난수와 관련된 프로그램을 쉽게 만들 수 있다.

이번 절을 통하여 random 모듈의 함수 random(), randrange(), randint(), choice(), shuffle() 함수의 사용법과 이를 난수에 관련된 간단한 게임을 만드는 데 활용하는 방법을 배워보자.

8.3.1 random 모듈 함수

1 random() 함수

random 모듈의 random() 함수는 0.0과 1.0 사이의 실수형 난수를 발생시킨다.

서식	
	random.random()

예제 8-6. random() 함수의 사용 예   ex8-6.py

```
01    import random
02
03    for i in range(3) :
04        print(random.random())
```

¤ 실행 결과

```
0.09888492444564012
0.6694563443256532
0.08610258258734149
```

2 randrange() 함수

random 모듈의 randrange() 함수는 특정 영역에 있는 임의의 정수 값을 반환한다.

| 서식 | *random.randrange(start, stop, step)* |

매개변수	의미
start	시작 값(기본 값 : 0)
stop	종료 값(범위에 종료 값은 포함되지 않음)
step	증가 또는 감소(기본 값 : 1)

예제 8-7. randrange() 함수의 사용 예　　　　　　　　　　　　　　　ex8-7.py

```
01    import random
02
03    for i in range(5) :
04        print(random.randrange(1, 11, 2))
```

¤ 실행 결과

```
5
3
9
5
7
```

random.randrange(1, 11, 2)는 1, 3, 5, 7, 9 중 임의의 정수를 반환한다.

3 randint() 함수

random 모듈의 randint() 함수는 특정 영역에 있는 임의의 정수 값을 반환한다.

서식	*random.randint(start, stop)*

매개변수	의미
start	시작 값
stop	종료 값

※ random.randint()는 random.randrange() 와는 달리 매개변수에 step이 없다. 또한 이 함수는 range()와 randrange() 함수와는 달리 stop 값이 그대로 종료 값이 된다.

예제 8-8. randint() 함수의 사용 예	ex8-8.py

```
01    import random
02
03    for i in range(5) :
04        print(random.randint(1, 6))
```

¤ 실행 결과

```
2
6
1
5
6
```

random.randint(1, 6)은 1~6 사이의 임의의 정수를 반환한다.

4 choice() 함수

random 모듈의 choice() 함수는 리스트, 튜플, 범위의 숫자 중에서 임의의 요소 하나를 반환한다.

서식

random.choice(sequence)

매개변수	의미
sequence	리스트, 튜플, 범위 등이 사용됨

예제 8-9. choice() 함수의 사용 예   ex8-9.py

```
01    import random
02
03    toss = ['가위', '바위', '보']
04
05    for i in range(5) :
06        print(random.choice(toss))
```

¤ 실행 결과

가위
가위
바위
보
바위

random.choice(toss)는 리스트 toss의 임의의 요소 하나를 반환한다. 문자열 '가위', '바위', '보' 중에서 임의의 하나의 값을 얻는 데 사용된다.

5 shuffle() 함수

random 모듈의 shuffle() 함수는 리스트, 튜플, 문자열 등 요소의 순서를 임의로 바꾸는 데 사용된다.

| 서식 | *random.shuffle(sequence)* |

매개변수	의미
sequence	리스트, 튜플, 문자열 등이 사용됨

예제 8-10. shuffle() 함수의 사용 예   ex8-10.py

```
01    import random
02
03    fruits = ['사과', '바나나', '오렌지']
04
05    for i in range(3) :
06        random.shuffle(fruits)
07        print(fruits)
```

¤ 실행 결과

```
['바나나', '사과', '오렌지']
['사과', '바나나', '오렌지']
['오렌지', '사과', '바나나']
```

random.shuffle(fruits)는 리스트 fruits의 요소의 순서를 임의로 바꾼다.

8.3.2 주사위 게임 만들기

이번에는 random 모듈의 randint() 함수를 이용하여 간단한 주사위 게임을 만드는 프로그램을 작성해보자.

예제 8-11. 주사위 게임 만들기　　　　　　　　　　　　　　ex8-11.py

```
01    import random
02
03    again = 'y'
04    count = 1
05
06    while again =='y':
07       print('-' * 30)
08       print('주사위 던지기 : %d번째' % count)
09       me = random.randint(1, 6)
10       computer = random.randint(1, 6)
11       print('나 : %d' % me )
12       print('컴퓨터 : %d' % computer)
13
14       if me > computer :
15          print('나의 승리!')
16       elif me == computer :
17          print('무승부!')
18       else :
19          print('컴퓨터의 승리!')
20
21       count = count + 1
22       again = input('계속하려면 y를 입력하세요!')
```

```
------------------------------
주사위 던지기 : 1번째
나 : 4
컴퓨터 : 2
나의 승리!
계속하려면 y를 입력하세요!y
------------------------------
주사위 던지기 : 2번째
나 : 2
컴퓨터 : 1
나의 승리!
계속하려면 y를 입력하세요!
```

1행 random 모듈을 불러온다.

3,4행 변수 again과 count를 초기화한다.

6행 while 루프의 변수 again이 'y'인 동안 7~22행의 문장이 반복 수행된다.

9,10행 random.randint(1, 6)은 1에서 6까지의 정수 중 하나를 랜덤하게 발생시킨다. randint()를 두 번 사용하여 발생된 난수들을 각각 변수 me와 변수 computer에 저장한다.

14~19행 if ~ elif ~ else ~ 구문을 이용하여 나하고 컴퓨터 중에서 누가 이겼는지를 판단하여 '나의 승리!', '컴퓨터의 승리!', '무승부!' 중 하나의 결과를 실행 결과에 출력한다.

22행 게임을 계속할 것인지를 묻고 'y'가 입력되면 다시 6행으로 돌아가 while 루프를 반복하고, 만약 'y'가 아닌 다른 문자열이 입력되면 while 루프를 빠져나와 프로그램이 종료된다.

8.3.3 가위 바위 보 게임 만들기

random 모듈의 choice() 함수를 이용하면 리스트의 요소들 중에 하나를 무작위로 선택할 수 있다. choice() 함수와 새롭게 정의한 사용자 함수로 가위 바위 보 게임을 만드는 다음의 예제를 공부해보자.

예제 8-12. 가위, 바위, 보 게임 만들기	ex8-12.py

```
01    import random
02
03    def whoWin(x, y) :
04       if x == '가위' :
05          if y == '가위' :
06             msg = '무승부입니다!'
07          elif y == '바위' :
08             msg = '당신의 승리입니다!'
09          else :
10             msg = '나의 승리입니다!'
11       elif x == '바위' :
12          if y == '가위' :
13             msg = '나의 승리입니다!'
14          elif y == '바위' :
15             msg = '무승부입니다!'
16          else :
17             msg = '당신의 승리입니다!'
18       else :
19          if y == '가위' :
20             msg = '당신의 승리입니다!'
21          elif y == '바위' :
22             msg = '나의 승리입니다!'
23          else :
24             msg = '무승부입니다!'
25
26       return msg
```

```
27
28     print('=' * 30)
29     print('가위 바위 보 게임')
30     print('=' * 30)
31
32     gawibawibo = ['가위','바위', '보']
33     again = 'y'
34
35     while again == 'y' :
36         me  = random.choice(gawibawibo)
37         you = random.choice(gawibawibo)
38
39         result = whoWin(me, you)
40
41         print('나 : %s' % me)
42         print('당신 : %s' % you)
43         print(result)
44         print('-' * 30)
45
46         again = input('계속하려면 y를 입력하세요!')
47         print()
```

¤ 실행 결과

```
==============================
가위 바위 보 게임
==============================
나 : 가위
당신 : 바위
당신의 승리입니다!
------------------------------
계속하려면 y를 입력하세요!y

나 : 가위
당신 : 가위
무승부입니다!
------------------------------
계속하려면 y를 입력하세요!
```

1행 random 모듈을 불러온다.

3~26행 whoWin() 함수를 정의한다. whoWin(x, y)에서 매개 변수 x는 나의 '가위', '바위', '보' 중 하나의 문자열, 그리고 매개 변수 y는 당신의 '가위', '바위', '보' 중 하나의 문자열 값을 가진다.

32행 리스트 gawibawibo에 ['가위', '바위', '보']를 저장한다.

35행 while 루프는 변수 again이 'y'인 동안 36~47행을 반복 수행된다.

36,37행 random.choice(gawibawibo)는 리스트 gawibawibo 요소 중 하나의 문자열을 무작위로 선택한다. 따라서 변수 me와 you는 각각 '가위', '바위', '보' 중 하나의 문자열을 값으로 가지게 된다.

39행 whoWin(me, you)은 whoWin() 함수를 호출한다. 이 때 함수의 입력 값인 me와 you는 정의된 whoWin() 함수의 매개 변수 x, y에 복사된다.

41~44행 실행 결과에 나타난 것과 같이 변수 me, you, result의 값을 출력한다.

8.4 datetime 모듈

datetime 모듈은 컴퓨터에서 날짜와 시간에 관련된 클래스를 제공한다. 이 datetime 모듈은 모듈 내부에 date, time, datetime 객체를 포함하고 있다.

다음 예제를 통하여 datetime 모듈을 이용하여 프로그램에서 날짜와 시간을 출력하는 방법에 대해 알아보자.

예제 8-13. datetime 모듈의 사용 예   ex8-13.py

```
01    from datetime import datetime
02
03    today = datetime.now()
04
05    print('년 : %s' % today.year)
06    print('월 : %s' % today.month)
07    print('일 : %s' % today.day)
08    print('시 : %s' % today.hour)
09    print('분 : %s' % today.minute)
10    print('초 : %s' % today.second)
11
12    print(today.strftime('%Y/%m/%d %H:%M:%S'))
13    print(today.strftime('%y-%m-%d %p %I:%M'))
```

¤ 실행 결과

```
년 : 2020
월 : 2
일 : 14
시 : 10
분 : 27
초 : 16
2020/02/14 10:27:16
20-02-14 AM 10:27
```

1행 datetime 모듈의 datetime 객체를 불러온다.

3행 datatime.now() 함수로 오늘의 날짜와 시간을 가져와 변수 today에 저장한다.

5~10행 today.year는 객체 today의 멤버 변수 year의 값, 즉 현재의 연도를 의미한다. 같은 맥락에서 today.month, today.day, today.hour, today.minute, today.second는 각각 오늘 일시의 월, 일, 시, 분, 초를 나타낸다.

12,13행 객체 today의 메소드 strftime()은 실행 결과의 마지막 두 줄에 나타난 것과 같이 포맷에 맞추어 날짜와 시간을 출력한다.

strftime() 메소드에서 사용되는 포맷 기호를 표로 정리하면 다음과 같다.

표 8-2 datetime.strftime() 메소드의 포맷 기호

기호	의미	예
%Y	네 자리 연도	..., 2020, 2021, 2022, ..., 9999
%y	두 자리 연도	00, 01, ..., 99
%m	월	01, 02, ..., 12
%d	일	01, 02, ..., 31
%A	요일	Sunday, Monday, ..., Saturday
%a	생략 요일	Sun, Mon, ..., Sat
%H	시(24시 기준)	00, 01, ..., 23
%I	시(12시 기준)	01, 02, ..., 12
%p	AM 또는 PM	AM, PM
%M	분	00, 01, ..., 59
%S	초	00, 01, ..., 59

8.5 확장 패키지 설치

파이썬 패키지(Package)는 특정 기능을 수행하기 위해 모듈을 모아 놓은 라이브러리를 말한다. 파이썬에서 제공하는 기본 모듈 외에 PyPI(Python Package Index, http://pypi.org) 사이트에 가면 1,600,000개 이상의 확장 패키지가 출시되어 있어 쉽게 다운로드 받아 사용할 수 있다. 이러한 확장 패키지들은 파이썬으로 다양한 분야의 프로그램을 개발하는 데 많은 도움을 준다.

먼저 IDLE 프로그램에 기본적으로 설치되어 있는 내장 모듈 목록을 보기 위해 파이썬 쉘에서 다음과 같은 명령을 실행해보자.

```
>>> help('modules')
```

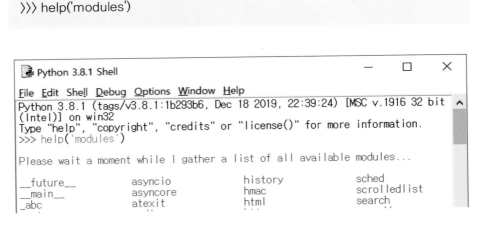

그림 8-1 파이썬의 기본 내장 모듈

그림 8-1의 내장 모듈 목록을 살펴보면 우리가 이번 장에서 실습한 math, random, datetime 모듈이 존재하고 있음을 알 수 있다.

위의 그림 8-1의 내장 모듈 외에 확장 파이썬 패키지는 명령 프롬프트에서 쉽게 설치할 수 있다.

컴퓨터 좌측 하단의 윈도우 아이콘을 클릭하고 'cmd'를 입력하고 엔터 키를 누르면 다음과 같은 명령 프롬프트 프로그램이 나타난다.

그림 8-2 명령 프롬프트 창

위의 그럼 8-2의 명령 프롬프트 창에서 'pip install 패키지명'을 실행하면 해당 패키지를 간단하게 설치할 수 있다.

```
pip install 패키지명
```

예를 들어 데이터 과학에서 사용하는 Numpy 패키지를 PIP로 설치하려면 다음과 같은 명령을 실행하면 된다.

```
pip install numpy
```

※ 데이터 분석과 시각화, 머신 러닝, 파이썬 게임, 컴퓨터 비전, GUI 등의 프로그램을 개발하는 데 필요한 파이썬 패키지에 대한 설명은 이 책 제일 뒤의 부록을 참고하기 바란다.

■ 모듈 lib이 다음과 같을 때 물음에 답하시오.(1~3번 문제)

lib.py

```
def fact(start, end) :
    f = 1
    for x in range(start, end+1) :
        f *= x
    return f

def inc_10(x) :
    x += 10
    return x

def mul_20(x) :
    return x*20
```

1. 다음 프로그램에서 밑줄 친 곳에 들어갈 내용은 무엇인가?

```
from lib import inc_10

print(_____(5))
```

▦ 실행 결과

15

가. inc_10   나. lib.inc_10   다. inc_10.inc_10   라. inc_10.lib

2. 다음 프로그램의 실행 결과를 보기에서 고르시오.

```
import lib

a = lib.mul_20(3)
b = a + lib.fact(1,3)
c = a + b +lib.inc_10(2)
print(c)
```

가. 138   나. 78   다. 86   라. 128

3. 다음 프로그램의 실행 결과는 무엇인가?

```
import lib as lb

a = 1
b = 2
c = 3

d = lb.fact(a, b)
d += lb.inc_10(c)
e = d + lb.mul_20(a)
print(e)
```

실행 결과 : _____

4. 다음의 random 모듈의 함수 중 리스트나 튜플의 요소의 순서를 무작위로 변경하는 데 사용되는 것은 무엇인가?

가. randint()   나. choice()   다. shuffle()   라. randrange()

5. datetime.strftime() 메소드의 포맷 기호 중에서 AM 또는 PM을 나타내는 것은?

    가. %Y   나. %M   다. %S   라. %p

6. 예제 8-11을 참고하여 다음과 같은 실행 결과를 가져오는 주사위 게임을 만들어 보시오.

    ▦ 실행 결과

        나 : 5
        당신 : 5
        무승부!
        계속하려면 y를 입력하세요!y
        나 : 1
        당신 : 2
        당신의 승리!
        계속하려면 y를 입력하세요!y
        나 : 6
        당신 : 2
        나의 승리!
        계속하려면 y를 입력하세요!

Chapter 09

객체지향 프로그래밍

객체지향 프로그래밍은 프로그램 실행이 순차적으로 일어나는 절차적 프로그래밍 기법과는 달리 객체를 중심으로 프로그램 실행이 일어난다. 객체에서 사용되는 속성과 메소드를 정의한 것을 클래스라고 한다. 이번 장에서는 객체지향의 개념을 파악하고, 클래스의 생성자, 속성과 메소드, 클래스의 상속 등을 이용하여 객체지향 프로그래밍을 하는 방법을 익힌다.

9.1 객체지향이란?

파이썬을 포함한 C++, 자바, PHP 등의 많은 컴퓨터 언어들은 객체지향 프로그래밍(Object-oriented Programming)의 기능을 가지고 있다. 객체지향과 반대되는 개념이 절차지향 프로그래밍(Procedural Programming)이다.

절차적 프로그래밍은 기본적으로 프로그램의 진행이 절차적, 즉 순서대로 수행된다. 프로그램이 진행되다가 함수가 호출되면 정의된 해당 함수를 실행하고 다시 함수를 호출한 위치로 복귀하여 다시 절차적으로 프로그램이 진행된다. 책의 8장까지의 모든 실습 예제들은 일부 예제가 객체의 개념을 조금 이용하고 있지만 절차적 프로그래밍 방식을 채용하고 있다.

절차적 프로그래밍과는 다소 다른 개념인 객체지향 프로그램에서는 프로그램의 구성이 객체를 중심으로 이루어진다. 이 객체는 속성(Attribute)와 메소드(Method)로 구성된다. 속성은 객체 내부에서 사용되는 변수를 의미하며, 메소드는 객체 내부에서 사용되는 함수를 나타낸다. 그리고 객체는 그 객체를 정의하고 있는 클래스를 통해 생성된다.

> **TIP**
>
> **객체, 클래스, 속성, 메소드의 개념 정리**
>
> · 객체 : 클래스로부터 생성되어 클래스의 속성과 메소드를 가진다.
> · 클래스 : 객체에서 사용되는 속성과 메소드를 정의한 틀이다.
> · 속성 : 클래스와 객체에서 사용되는 변수를 의미한다.
> · 메소드 : 클래스와 객체에서 사용되는 함수를 의미한다.

9.1.1 클래스, 객체, 속성, 메소드의 개념

다음 예제를 통하여 객체지향의 핵심 구성 요소인 클래스, 객체, 속성, 메소드의 개념을
파악해보자.

예제 9-1. 객체지향의 간단한 예   ex9-1.py

```
01    class Calculator :                    # 클래스 정의
02        def set(self, x, y) :            # 메소드 정의
03            self.first = x
04            self.second = y
05
06        def add(self) :                  # 메소드 정의
07            result = self.first + self.second
08            return result
09
10    cal1 = Calculator()                  # 객체 생성
11
12    cal1.set(10, 20)
13    print('%d + %d = %d' % (cal1.first, cal1.second, cal1.add()))
14    cal1.set(100, 200)
15    print('%d + %d = %d' % (cal1.first, cal1.second, cal1.add()))
```

¤ 실행 결과

```
10 + 20 = 30
100 + 200 = 300
```

1행 클래스 Calculator를 정의한다. 함수의 정의에서와 마찬가지로 이 다음 줄부터는
들여쓰기를 해야한다.

※ 파이썬에서 클래스명의 첫 글자는 영문자 대문자를 사용한다.

2행 클래스 Calculator의 메소드 set()을 정의한다. set()에서 사용되는 첫 번째 매개
변수 self는 Calculator에 의해 생성되는 객체를 전달받는 데 사용된다. 그리고 매개변수
x와 y는 계산기에서 사용되는 두 개의 값을 설정하는 데 사용된다.

※ 메소드는 클래스(또는 객체)의 내부에서 사용되는 함수를 의미하며, 메소드에서 필수로 사용되는 매개변수 self에 대해서는 301쪽에서 좀 더 자세히 설명한다.

3,4행 메소드 set()이 호출되면 매개변수 x와 y의 값이 각각 self.first와 self.second에 저장된다. self.first와 self.second는 객체의 속성을 나타내고, 속성은 객체의 내부에서 사용되는 변수를 의미한다.

6~8행 메소드 add()를 정의한다. 객체의 내부 속성인 self.first와 self.second를 더한 다음 그 결과인 result를 반환한다.

10행 클래스 Calculator로부터 객체 cal1을 생성한다.

12행 객체 cal1의 메소드 set(10, 20)은 cal1의 속성 self.first와 self.second에 각각 10과 20의 값을 저장한다.

13행 cal1.first은 10, cal1.second는 20의 값을 가진다. 그리고 cal1.add() 메소드는 self.first와 self.second를 서로 더한 값인 30의 값을 가진다.

14,15행 같은 방식으로 객체 cal1에 100과 200의 값을 설정하고 그 결과를 화면에 출력한다.

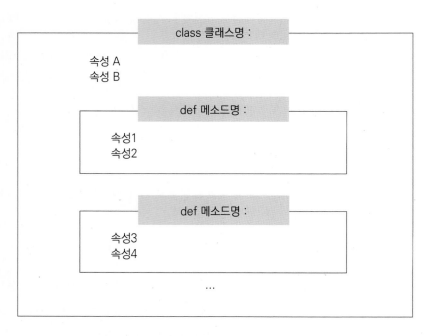

그림 9-1 객체지향 프로그래밍의 개념도

그림 9-1에 나타난 객체지향 프로그래밍의 개념도에서 클래스는 메소드와 속성으로 구성되어 있음을 알 수 있다. 메소드는 앞에서 설명한 것과 같이 클래스 내부에서 정의되는 함수를 의미하고, 속성은 클래스 내부에서 정의되는 변수를 나타낸다.

하나의 클래스로부터 생성되는 것을 객체(Object)라고 부른다. 객체는 다른 말로 인스턴스(Instance)라고 부른다.

메소드 외부에서 정의되는 속성A와 속성B를 클래스 속성(Class Attribute)이라고 하며, 메소드 내부에서 정의되는 속성1, 속성2, 속성3, 속성4와 같은 것을 인스턴스 속성(Instance Attribute)이라고 부른다.

클래스 속성인 속성A와 속성B는 이 클래스로 생성되는 모든 객체에서 사용가능하며, 인스턴스 속성인 속성1~속성4는 해당 인스턴스, 즉 해당 객체 내에서만 사용 가능하다는 점을 유의하기 바란다.

TIP

객체와 인스턴스의 차이점

클래스의 타입으로 선언되어 생성되는 것을 객체라고 부르고, 그 객체가 실제 컴퓨터 메모리에 할당되어 실제로 사용될 때 인스턴스라고 부른다.

이와 같이 두 개념을 명확하게 구분해서 사용하기도 하지만, 실제로 그 의미가 거의 유사하기 때문에 객체와 인스턴스를 같은 것으로 인식하여도 무방하다.

클래스를 정의하는 서식을 나타내면 다음과 같다.

```
class 클래스명 :
    속성A
    속성B
    ...
    def 메소드명() :
        ...

    def 메소드명() :
        ....
```

클래스를 생성하기 위해서는 키워드 class 다음에 클래스명을 사용하고 그 다음 줄부터 들여쓰기하여 클래스의 속성인 속성A, 속성B, …와 메소드명()의 메소드들을 정의한다.

9.1.2 클래스와 객체의 관계

객체는 클래스로부터 생성된다고 앞에서 설명하였다. 다음 그림은 클래스와 객체가 어떤 관계가 있는지 알아보기 위한 예시이다.

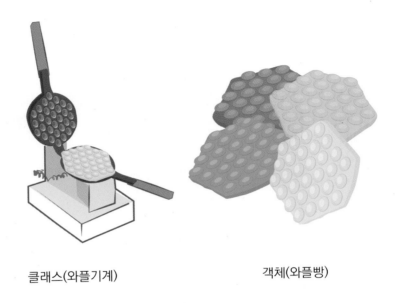

클래스(와플기계)   객체(와플빵)

그림 9-2 객체지향 프로그래밍의 개념도

그림 9-2에서 보는 것과 같이 와플빵은 와플빵 기계를 이용하여 만들어진다. 여기서 와플빵을 만드는 기계는 클래스, 와플빵은 객체로 생각할 수 있다.

와플빵(객체)을 만들기 위해서는 먼저 와플빵 기계(클래스)를 먼저 만들어야 한다. 일단 한번 와플빵 기계(클래스)가 만들어지면 언제든 쉽게 와플빵(객체)을 찍어 낼 수 있다.

예제 9-1에서와 같이 Calculator 클래스(와플빵 기계)를 만들어 놓으면 언제든지 필요 시에 cal1과 같은 객체(와플빵)를 생성할 수 있게 된다.

클래스에서 객체를 생성하고 객체에서 속성과 메소드를 접근하는 데 사용되는 서식을 살펴보면 다음과 같다.

객체명 = 클래스명()

...

객체명.속성명

객체명.메소드명

...

클래스명()에 명시된 클래스의 객체를 생성한다. 클래스 내부의 속성과 메소드를 사용할 때는 각각 *객체명.속성명*과 *객체명.메소드명*을 사용한다. 즉, 객체명 다음에 점(.)을 찍고 속성명이나 메소드명을 사용하게 된다.

9.2 생성자

파이썬에서 생성자(Constructor)는 객체를 생성할 때 자동으로 호출되는 함수로써, 객체 생성 시에 객체의 초기화 작업에 사용된다.

다음 예제를 통하여 생성자의 역할과 사용법에 대해 알아보자.

예제 9-2. 생성자의 간단한 예
ex9-2.py

```
01    class Member :
02      def __init__(self, name, age) :        # 생성자 함수 정의
03        self.name = name
04        self.age = age
05
06      def showMember(self) :
07        print('이름 : %s' % self.name)
08        print('나이 : %d' % self.age)
09
10    mem1 = Member('홍지수', 24)
11    mem1.showMember()
12    mem2 = Member('안지영', 20)
13    mem2.showMember()
```

¤ 실행 결과

이름 : 홍지수
나이 : 24
이름 : 안지영
나이 : 20

1행 클래스 Member를 정의한다.

2~4행 여기서 사용된 __init()__를 생성자라고 한다. 생성자는 10행에서 mem1을 생성할 때 자동적으로 호출되는 클래스의 메소드이다. 객체가 생성될 때 3행과 4행에 의해 매개변수 name과 age를 각각 인스턴스 속성 self.name과 self.age에 저장한다.

6~8행 메소드 showMember()는 객체의 속성인 self.name과 self.age를 화면에 출력한다.

10행 Member('홍지수', 24)는 클래스 Member로부터 객체 mem1을 생성하는데 이 때 생성자 __init__가 실행된다. 이 때 '홍지수'와 24는 각각 매개변수 name과 age에 복사되어 객체의 속성 self.name과 self.age에 저장된다.

11행 객체 mem1의 메소드 showMember()를 실행하여 실행 결과에 출력한다.

12,13행 10행과 11행에서와 같은 방식으로 객체 mem2를 생성하고 실행 결과에 출력한다.

생성자 __init()__의 사용 형식은 다음과 같다.

서식

```
class 클래스명 :
    ...
    def __init__(self, 매개변수1, 매개변수2, ...) :
        문장1
        문장2
        ...
```

생성자는 객체가 생성될 때 위의 __init__() : 다음 줄에 있는 문장1, 문장2, ... 를 수행함으로써 해당 객체의 초기화 작업을 하는 데 사용된다.

파이썬의 객체지향에서 사용되는 속성(Attribute)에는 두 가지가 있다.

❶ 클래스 속성

클래스 속성(Class Attribute)은 메소드들의 외부에 정의되어 해당 객체로부터 생성되는 모든 객체에서 접근 가능하다.

❷ 인스턴스 속성

클래스 속성과는 달리 인스턴스 속성(Instance Attribute)은 메소드 내부에 정의되어 해당 객체에서만 접근 가능한 속성이다.

9.3.1 클래스 속성

다음은 클래스 속성이 사용되는 간단한 예이다.

예제 9-3. 클래스 속성의 사용 예   ex9-3.py

```
01    class MyClass :
02        number = 100        # 클래스 속성
03
04        def inc_10(self):
05            MyClass.number += 10
06
07        def inc_20(self):
08            MyClass.number += 20
09
10    obj1 = MyClass()
11    obj1.inc_10()
12    print(obj1.number)
13
14    obj2 = MyClass()
15    obj2.inc_20()
16    print(obj2.number)
```

2행 메소드 외부에서 사용된 속성 number를 클래스 속성이라 부른다. 클래스 속성은 클래스에서 생성된 모든 객체에서 공통으로 사용가능하다.

5,8행 2행에서 선언된 클래스 속성 number는 메소드 내에서 MyClass.number와 같이 '클래스명.속성명'으로 사용된다.

10~12행 객체 obj1을 생성하여 inc_10() 메소드에 의해 클래스 속성 number를 10 만큼 증가시킨 110의 값을 출력한다.

14~16행 객체 obj2을 생성하여 inc_20() 메소드에 의해 클래스 속성 number를 20 만큼 증가시킨다. 이 때의 값은 앞의 결과인 110에 20이 증가된 130이 된다. 실행 결과에 130이 출력되었음을 알 수 있다.

예제 9-3에서 사용된 클래스 속성 number는 객체 obj1와 obj2에서 공유된다. 이와 같이 파이썬으로 객체지향 프로그래밍 시 모든 객체에서 공유되는 속성을 원한다면 클래스 속성을 사용하면 된다.

클래스 속성이 사용되는 형식은 다음과 같다.

> 서식
>
> 클래스명.속성명

클래스 속성은 클래스명 다음에 점(.)을 찍고 이어서 속성명을 붙여 사용한다.

다음 절에서 클래스 속성과 반대되는 개념인 인스턴스 속성에 대해 알아보자.

9.3.2 인스턴스 속성

다음의 인스턴스 속성이 사용되는 예를 통하여 앞에서 배운 클래스 속성과의 차이점을 파악해보자.

```
01    class MyClass :
02        def __init__(self, number) :
03            self.number = number      # 인스턴스 속성
04
05        def inc_10(self):
06            self.number += 10         # 인스턴스 속성
07
08        def inc_20(self):
09            self.number += 20         # 인스턴스 속성
10
11    obj1 = MyClass(100)
12    obj1.inc_10()
13    obj1.inc_20()
14    print(obj1.number)
15
16    obj2 = MyClass(200)
17    obj2.inc_10()
18    obj2.inc_20()
19    print(obj2.number)
```

¤ 실행 결과
```
130
230
```

3,6,9행 여기서 사용되는 self.number와 같은 속성을 인스턴스 속성이라 부른다. 인스턴스 속성은 해당 객체에서만 그 값이 유효하다.

11~14행 obj1.number는 인스턴스 속성을 의미하고 이것은 obj1의 속성과 메소드가 사용되는 동안에만 그 값이 유효하다.

16~19행 여기서 사용된 인스턴스 속성 obj2.number도 obj2의 속성과 메소드가 사용되는 동안에만 유효하다.

14,19행 실행 결과에 나타난 것과 같이 obj1.number와 obj2.number는 서로 다른 값을 가진다는 것을 알 수 있다. 이 결과를 통해 인스턴스 속성은 해당 객체에서만 그 값이 유효함을 알 수 있다.

다음은 인스턴스 속성이 사용되는 형식이다.

서식	
	self.속성명

인스턴스 속성은 self 다음에 점(.)을 찍은 다음 속성명을 붙여 사용한다.

TIP

메소드의 매개변수 self

클래스의 메소드에서 매개변수의 가장 앞에 오는 self는 파이썬에서만 사용되는 특별한 존재이다. 이 self에는 객체를 호출할 때 해당 객체 자신이 전달된다.

사실 self란 이름 대신 다른 이름을 사용해도 되지만 대부분은 self 이름을 그대로 사용한다.

코딩 연습 : 객체지향으로 원의 면적과 원주 구하기

다음은 객체지향 방식으로 원의 면적과 원주를 구하는 프로그램이다. 밑줄 친 부분을 채우시오.

◎ 실행 결과

```
반지름: 10
원의 면적 : 314.16
원주의 길이 : 62.83
```

```python
import math

class Circle :
    def __init__(self, radius) :
        ❶_____ = radius

    def getArea(self) :
        ❷_____ = math.pi * self.radius * self.radius
        return area

    def getCircum(self) :
        circum = 2 * math.pi * ❸_____
        return circum

cir = Circle(10)

print('반지름: %d' % cir.radius)
print('원의 면적 : %.2f' % ❹_____)
print('원주의 길이 : %.2f' % ❺_____)
```

※ 정답은 309쪽에 있어요.

코딩 연습 : 객체지향으로 세 과목 합계와 평균 구하기

다음은 객체지향 방식으로 3과목 성적의 합계와 평균을 구하는 프로그램이다. 밑줄 친 부분을 채우시오.

◎ 실행 결과

```
– 3과목 합계와 평균
이름 : 김성윤
국어 : 85, 영어 : 90, 수학 : 83
합계 : 258, 평균 : 86.0
```

```python
class SumAvg :
    title = '– 3과목 합계와 평균'
    def ❶_____(self, name, kor, eng, math) :
        self.name = name
        self.kor = kor
        self.eng = eng
        self.math = math

    def getSum(self) :
        sum = self.kor + self.eng + self.math
        return ❷_____

s1 = SumAvg('김성윤', 85, 90, 83)

print(SumAvg.❸_____)
print('이름 : %s' % s1.name)
print('국어 : %d, 영어 : %d, 수학 : %d' % (s1.kor, s1.eng, s1.math))
print('합계 : %d, 평균 : %.1f' % (❹_____, ❺_____))
```

※ 정답은 309쪽에 있어요.

코딩 연습 : 객제지향으로 두 수의 사칙연산 계산하기

다음은 객체지향 방식으로 두 수의 사칙연산을 수행하는 프로그램이다. 밑줄 친 부분을 채우시오.

◎ 실행 결과

```
첫번째 수를 입력하세요 : 10
두번째 수를 입력하세요 : 20
10 - 20 = -10
10 / 20 = 0.5
```

```
class Calculator :
    def __init__(self, num1, num2) :
        ❶_____ = num1
        ❷_____ = num2

    def add(self) :
        return self.num1 + self.num2
    def sub(self) :
        return self.num1 - self.num2
    def mul(self) :
        return self.num1 * self.num2
    def div(self) :
        return self.num1 / self.num2

a = int(input('첫번째 수를 입력하세요 : '))
b = int(input('두번째 수를 입력하세요 : '))

cal1 = Calculator(a, b)
print('%d - %d = %d' % (a, b, ❸_____ ))
print('%d / %d = %.1f' % (a, b, ❹_____ ))
```

※ 정답은 309쪽에 있어요.

코딩 연습 : 생성자의 매개변수에 리스트 사용하기

다음은 생성자의 매개변수로 리스트를 사용하는 프로그램이다. 밑줄 친 부분을 채우시오.

◎ 실행 결과

성명 : 김지혜
이메일 : rubato@hanmail.net
전화번호 : 010-1234-4567

```
class Person :
    def __init__(self, ❶_____) :
        ❷_____ = info

    def getName(self) :
        return self.❸_____

    def getEmail(self) :
        return self.❹_____

    def getPhoneNum(self) :
        return self.❺_____

info = ['김지혜', 'rubato@hanmail.net', '010-1234-4567']
person = Person(info)

print('성명 : %s' % person.getName())
print('이메일 : %s' % person.getEmail())
print('전화번호 : %s' % person.getPhoneNum())
```

※ 정답은 309쪽에 있어요.

코딩 연습 : 객체지향으로 문자열 다루기

다음은 객체지향 방식으로 문자열을 다루는 프로그램이다. 밑줄 친 부분을 채우시오.

◎ 실행 결과

역순 : !snoipmahc eht era eW
하이픈(-) 삽입 : We-are-the-champions!

```
class EngSentence :
    def __init__(self, sentence) :
        self.sentence = ❶_____
        ❷_____ = len(self.sentence)

    def reverse(self) :
        tmp = ''
        for i in range(self.length) :
            tmp += (self.sentence[❸_____])
        return tmp

    def insertHypen(self) :
        tmp = ''
        for i in range(self.length) :
            if self.sentence[i] == ❹_____ :
                tmp += '-'
            else :
                tmp += self.sentence[i]
        return tmp

a = 'We are the champions!'
eng1 = EngSentence(a)
print('역순 : %s' % ❺_____)
print('하이픈(-) 삽입 : %s' % eng1.insertHypen())
```

※ 정답은 309쪽에 있어요.

객체지향 프로그래밍을 지원하는 프로그래밍 언어에서는 대부분 클래스 상속 기능을 지원한다. 파이썬에서도 다른 언어와 유사한 방식으로 클래스 상속의 개념이 적용된다.

부모님의 재산을 상속받는 것과 같은 방식으로 객체지향에서 자식 클래스는 부모 클래스의 재산, 즉 속성과 메소드를 그대로 상속받아 사용할 수 있다.

다음은 자식 클래스 Dog가 부모 클래스 Animal의 속성과 메소드를 상속받아 사용하는 예제 프로그램이다. 이 예를 통해 상속의 개념을 이해해보자.

예제 9-5. 클래스 상속의 예	ex9-5.py

```
01    class Animal:
02        def __init__(self, name):
03            self.name = name
04
05        def printName(self):
06            print(self.name)
07
08    class Dog(Animal):              # 클래스 상속
09        def __init__(self, name, sound):
10            super().__init__(name)
11            self.sound = sound
12
13        def printSound(self):
14            print(self.sound)
15
16    dog1 = Dog('행복이', '멍멍~~~')
17    dog1.printName()
18    dog1.printSound()
```

```
행복이
멍멍~~~
```

1~6행 부모 클래스 Animal을 정의한다. 클래스 Animal은 self.name 속성과 printName() 메소드를 소유하고 있다.

여기서 속성 self.name은 동물의 이름을 나타내고, 메소드 printName()은 이름을 출력하는 기능을 수행한다.

8행 자식 클래스 Dog는 부모 클래스 Animal으로부터 재산을 상속받는다.

10행 super() 함수는 부모 클래스의 메소드에 접근할 때 사용한다. super()를 통해서 부모 클래스의 메소드를 자식 클래스에서 사용할 수 있게 된다.

여기서 super().__init__()는 부모 클래스의 생성자 함수를 사용한다는 것을 의미한다. 이것을 통해 자식 클래스 Dog의 매개변수 name을 부모 클래스의 속성 self.name에 저장할 수 있다.

16행 클래스 Dog로부터 dog1 객체를 생성한다. 2행과 3행, 그리고 9~11행에 기술된 생성자 함수에 의해 '행복이'는 부모 클래스 Animal의 속성 self.name에 저장하고, '멍멍~~'은 자식 클래스의 속성 self.sound에 저장한다.

17행 printName() 메소드는 클래스 Animal의 소유이지만 클래스 Dog에서 상속받았기 때문에 객체 dog1에서 사용할 수 있다.

18행 자식 클래스의 메소드인 printSound()는 당연히 객체 dog1에서 사용 가능하다.

코딩연습 정답 Q9-1 ❶ self.redius ❷ area ❸ self.radius ❹ cir.getArea()
　　　　　　　　　 ❺ cir.getCircum()
　　　　　Q9-2 ❶ __init__ ❷ sum ❸ title ❹ s1.getSum() ❺ s1.getSum()/3
　　　　　Q9-3 ❶ self.num1 ❷ self.num2 ❸ cal1.sub() ❹ cal1.div()
　　　　　Q9-4 ❶ info ❷ self.info ❸ info[0] ❹ info[1] ❺ info[2]
　　　　　Q9-5 ❶ sentence ❷ self.length ❸ self.length-1-i ❹ ' '
　　　　　　　　　 ❺ eng1.reverse()

앞의 예제 9-5에서는 자식 클래스의 생성자 함수에서 super() 함수의 사용법을 설명하였다.

이번에는 자식 클래스의 메소드에서 부모 클래스의 메소드에 접근하기 위해 사용되는 super() 함수의 사용법을 익혀보자.

예제 9-6. super() 함수의 사용 예   ex9-6.py

```
01   class Person:
02     def __init__(self, name, age):
03        self.name = name
04        self.age = age
05
06     def printInfo(self):
07        print('이름:%s, 나이:%d' % (self.name, self.age))
08
09     def getInfo(self) :
10        return self.name + ', ' + str(self.age)
11
12   class Student(Person):
13     def __init__(self, name, age, department, id):
14        super().__init__(name, age)
15        self.department = department
16        self.id = id
17
18     def printStudentInfo(self):
19        name_age = super().getInfo()
20        print(name_age)
21        print('%s님의 학과:%s, 학번:%s' % (self.name, self.department,
self.id))
22
23   x = Student('홍지수', 20, '소프트웨어공학과', '20215550001')
24   x.printInfo()
25   x.printStudentInfo()
```

¤ 실행 결과

```
이름:홍지수, 나이:20
홍지수, 20
홍지수님의 학과:소프트웨어공학과, 학번:20215550001
```

1~7행 부모 클래스 Person을 정의한다. 부모 클래스 Person은 self.name과 self.age의 속성과 printInfo()와 getInfo()의 메소드를 소유하고 있다.

여기서 속성 self.name과 self.age는 각각 사람의 이름과 나이를 나타내고, 메소드 printInfo()는 그 사람의 이름과 나이를 출력하고, getInfo()는 이름과 나이 정보를 획득하는데 사용된다.

12~21행 자식 클래스 Student는 부모 클래스 Person으로부터 상속받아 정의된다.

19행 자식 클래스 Student에서 부모 클래스 Person의 메소드인 getInfo()를 사용하기 위해서는 super() 함수를 사용하여야 한다.

이와 같이 super() 함수는 자식 클래스에서 부모 클래스의 메소드에 접근할 때 사용된다.

21행 부모 클래스 Student의 속성인 self.name은 자식 클래스 Student에서도 그대로 사용할 수 있다.

23~25행 클래스 Student로부터 객체 x를 생성한다. 객체 x는 부모 클래스 Person의 메소드인 printInfo()와 자식 클래스인 Student의 메소드인 printStudentInfo()를 둘다 사용할 수 있게 된다.

위의 예에서와 같이 객체지향의 상속은 클래스 정의 시 클래스의 속성과 메소드를 효율적으로 정의할 수 있게 해준다.

또한 클래스의 상속을 도입하여 프로그래밍을 하게 되면 프로그램 코드도 간결해지고, 프로그램의 모듈화가 용이하게 되어 프로그램의 유지 보수도 편리해진다는 이점이 있다.

1. TestClass1를 만들고, 이 클래스의 속성 strings에 'abcde'를 저장한다. 그리고 strings의 값을 출력하는 프로그램을 작성하시오.

　　▦ 실행 결과

　　　abcde

2. TestClass2를 만든다. 이 클래스의 인스턴스 속성을 name과 email로 한다. '홍길동', 'test@korea.com' 의 값을 가진 객체를 생성한다. 이 객체의 속성을 출력하는 프로그램을 작성하시오.

　　▦ 실행 결과

　　　이름:홍길동
　　　이메일:test@korea.com

3. 2번에서 정의한 클래스 내에 printInfo() 메소드를 정의하여 그 메소드에서 2번의 실행 결과와 동일한 메시지를 출력하는 프로그램을 작성하시오.

　　※ 실행 결과는 2번과 동일함.

4. 클래스 Member는 name, phone, address를 인스턴스 속성으로 한다. '홍길동', '010-1234-4567', '성남시'로 객체를 생성한 다음 인스턴스 속성들을 출력하는 프로그램을 작성하시오.

　　▦ 실행 결과

　　　이름:홍길동
　　　전화번호:010-1234-5678
　　　주소:성남시

5. 4번 문제에서 다음의 딕셔너리를 클래스 Member의 생성자에 전달하여 인스턴스 속성들을 설정하고 그 값을 출력하는 프로그램을 작성하시오.

```
dict = {'name':'홍길동', 'phone':'010-1234-5678', 'address':'성남시'}
```

　　※ 실행 결과는 4번과 동일함.

6. 다음은 객체지향 방식으로 책과 전자책의 저자, 출판사, 책 유형 등의 정보를 관리하기 위한 예제 프로그램이다. 프로그램 중에 오류가 세 군데 있다. 오류가 발생된 행을 명시하고 오류의 이유를 설명하시오.

▦ 실행 결과

　저자:홍길동
　출판사:지구출판사
　유형:PDF

```
01    class Book :
02      def __init__(self, author, publish) :
03        self.author = author
04        self.publish = publish
05
06      def getAuthorInfo() :
07        string = '저자:%s' % self.author
08        return string
09
10      def getPublishInfo() :
11        string = '출판사:%s' % self.publish
12        return string
13
14    class Ebook(Book) :
15      def __init__(self, author, publish, type) :
16        __init__(author, publish)
17        self.type = type
18
19      def getTypeInfo() :
20        string = '유형:%s' % self.type
21        return string
22
23    book1 = Ebook('홍길동', '지구출판사', 'PDF')
24
25    print(book1.getAuthorInfo())
26    print(book1.getPublishInfo())
27    print(book1.getTypeInfo())
```

PART 2

데이터 분석과 시각화

Part 2 데이터 분석과 시각화

Chapter 10

주피터 노트북

데이터 분석, 시각화, 머신러닝 등의 파이썬 프로그램을 개발할 때에 가장 적합한 툴은 주피터 노트북 프로그램이다. 주피터 노트북은 파이참, 비주얼 스튜디오 등 다른 IDE와 비교하여 가볍고 사용하기 편리하다. 아나콘다 프로그램을 설치하면 주피터 노트북을 기본으로 사용할 수 있고, 기본적인 데이터 분석과 시각화 라이브러리들도 기본으로 설치된다. 이번 장을 통하여 주피터 노트북을 설치하고 프로그램의 사용법을 익혀보자.

Part 1(1장~9장)에서는 파이썬의 기본 개발 툴인 IDLE 프로그램을 이용하여 실습을 진행하였다. 하지만 이 IDLE 프로그램을 Part 2(11장~14장)의 주제인 데이터 분석과 시각화 프로그램 개발에 사용하기에는 다소 불편한 점이 있다.

이번 장을 통하여 설치하고 배울 주피터 노트북(Jupyter Notebook) 프로그램은 데이터 분석과 시각화 분야의 프로그램 개발에 최적화된 개발 환경을 제공한다.

다음 그림 10-1의 주피터 노트북 프로그램은 웹 상에서 프로그램 소스 코드를 작성하고 실행하는 IDE(Integrated Development Environment) 중의 하나이다.

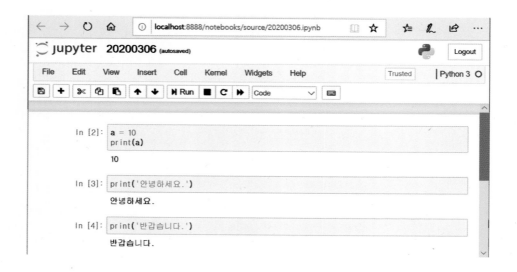

그림 10-1 주피터 노트북의 프로그램 편집 창

주피터 노트북은 여러 개의 편집 창이 있기 때문에 하나의 화면에서 서로 다른 프로그램 작성이 가능하다. 파이참이나 다른 개발 프로그램에 비해 설치 과정과 사용법도 훨씬 간단하다.

주피터 노트북은 앞에서 배운 Part 1의 모든 예제를 실습하는 데도 전혀 문제가 없을 뿐만 아니라 여러 면에서 더 편리한 기능을 많이 제공한다. 특히 주피터 노트북은 데이터 정리, 탐색, 시각화, 머신러닝, 빅데이터 분석 등에 막강한 능력을 발휘한다.

일반적으로 주피터 노트북은 명령 프롬프트에서 PIP(Package Installer for Python) 명령을 이용하여 프로그램을 설치할 수 있다.

그러나 이 책에서는 아나콘다 프로그램을 설치하여 아나콘다 내에 있는 주피터 노트북 프로그램을 사용한다. 또한 아나콘다는 데이터 분석과 시각화에 필요한 기본적인 파이썬 패키지와 라이브러리를 포함하고 있다.

※ 이 책에서는 주피터 노트북을 이용하여 Part 2(10장~14장) 예제와 연습문제의 실습을 진행한다.

10.2 아나콘다 프로그램

주피터 노트북 프로그램은 아니콘다(Anaconda) 프로그램에 내장되어 있다. 또한 아나콘다는 데이터 분석과 시각화 프로그램 개발에 필요한 기본적인 파이썬 패키지와 라이브러리를 포함한다.

아나콘다 홈페이지에 접속하여 설치 프로그램을 다운로드 받아 아나콘다 프로그램을 설치해보자.

10.2.1 설치 파일 다운로드하기

웹 브라우저의 주소 창에 다음의 URL 주소를 입력하여 아나콘다 설치 파일을 다운로드한다.

https://www.anaconda.com/distribution

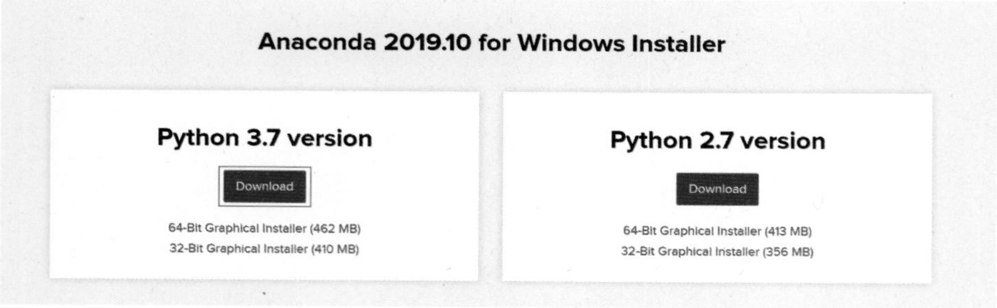

Anaconda 2019.10 for Windows Installer

Python 3.7 version	Python 2.7 version
Download	Download
64-Bit Graphical Installer (462 MB)	64-Bit Graphical Installer (413 MB)
32-Bit Graphical Installer (410 MB)	32-Bit Graphical Installer (356 MB)

그림 10-2 아나콘다 사이트의 설치 파일 다운로드 화면

위의 그림 10-2을 통하여 다운로드 받은 아나콘다 설치 파일을 실행하여 프로그램 설치를 시작한다.

10.2.2 설치 시작하기

다음과 같이 설치 시작 화면이 나오면 Next 버튼을 클릭하여 설치를 시작한다.

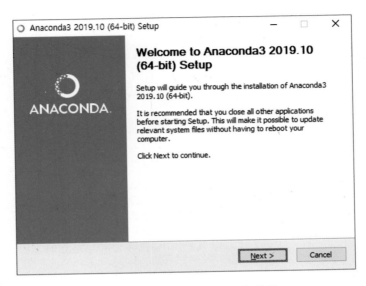

그림 10-3 아나콘다 설치 알림 화면

다음과 같이 라이센스 화면이 나오면 I Agree를 선택하여 다음으로 넘어간다.

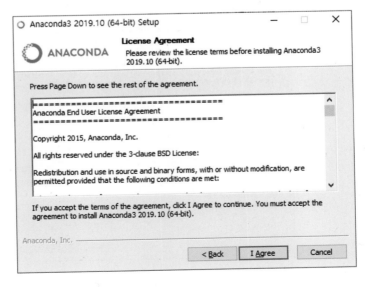

그림 10-4 라이센스 동의 화면

다음의 설치 타입을 묻는 화면이 나오면 기본 선택을 그대로 두고 Next 버튼을 클릭한다.

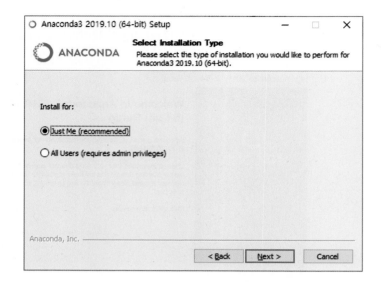

그림 10-5 아나콘다 설치 타입 선택 화면

다음의 설치 폴더를 선택하는 화면에서도 기본 값을 그대로 두고 Next 버튼을 클릭한다. 여기서는 C:\Users\user\Anaconda3 폴더에 아나콘다 프로그램이 설치되고 있음을 알 수 있다.

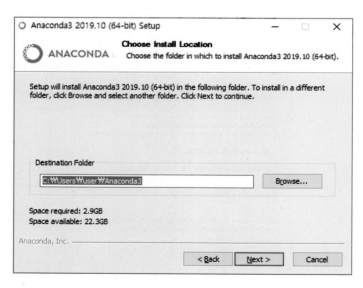

그림 10-6 아나콘다 설치 폴더 선택 화면

다음의 설치 옵션을 선택하는 화면에서도 기본 선택을 그대로 두고 Install 버튼을 클릭한다. 화면을 보면 Pyhon 3.7이 아나콘다와 함께 설치되고 있음을 알 수 있다.

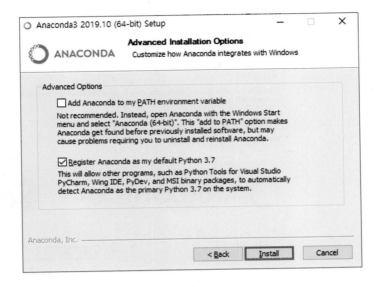

그림 10-7 아나콘다 설치 옵션 선택 화면

설치가 시작되고 3~5분 정도 지나면 설치 완료 화면이 나타난다. 여기서 Next 버튼을 누른다.

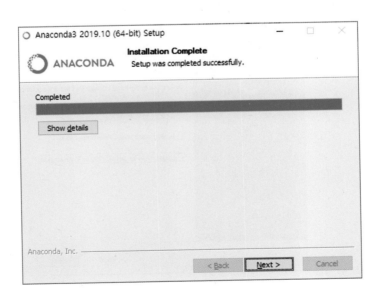

그림 10-8 아나콘다 설치 완료 화면

다음의 화면에서 아나콘다 설치 버전이 2019.10임을 알 수 있다. 이와 같이 아나콘다 프로그램 버전은 연도와 월로 표시된다. Next 버튼을 누른다.

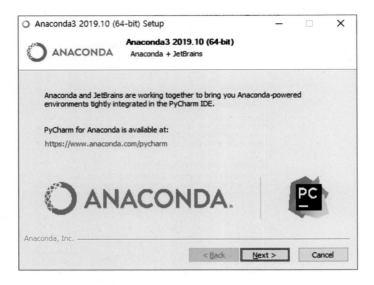

그림 10-9 아나콘다 버전 안내 화면

다음의 아나콘다를 설치해주어 고맙다는 화면이 나오면 체크 박스를 풀고 Finish 버튼을 누른다.

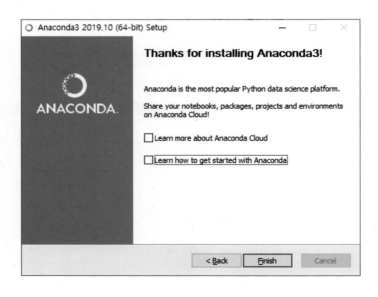

그림 10-10 아나콘다 소개 화면

10.3 주피터 노트북 사용법

10.3.1 주피터 노트북 실행하기

컴퓨터 화면의 프로그램 시작 버튼을 눌러 아나콘다 프로그램에 포함되어 있는 주피터 노트북을 실행해보자.

그림 10-11 아나콘다의 주피터 노트북 메뉴

주피터 노트북이 실행되면 다음의 그림 10-12에 나타난 것과 같은 검정색 콘솔 창이 나타나고 잠시 기다리면 그림 10-13의 주피터 노트북 메인 화면이 나타나게 된다.

```
⚿ Jupyter Notebook (Anaconda3)                    —    □    ×
[| 22:09:39.804 NotebookApp]   or http://127.0.0.1:8888/?token=7e7b53
0471da3d02b9ae578d2e419208c4214db1d9c9f5aa
[| 22:09:39.804 NotebookApp] Use Control-C to stop this server and s
hut down all kernels (twice to skip confirmation).
[C 22:09:40.081 NotebookApp]

    To access the notebook, open this file in a browser:
        file:///C:/Users/user/AppData/Roaming/jupyter/runtime/nbserv
er-28812-open.html
    Or copy and paste one of these URLs:
        http://localhost:8888/?token=7e7b530471da3d02b9ae578d2e41920
8c4214db1d9c9f5aa
     or http://127.0.0.1:8888/?token=7e7b530471da3d02b9ae578d2e41920
8c4214db1d9c9f5aa
```

그림 10-12 주피터 노트북 콘솔 창

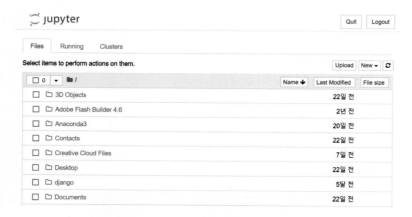

그림 10-13 주피터 노트북의 메인 화면

위의 그림 10-13의 주피터 노트북 메인에는 상단의 메뉴들과 그 아래 폴더와 파일 목록
이 표시된다.

먼저 주피터 노트북에서 프로그래밍 실습을 진행하기 위해 작업 폴더를 생성해보자.

10.3.2 작업 폴더 생성하기

실습에 사용될 작업 폴더를 생성하기 위해 다음의 그림 10-14에서 우측 상단에 있는
New 〉 Folder 버튼을 클릭하면 새로운 폴더가 생성된다.

그림 10-14 주피터 노트북의 새로운 폴더 생성 메뉴

그림 10-15 생성된 폴더 이름 변경

그림 10-15에서 ❶ 체크박스에 √ 표시를 한 다음 ❷ Rename 버튼을 눌러 생기는 폴더 이름 변경 창에 ❸ 작업 폴더명(예:source)을 입력한 다음 ❹ Rename 버튼을 누르면 폴더 이름이 변경된다.

※ 폴더명은 어떤 이름도 상관없지만 변수명을 만들 때와 마찬가지로 영문, 숫자, 밑줄(_)의 조합으로 한다. 공백, 특수문자, 한글은 폴더명에 사용하지 않는 것을 권장한다.

10.3.3 새로운 파일 생성하기

주피터 노트북에서 새 파일을 작성하기 위해 다음의 그림 10-16의 우측 상단에서 New 〉 Python3 를 선택하면 그림 10-17의 주피터 노트북 편집 창이 나타난다.

그림 10-16 새로운 파일 생성

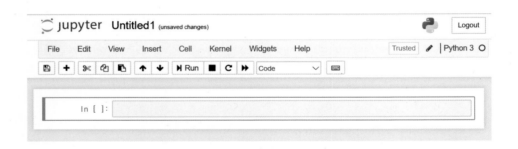

그림 10-17 주피터 노트북의 프로그램 편집 창

TIP

주피터 노트북의 프로그램 편집/실행/출력

주피터 노트북으로 프로그래밍 작업을 할 때 프로그램 소스 편집, 프로그램 실행, 결과 출력 등은 모두 그림 10-17의 편집 창에서 이루어진다.

10.3.4 프로그램 작성과 실행하기

프로그램을 작성하고 실행해보기 위해 앞의 그림 10-17의 주피터 노트북 편집 창에서 다음과 같이 입력해보자.

In[ ]:
```
a = 10
print(a)
```

그림 10-18 프로그램 작성과 실행

위의 그림 10-18에서와 같이 프로그램 작성이 완료되면 Run 버튼을 클릭하거나 단축키 Shift + Enter를 누르면 프로그램의 실행 결과가 화면에 나타난다. 여기서는 print(a)의 결과인 10이 화면에 출력되었다.

> **알아두기**
>
> **주피터 노트북에서 프로그램 실행**
>
> 주피터 노트북에서 작성된 프로그램을 실행할 때에는 단축키 Shift + Enter를 누른다.

주피터 노트북에서는 다음의 그림과 같이 여러 개의 프로그램을 하나의 화면에서 작성해 볼 수 있다는 것이 이 프로그램의 특징이자 장점이다.

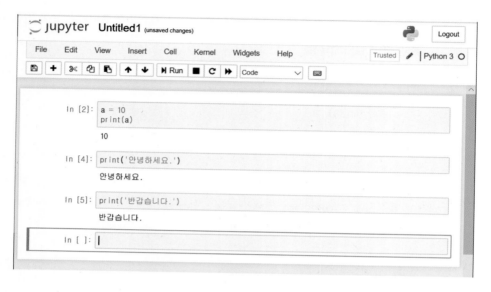

그림 10-19 하나의 화면에서 여러 프로그램 작성 및 실행

그림 10-19에 나타난 것과 같이 편집 창 화면에서 여러 개의 프로그램을 작성하고 실행해 볼 수 있다. 초록색 박스로 표시되는 입력 창에 프로그램 내용을 입력한 다음 Shift + Enter 키를 누르면 바로 그 결과를 볼 수 있게 된다.

또한, 주피터 노트북만이 가지고 있는 가장 큰 특징 중의 하나는 그림 10-19에서와 같이 프로그램을 작성하고 실행한 화면 그대로를 파일로 저장할 수 있다는 것이다.

10.3.5 프로그램 저장하기

다음의 그림 10-20에서와 같이 작업한 내용을 주피터 노트북 파일로 저장해보자. 파일로 저장하는 방법은 메뉴에서 File 〉 Save as 를 선택하면 된다.

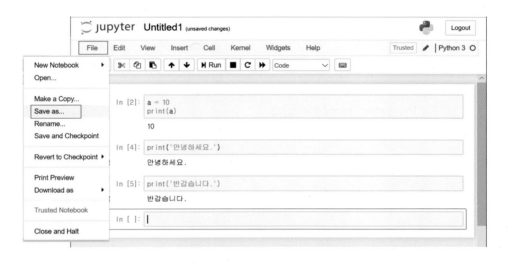

그림 10-20 주피터 노트북에서 작업 내용 저장

그러면, 다음의 그림 10-21과 같이 저장할 파일명을 입력하라는 창이 열린다.

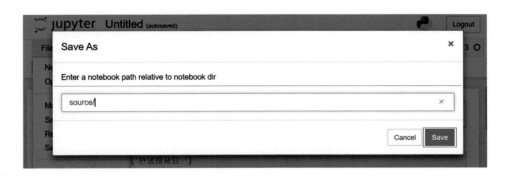

그림 10-21 저장 파일 이름 입력

저장할 파일명에 다음과 같이 입력해보자. 여기서 source는 파일이 저장되는 현재 폴더명을 의미한다.

soure/20200306

※ 저장할 파일명은 폴더명과 마찬가지로 영문, 숫자, 밑줄(_)의 조합으로 한다. 파일명은 '20200306'과 같이 오늘의 날짜로 하거나 프로그램 내용과 관련된 명칭을 사용하는 것이 좋다.

그림 10-22 20200306.ipynb 로 저장

그림 10-22의 상단에 주소를 살펴보면 작업 폴더 source 내에 작성한 프로그램 파일의 확장자가 .ipynb로 저장되어 있음을 알 수 있다. 확장자 .ipynb는 이 확장자를 가진 파일이 주피터 노트북에서 작성된 파이썬 프로그램 파일임을 나타낸다.

TIP

주피터 노트북의 파일 확장자(.ipynb)

주피터 노트북에서 작업 내용을 저장한 파일명의 확장자는 .ipynb가 된다. 이러한 주피터 노트북 파일은 다른 텍스트 에디터에서는 사용할 수 없고 주피터 노트북에서만 사용 가능하다.

주피터 노트북의 구동 방식

그림 10-22의 상단에 'localhost:8888/notebooks/source/20200306.ipynb' 을 잘 살펴보면 이것은 웹 브라우저 주소 창에 있는 URL 주소와 유사하다. 여기서 사용된 localhost는 로컬 컴퓨터의 네트워크 주소를 나타낸다.

주피터 노트북은 웹 브라우저가 동작하는 것과 유사한 원리로 작동한다. 웹 브라우저와 파이썬 쉘을 혼합한 형태를 가지게 된다.

10.3.6 작업 폴더 확인하기

그림 10-21에서 우리가 저장한 파일 20200306.ipynb 파일이 실제로 존재하는 폴더가 어딘지를 알아보자.

먼저 주피터 노트북에서 작업 폴더를 보여주는 다음의 명령을 실행해보자.

In[ ]:
```
%pwd
```

out[ ]:   'C:\\Users\\user\\source'

'%pwd'는 주피터 노트북에서 작업 폴더의 위치를 알려주는 명령어이다. 이와 같이 %로 시작하는 주피터 노트북 명령어는 매직 명령어(Magic Command)라 불린다.

※ 지금 단계에서 주피터 노트북의 매직 명령어는 크게 중요한 부분이 아니기 때문에 이 책에서는 설명을 생략한다.

실행 결과의 폴더 위치를 나타내는 'C:\\Users\\user\\source'에서 역슬래쉬('\')두 개가 사용되었다. 문자열 내에서 역슬래쉬('\')를 사용하려면 지금과 같이 '\\'로 사용하여야 한다.

실제로 파일 탐색기를 이용하여 작업 폴더인 source 폴더를 살펴보면 다음 그림 10-23에서와 같이 20200326.ipynb 파일이 존재하고 있음을 확인할 수 있다.

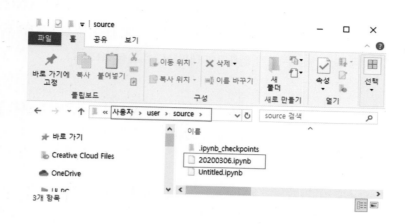

그림 10-23 20200119.ipynb 파일의 위치

※ 그림 10-23에 나타난 'C:\사용자\user\source' 폴더 이전 폴더인 'C:\사용자\user' 폴더는 앞의 10.1절에서 설치한 아나콘다와 주피터 프로그램 파일들이 설치된 폴더라는 것을 기억하기 바란다.

결론적으로 그림 10-20과 10-21에서와 같이 파일(20200306)을 저장하면, 아나콘다 프로그램이 설치된 폴더 내의 작업 폴더, 즉 'C:\사용자\user\source' 내에 20200306.ipynb 란 이름으로 파일이 저장된다.

10.3.7 .ipynb 파일 불러오기

지금까지 주피터 노트북에서 프로그램을 편집, 실행, 저장하는 방법에 대해서 공부하였다. 이번 절에서는 기존의 주피터 노트북 파일(.ipynb)를 불러와서 작업하는 방법에 대해 알아보자.

※ 책에 수록된 모든 예제와 연습문제 정답 파일은 책의 앞 부분에서 설명한 것과 같이 저자가 운영하는 코딩스쿨(http://codingschool.info)의 자료실이나 인포앤북 출판사(http://infonbook.com)의 자료실에서 다운로드 받으면 된다.

다운로드 받은 11장의 예제 소스인 ex11.ipynb를 주피터 노트북에서 불러오는 방법을 익혀보자.

그림 10-24 주피터 노트북 메인 화면에서 파일 불러오기

그림 10-24에서 ❶ Upload 버튼을 누르고 열리는 창에서 업로드할 파일인 ex11.ipynb 파일을 선택한다. 그러면 이 위치에 ❷ ex11.ipynb 파일이 삽입된다.

그리고 나서 ❸ Upload 버튼을 클릭하면, 다음 그림 10-25에서와 같이 주피터 노트북 화면에 ex11.ipynb 파일이 나타난다.

그림 10-25 example_11.ipynb 파일 존재 확인

그림 10-25에서와 같이 파일 목록에 있는 ex11.ipynb 파일을 누르면 다음 그림 10-26 와 같은 화면이 나타난다. 앞서 주피터 노트북의 장점으로 언급했듯이 프로그램 소스와 실행 결과가 함께 저장되어 있는 것을 확인할 수 있다.

그림 10-26 주피터 노트북에서 불러온 ex11.ipynb 파일

위의 그림에서와 같이 주피터 노트북의 편집 창에 ex11.ipynb 파일이 나타나면, 이 화면 에서 프로그램을 실행해보고 원하는대로 재편집할 수도 있을 것이다.

지금까지 10장을 통하여 설치하고 배운 주피터 노트북 프로그램은 책의 11장~14장에 수록된 예제와 연습문제를 실습하는 데 사용될 것이다.

1. 기본적인 파이썬 데이터 분석과 시각화 패키지를 보유하고 있으며, 프로그램을 설치하면 주피터 노트북이 동시에 설치되는 프로그램은?

　　가. 비주얼 스튜디오　　　나. 파이참　　　다. 아나콘다　　　라. IDLE 에디터

2. 파이썬에서 데이터 분석과 시각화 프로그램을 개발하는 데 특화된 개발 툴은?

　　가. 주피터 노트북　　　나. IDLE 프로그램　　　다. 파이참　　　라. 서브라임 텍스트

3. 주피터 노트북에서 소스 프로그램을 실행하는 데 사용하는 단축 키는?

　　가. F1　　　나. F5　　　다. Shift + F5　　　라. Shift + Enter

4. 주피터 노트북에서 작업 폴더를 확인하는 데 사용되는 매직 명령어는?

　　가. %cd　　　나. %pwd　　　다. %dir　　　라. %ls

5. 주피터 노트북에서 사용하는 파일 확장자는?

　　가. .py　　　나. .ipynb　　　다. .python　　　라. .csv

Chapter 11

데이터 분석 기초

파이썬은 요즘 사회에서 화두가 되고 있는 인공지능 분야의 소프트웨어를 개발하는 데 많이 사용된다. 이번 장에서는 인공지능의 기초가 되는 데이터 분석의 기초 이론과 프로그래밍을 배운다. 공공 데이터의 기본 포맷인 CSV 파일을 읽어 데이터를 처리하고 다시 CSV 파일로 저장하는 방법을 익힌다. 그리고 실생활 활용 예제로서 전국 약국 데이터를 분석하고 제주도의 제주, 성산, 고산, 서귀포 지역의 기상 데이터를 분석하는 방법을 배운다.

11.1 공공 데이터 가져오기

최근 행정안전부, 통계청, 기상청, 서울시, 경기도, 도로교통공단 등의 단체와 기관에서는 관련 공공 데이터를 일반인에게 무료로 개방하여 자유롭게 이용할 수 있도록 하고 있다. 이러한 공공 데이터는 파이썬으로 데이터 분석을 공부하는 데 좋은 자료가 된다.

공공 데이터를 제공하는 주요 웹 사이트들의 URL 주소, 정보제공 기관, 그리고 제공하는 정보의 종류에 대해 알아보자.

■ 공공 데이터 포털(http://data.go.kr, 행정안전부)

> 국가 행정에 관련된 교육, 사회복지, 문화관광, 건축, 교통사고, 국민건강, 상권정보, 수산, 실시간 수도, 농수축산 가격, 등산로, 부동산 종합, 통합재정, 지방행정, 부동산 거래, 식의약품 종합, 지방 재정, 법령 등의 정보 제공

■ 기상자료 개방포털(http://data.kma.go.kr, 기상청)

> 전국의 기상관측(기온, 강수, 바람, 기압, 습도, 눈, 구름 등), 기상위성, 기후변화(온실가스, 반응가스, 오존량, 자외선 등), 레이더 관측, 기상예보(동네예보, 기상정보, 태풍예보) 등의 정보 제공

■ 국가통계포털(http://kosis.kr, 통계청)

(1) 국내 통계

> 국내의 인구·가구, 고용·임금, 물가·가계, 보건·복지, 사회, 교육·문화, 과학·환경, 농림어업, 광공업·에너지, 건설·주택·토지, 교통·정보통신, 도소매·서비스, 경기·기업경영, 국민계정·지역계정, 재정·금융, 무역·국제수지 등의 각종 통계 정보 제공

(2) 국제·북한 통계

> – 국제 통계 : 영토, 인구, 고용, 노동, 임금, 물가, 가계, 보건, 복지, 교통, 무역, 국제수지, 교육 등의 정보 제공
> – 북한 통계 : 인구, 남북 교류, 보건, 교육, 농림수산업, 환경 등의 정보 제공

■ 고속도로 데이터포털(http://data.ex.col.kr, 한국도로공사)

> 전국의 교통(교통량, 통행시간, 교통량통계 등), 건설, 유지관리, 휴게소(휴게소별 상품 판매량, LPG 휴게소 현황, 휴게소별 화장실 현황 등), 통행료(하이패스 운영현황, 하이패스 이용률, 고속도로 무인수납 영업소 현황, 통행요금조회 등) 등의 정보 제공

■ 서울 열린데이터 광장(http://data.seoul.go.kr, 서울시)

> 서울시의 보건, 문화관광, 행정, 산업 환경, 교통, 복지, 교육, 주택, 건설, 유동 인구, CCTV 등 서울관련 정보와 체류인원, 일일생활인구, 주야간 생활인구 등의 통계정보 제공

위의 사이트 외에도 경기데이터드림, 부산공공데이터, 성남공공데이터 등 도나 시에서 해당 지역의 다양한 분야의 정보를 제공해주고 있으며, 영화진흥위원회에서는 홈페이지를 통해 영화와 영화 제작에 관련된 데이터를 제공하고 있다. 그리고 네이버, 다음, 구글 등의 포털 사이트에서 키워드 검색을 통해 각종 단체와 기관에서 제공하는 정보를 쉽게 다운로드 받아 사용할 수 있다.

11.2 | CSV 파일 다루기

앞 절에서 설명한 공공 데이터를 제공하는 웹 사이트에서는 기본적으로 데이터를 CSV 파일로 제공하는 경우가 많다. 이번 절에서는 CSV 파일의 읽기, 데이터 출력하기, CSV 파일 쓰기 등에 대해 공부해보자.

11.2.1 CSV 파일이란?

CSV는 'Comma-Separated Values'의 약어로서 말 그대로 각각의 데이터가 콤마(,)로 구분되어 있는 텍스트 파일을 말한다.

기상청 사이트에서 다운로드 받은 기온 데이터 파일인 month_temp.csv 파일을 IDLE 에디터, 주피터 노트북, 메모장 등의 프로그램을 이용하여 열어 보면 다음과 같은 내용을 볼 수 있다.

month_temp.csv

```
지점,일시,평균기온(°C),최저기온(°C),최고기온(°C)
119,2019-10-01,22,15.7,27.4
119,2019-10-02,21.9,20.4,23.8
119,2019-10-03,22.8,19.9,27.8
119,2019-10-04,21.9,17.8,26.9
119,2019-10-05,18.9,15.7,22
119,2019-10-06,18,14,22
119,2019-10-07,14.8,13.4,17.9
...
119,2019-10-29,12.6,8.2,18.1
119,2019-10-30,10.3,3.3,17.1
119,2019-10-31,14.1,7.3,20.4
```

11.2.2 CSV 파일 읽기

앞의 기온 데이터를 저장한 month_temp.csv 파일을 읽어서 내용를 출력하는 프로그램을 작성해보자.

예제 11-1. CSV 파일 읽기	ex11.ipynb

```
01    import csv
02
03    f = open('month_temp.csv', 'r', encoding='utf-8')
04    lines = csv.reader(f)
05    for line in lines:
06        print(line)
07    f.close()
```

¤ 실행 결과

```
['지점', '일시', '평균기온(°C)', '최저기온(°C)', '최고기온(°C)']
['119', '2019-10-01', '22', '15.7', '27.4']
['119', '2019-10-02', '21.9', '20.4', '23.8']
['119', '2019-10-03', '22.8', '19.9', '27.8']
...
['119', '2019-10-30', '10.3', '3.3', '17.1']
['119', '2019-10-31', '14.1', '7.3', '20.4']
```

※ month_temp.csv 파일은 프로그램 소스인 ex11.ipynb 파일이 존재하는 폴더와 동일한 폴더 내에 있어야 한다.

3행 open() 함수를 이용하여 'month_temp.csv' 파일을 읽기 모드 'r'로 열어 파일 객체 f에 저장한다.

4행 csv.reader() 메소드로 파일 객체 f를 읽어 객체 lines에 저장한다.

5행,6행 lines는 Iterator(반복 가능한 형식의 객체)이기 때문에 for문을 이용하여 lines에서 데이터를 한 줄씩 읽을 수 있다. print(line)은 line의 내용을 실행 결과에서와 같이 화면에 출력한다. 여기서 line의 형(Type)은 리스트이다.

7행 f.close() 메소드를 이용하여 파일 객체 f를 닫는다.

Iterator 객체란?

Iterator 객체는 리스트, 튜플, 딕셔너리, 세트 등의 반복 가능한(Iterable) 객체를
의미한다.

```
mytuple = ('사과', '오렌지', '바나나')

for x in mytuple:
    print(x)
```

☐ 실행 결과
```
사과
오렌지
바나나
```

위와 같은 형태로 for문의 반복 루프에서 사용 가능한 객체를 Iterator라 한다. 달
리 말하면 'for ... in ... :' 구문을 사용할 때, in 다음에는 반드시 반복 가능한, 즉,
Iterable 객체가 와야한다.

이번에는 앞의 예제 11-1에서 사용한 month_temp.csv 파일을 읽어서 전체 데이터를
한 줄에 하나씩 출력하는 프로그램을 작성해보자.

예제 11-2. CSV 파일 데이터 하나씩 출력하기   ex11.ipynb

```
01    import csv
02
03    f = open('month_temp.csv', 'r', encoding='utf-8')
04    lines = csv.reader(f)
05    for line in lines:
06        for x in range(len(line)):
07            print(line[x])
08    f.close()
```

지점
일시
평균기온(°C)
최저기온(°C)
최고기온(°C)
119
2019-10-01
22
...

5행~7행 이중 for 루프를 이용하면 이와 같이 각각의 데이터에 접근해서 화면을 출력할 수 있다.

11.2.3 특정 일자 데이터 출력

이번 예제에서는 month_temp.csv 파일에서 특정 일자(10월20일)의 기온 데이터를 출력하는 방법에 대해서 알아보자.

예제 11-3. 특정 일자 기온 데이터 출력하기   ex11.ipynb

```
01    import csv
02
03    f = open('month_temp.csv', 'r', encoding='utf-8')
04    lines = csv.reader(f)
05    for line in lines:
06        if '2019-10-20' in line:
07            print(line)
08    f.close()
```

¤ 실행 결과

['119', '2019-10-20', '15.1', '10.8', '21.7']

6행 if문을 사용하여 line에 문자열 '2019-10-20'이 존재하는지를 체크한다.

7행 6행의 if문이 참이면 7행을 실행하여 line을 출력한다. 이 때 line의 데이터 형은 리스트가 된다.

2차원 리스트에서 특정 문자열 추출

앞의 예제 11-3의 '2019-10-20' 대신에 '10-20'을 사용하려면 5~7행은 다음과 같은 문장으로 변경되어야 한다.

```
for line in lines:
    if line[1][5:] == '10-20':
        print(line)
```

11.2.4 데이터 헤더 추출

month_temp.csv 파일의 첫 번째 행에는 데이터의 제목을 나타내는 '지점,일시,평균기온
(°C),최저기온(°C),최고기온(°C)'의 헤더가 들어가 있다.

이 헤더는 문자열로 구성되어 있기 때문에 다른 숫자 데이터와 같이 처리하면 프로그램
상에서 오류가 발생할 수 있다. 따라서 이 헤더는 본격적인 데이터 처리에 앞서 먼저 처
리해 주어야 한다.

다음 예제를 통하여 CSV 파일의 헤더를 추출하는 방법에 대해 알아보자.

예제 11-4. CSV 파일의 헤더 추출	ex11.ipynb

```
01   import csv
02
03   f = open('month_temp.csv', 'r', encoding='utf-8')
04   lines = csv.reader(f)
05   header = next(lines)
06
07   print(header)
08
09   f.close()
```

¤ 실행 결과
  ['지점', '일시', '평균기온(°C)', '최저기온(°C)', '최고기온(°C)']

5행 next() 함수를 이용하여 첫 번째 행에 저장된 데이터, 즉, 기온 데이터의 헤더를 가
져와 header에 저장한다.

7행 실행 결과에 첫 번째 줄에 나타난 것과 같이 header는 month_temp.csv 파일의
제목이 리스트 형의 데이터, 즉 ['지점', '일시', '평균기온(°C)', '최저기온(°C)', '최고기온
(°C)']임을 알 수 있다.

next() 함수

next() 함수는 반복 가능 객체인 Iterator의 다음 요소를 가져온다. 다음의 next() 함수의 사용 예를 살펴보자.

```
mylist = iter(['사과', '오렌지', '바나나', '배', '포도'])

x = next(mylist)
print(x)
next(mylist)
next(mylist)
x = next(mylist)
print(x)
```

¤ 실행 결과
```
사과
오렌지
바나나
```

위에서 iter() 함수는 반복 가능한 객체를 Iterator 객체로 만든다. 이렇게 함으로써 next() 함수를 이용하여 Iterator 객체의 요소를 하나씩 읽어올 수 있게 된다.

11.2.5 일교차 구하기

이번에는 month_temp.csv를 읽어 각각의 일자의 일교차를 구하는 프로그램을 작성해 보자.

※ 일교차 = 최고기온 - 최저기온

예제 11-5. CSV 일교차 구하기   ex11.ipynb

```
01    import csv
02
03    f = open('month_temp.csv', 'r', encoding='utf-8')
04    lines = csv.reader(f)
05
06    print('%s %s %s %s' % ('일자', '최저기온', '최고기온', '일교차'))
07
08    next(lines)              # 헤더를 건너뛴다.
09    for line in lines:
10        diff = float(line[4]) - float(line[3])
11        print('%s %.1f %.1f %.1f' % (line[1], float(line[3]), float(line[4]),
diff))
12
13    f.close()
```

¤ 실행 결과

```
일자 최저기온 최고기온 일교차
2019-10-01 15.7 27.4 11.7
2019-10-02 20.4 23.8 3.4
2019-10-03 19.9 27.8 7.9
      ...
```

6행 실행 결과의 첫 번째 줄에 나타난 것과 같이 제목을 출력한다.

8행 next() 함수를 이용하여 제목 행을 건너 뛴다. 만약 이 행이 생략되면 문자열로 된 제목들이 9행~11행에서 읽혀지게 되고 그렇게 되면 10행의 연산 부분에서 오류가 발생한다.

10행 최고 기온(line[4])에서 최저 기온(line[3])을 빼서 일교차 diff를 구한다.

11.2.6 CSV 파일 쓰기

앞에서는 month_temp.csv 파일을 읽어 일교차를 구해서 화면에 출력해 보았다. 이번 절에서는 일교차를 구해 새롭게 구성된 데이터를 CSV 파일에 저장하는 방법에 대해 알아보자.

다음 예제에서는 예제 11-5와 같은 방식으로 일교차를 구한 다음 그 데이터를 month_temp2.csv 파일에 저장하게 된다.

예제 11-6. CSV 파일 쓰기   ex11.ipynb

```
01    import csv
02
03    file1 = open('month_temp.csv', 'r', encoding='utf-8')
04    file2 = open('month_temp2.csv', 'w', encoding='utf-8', newline='')
05    lines = csv.reader(file1)
06    wr = csv.writer(file2)
07
08    wr.writerow(['일자', '최저기온', '최고기온', '일교차'])
09    next(lines)
10    for line in lines:
11        diff = float(line[4]) – float(line[3])
12        diff = format(diff, '.1f')
13        wr.writerow([line[1], float(line[3]), float(line[4]), diff])
14
15    print('파일 쓰기 완료!')
16    file1.close()
17    file2.close()
```

¤ 실행 결과

파일 쓰기 완료!

4행 month_temp2.csv 파일을 쓰기 모드로 열어 파일 객체 file2를 생성한다. newline=''은 파일을 쓸 때 행의 끝에 빈 줄을 삽입하지 말라는 옵션이다. 만약 이 옵션이 생략되면 생성된 CSV 파일의 각 행에 빈 행이 추가된다.

6행 csv.writer() 메소드를 이용하여 writer 객체인 wr을 생성한다. 이렇게 함으로써 13행에서와 같이 wr.writerow() 메소드를 이용하여 데이터를 한 행씩 wr 객체에 추가할 수 있다.

8행 wr.writerow() 메소드를 이용하여 wr 객체에 CSV 파일의 헤더가 되는 제목 행을 추가한다. wr.writerow() 메소드의 인자는 리스트 형의 데이터라는 것에 유의하기 바란다.

9행 lines 객체에서 헤더 부분은 건너 뛴다. 이렇게 함으로써 10행~13행의 for 루프에서 CSV 파일의 헤더는 제외된다

11행 일교차 diff를 구한다.

12행 format() 함수를 이용하여 변수 diff를 소수점 이하 1자리까지만 표시한다.

13행 wr.writerow() 메소드로 일자, 최저기온, 최고기온, 일교차에 해당되는 리스트 형의 데이터를 한 행씩 파일에 추가한다.

예제 11-6을 실행함으로써 생성된 month_temp2.csv 파일을 텍스트 에디터로 열어보면 다음과 같은 내용을 확인할 수 있다.

month_temp2.csv

```
일자,최저기온,최고기온,일교차
2019-10-01,15.7,27.4,11.7
2019-10-02,20.4,23.8,3.4
2019-10-03,19.9,27.8,7.9
2019-10-04,17.8,26.9,9.1
2019-10-05,15.7,22.0,6.3
...
```

코딩 연습 : 데이터 사이에 '/' 삽입하기

다음은 예제 11-1의 month_temp.csv 파일을 읽어서 데이터 사이에 '/'를 삽입하여
출력하는 프로그램이다. 밑줄 친 부분을 채우시오.

◎ 실행 결과

지점/일시/평균기온(°C)/최저기온(°C)/최고기온(°C)/
119/2019-10-01/22/15.7/27.4/
119/2019-10-02/21.9/20.4/23.8/
119/2019-10-03/22.8/19.9/27.8/
119/2019-10-04/21.9/17.8/26.9/
...

```
import csv

f = open('month_temp.csv', ❶_____, encoding='utf-8')
lines = csv.reader(f)
for line in lines:
    for ❷_____ in line:
        print('%s' % x, ❸_____)
    print()
f.close()
```

※ 정답은 354쪽에 있어요.

코딩 연습 : 10일간 평균 기온 구하기

다음은 month_temp.csv 파일에서 10월1일~10일까지 10일간의 평균 기온을 출력하는 프로그램이다. 밑줄 친 부분을 채우시오.

◎ 실행 결과
　10일간 평균 기온 : 18.3

```
import csv

f = open('month_temp.csv', 'r', encoding='utf-8')
lines = csv.reader(f)

next(lines)          # 헤더를 건너뛴다.

sum = 0
for line in lines:
    if (int(❶_____ ) <= 10) :
        sum += float(❷_____)

avg = ❸_____/10
print('10일간 평균 기온 : %.1f' % ❹_____)

f.close()
```

※ 정답은 354쪽에 있어요.

11.3 전국 약국 데이터 분석

이번 절에서는 전국 약국의 약국명, 지역, 주소, 약국 개설일자, 경도/위도의 위치 정보를 저장한 CSV 파일을 분석해보자. CSV 파일을 읽어들여 약국 개설 현황, 특정 약국 상호 검색, 약국의 위치(경도/위도) 찾기, 최근 1개월간 개설된 약국 목록 등의 정보를 알아보는 방법을 공부해보자.

11.3.1 약국 데이터 구조 살펴보기

실습에 사용할 약국 데이터 파일은 건강보험 심사평가원에서 제공한 데이터(2019년 9월 기준)를 실습의 편의를 위해 약간 가공하였다.

먼저 약국 데이터 파일인 pharm_2019.csv 파일을 텍스트 에디터로 열어보자. 파일 안에는 약국명, 지역, 주소, 개설일자, 경도, 위도의 6개의 열 제목과 전체 22,430 건의 데이터가 저장되어 있다.

pharm_2019.csv

```
약국명,지역,주소,개설일자,경도,위도
영미약국,용인처인구,경기도 용인시 처인구 금령로 73 (김량장동),20130701,127.2043559,37.2352302
파랑새약국,인천미추홀구,인천광역시 미추홀구 장천로112번길 3 (숭의동),20130701,126.6565669,37.4629140
새봄약국,용인기흥구,경기도 용인시 기흥구 서천로 121 원희캐슬 110호 (서천동),20130701,127.0727467,37.2371531
헬스팜약국,의정부시,경기도 의정부시 태평로 110 1층 (의정부동),20170710,127.0518480,37.7423707
...
```

코딩연습 정답	Q11-1	❶ 'r' ❷ x ❸ end='/'
	Q11-2	❶ line[1][8:] ❷ line[2] ❸ sum ❹ avg

11.3.2 특정 약국의 주소 찾기

다음은 pharm_2019.csv 파일에서 '경주시'의 '신대원약국'을 검색하여 약국의 주소를
출력해보자.

예제 11-7. '경주시'의 '신대원약국' 주소 출력   ex11.ipynb

```
01    import csv
02
03    f = open('pharm_2019.csv', 'r', encoding='utf-8')
04    lines = csv.reader(f)
05
06    header = next(lines)
07
08    for line in lines:
09        if line[1] == '경주시' and line[0] == '신대원약국':
10            print(line[0], line[1], line[2], sep='/')
11
12    f.close()
```

¤ 실행 결과

신대원약국/경주시/경상북도 경주시 화랑로 53 (성건동)

3,4행 pharm_2019.csv 파일을 열어 csv.reader() 메소드로 데이터를 읽어들여
lines에 저장한다.

6행 next() 함수를 이용하여 첫 번째 행에 저장된 데이터의 헤더를 가져와 header에
저장한다.

8행 for문을 이용하여 lines의 전체 데이터에 대해 한 행씩 반복 처리한다.

9,10행 line[1]은 지역, line[0]는 약국명의 열 제목을 의미한다. 만약 line[1]이 '경주
시'의 값을 갖고, 동시에 line[0]가 '신대원약국'의 값이면, 해당 행의 약국명(line[0]), 지
역(line[1]), 주소(line[2])를 출력한다.

11.3.3 특정 지역 건물의 약국 찾기

이번에는 경기도 용인시 수지구에 있는 '로얄스포츠' 건물에 입점해 있는 약국의 주소와 개설일자를 검색하는 방법을 알아보자.

예제 11-8. '수지'의 '로얄스포츠' 건물의 약국   ex11.ipynb

```
01    import csv
02
03    f = open('pharm_2019.csv', 'r', encoding='utf-8')
04    lines = csv.reader(f)
05
06    header = next(lines)
07
08    for line in lines:
09        if ('수지' in line[2]) and ('로얄스포츠' in line[2]):
10            print(line[2], line[0], line[3], sep='/')
11
12    f.close()
```

¤ 실행 결과

경기도 용인시 수지구 풍덕천로 119 118호 (풍덕천동, 로얄스포츠센터)/희망약국/20170216
경기도 용인시 수지구 풍덕천로 119 119호 (풍덕천동, 로얄스포츠센터)/로얄약국/20170717
경기도 용인시 수지구 풍덕천로 119 305호 (풍덕천동, 로얄스포츠센터)/이화옵티마약국/20170314
경기도 용인시 수지구 풍덕천로 119 208호 (풍덕천동, 로얄스포츠센터)/수지윤약국/20170103

CSV 파일의 주소를 보면 다음과 같이 특정 지역을 의미하는 단어와 건물이 포함된다.

경기도 수원시 영통구 영통로214번길 9 304호 (영통동, 서린프라자)

9행 주소 열을 의미하는 line[2]에 문자열 '수지'와 '로얄스포츠'가 포함되어 있는지를 체크한다.

10행 9행의 조건식이 참이 되는 행에 대해 주소(line[2]), 약국명(line[0]), 개설일자(line[3])를 출력한다.

11.3.4 최근 5년 이내 개설 약국 수

원주시에 개업 중인 총 약국 수와 최근 5년 이내(2019년9월1일 기준) 개설한 약국 수를 구하려면 어떻게 하여야 할까? 다음의 프로그램을 살펴보자.

예제 11-9. 최근 5년 이내 개설된 약국 수   ex11.ipynb

```
01    import csv
02    f = open('pharm_2019.csv', 'r', encoding='utf-8')
03    lines = csv.reader(f)
04
05    header = next(lines)
06
07    city = '원주시'
08    count = 0
09    recent = 0
10    for line in lines:
11        if line[1] == city :
12            count += 1
13        if int(line[3]) > 20140901 :
14            recent += 1
15
16    print('%s의 약국 수 : %d개' % (city, count))
17    print('5년 이내 개설된 약국 수 : %d개' % recent)
```

¤ 실행 결과

원주시의 약국 수 : 156개
5년 이내 개설된 약국 수 : 55개

8,9행 해당 지역의 개업 약국 수를 나타내는 변수 total과 최근 개설 약국 수를 의미하는 변수 recent를 0으로 초기화한다.

11,12행 지역을 나타내는 line[1]이 '원주시'인 경우에는 변수 count를 1씩 증가시킨다. 반복 루프가 종료되면 total에는 '원주시'의 총 약국의 수가 저장된다.

13,14행 개업일자 int(line[3])가 20140901보다 크면, 즉 개설일자가 5년 이내 (2019년9월1일 기준)이면 변수 recent를 1씩 증가시킨다. 반복 루프가 종료되면 recent에는 5년 이내에 개설된 약국의 수가 저장된다.

11.3.5 특정 지역 1년간 개설된 약국 목록

경상북도에 개업 중인 약국으로서 2010년 개설한 약국의 지역, 약국명, 위치(경도와 위도)을 추출하는 다음의 예제를 살펴보자.

예제 11-10. 경상북도 2010년에 개설한 약국 목록	ex11.ipynb

```
01    import csv
02
03    f = open('pharm_2019.csv', 'r', encoding='utf-8')
04    lines = csv.reader(f)
05
06    header = next(lines)
07    print('번호', header[1], header[0], header[4], header[5], sep=',')
08
09    number = 1
10    for line in lines:
11        if ('경상북도' in line[2]) and (int(line[3]))>=20100101 and int(line[3])
<= 20101231) :
12            print(number, '.', sep='', end=' ')
13            print(line[1], line[0], line[4], line[5], sep='/')
14            number += 1
15
16    f.close()
```

번호,지역,약국명,경도,위도
1. 포항북구/영천온누리약국/129.3836663/36.0824353
2. 포항북구/늘사랑약국/129.3754548/36.0597963
3. 구미시/형곡비타민약국/128.3398692/36.1143363
...
35. 경산시/백천동방약국/128.7388851/35.8040407
36. 경산시/동방약국/128.7529217/35.8172074

11행 주소를 나타내는 line[2]의 내용에 '경상북도'를 포함하고 개설일자 line[3]가
20100101~20101231 인지를 체크한다.

12~14행 11행의 조건식이 참이면, 해당 행의 지역(line[1]), 약국명(line[0]), 경도
(line[4]), 위도(line[5])를 출력한다.

11.3.6 추출된 약국 목록 정렬하기

경기도 용인시 수지구의 약국 목록을 약국명의 오름차순으로 정렬하는 프로그램을 작성
해보자. 여기서는 CSV 파일에서 읽어들인 파일을 리스트에 저장한 다음 sort() 메소드를
이용하여 데이터를 정렬하게 된다.

| 예제 11-11. 용인 수지구 약국을 가나다순 정렬 | ex11.ipynb |

```
01    f = open('pharm_2019.csv', 'r', encoding='utf-8')
02    lines = csv.reader(f)
03
04    header = next(lines)
05    print('번호', header[0], header[2], sep=',')
06
07    data = []
08
09    for line in lines:
10        if line[1] == '용인수지구' :
11            tmp = '%s/%s' % (line[0], line[2])
12            data.append(tmp)
```

```
13
14      data.sort()
15
16      number = 1
17      for x in data :
18          print('%d. %s' % (number, x))
19          number += 1
20
21      f.close()
```

¤ 실행 결과

번호,약국명,주소
1. 5층우리약국/경기도 용인시 수지구 풍덕천로 149 501호 (풍덕천동, 현대그린프라자)
2. LG(엘지)약국/경기도 용인시 수지구 성복2로 84 105호 (성복동, 엘지빌리지1차상가)
3. 가람약국/경기도 용인시 수지구 만현로 88 (상현동, 상현종합상가201-2호)
4. 광교 기분좋은 약국/경기도 용인시 수지구 광교마을로 54 에스비타운 110호 (상현동)
5. 광교수약국/경기도 용인시 수지구 광교중앙로 320 (상현동)
...
113. 현진약국/경기도 용인시 수지구 만현로 92 116호 (상현동, 아이티프라자)
114. 호수약국/경기도 용인시 수지구 대지로 39 (죽전동, 양지프라자 104호)
115. 희망약국/경기도 용인시 수지구 풍덕천로 119 118호 (풍덕천동, 로얄스포츠센터)

7행 리스트 data에 빈 리스트 []를 저장한다.

10행 지역을 의미하는 line[1]의 값이 '용인수지구'인지를 체크한다.

11행 문자열 tmp에 약국명과 주소 정보를 '###/### ### ###'의 형태로 저장한다.

12행 리스트의 append() 메소드를 이용하여 문자열 tmp을 리스트에 추가한다. 반복 루프가 종료되면 리스트 data에 해당 행의 문자열 데이터가 모두 저장된다.

14행 data.sort()는 리스트 data의 요소를 오름차순으로 정렬한다.

17~19행 리스트에 있는 데이터를 실행결과에서와 같이 출력한다.

제주도 기상 데이터 분석

이번 절에서 사용하는 제주도 기상 데이터는 제주, 고산, 성산, 서귀포의 네 지역에서 관측된 자료로서, 2019년 1월 1일에서 12월 31일까지 각 지역의 일별 최저기온, 최고기온, 강수량, 상대 습도 등을 포함한다.

11.4.1 기상 데이터 구조 살펴보기

먼저 기상청에서 다운로드 받은 제주도 기상 데이터 CSV 파일(파일명:jeju_2019.csv)을 텍스트 에디터로 열어서 데이터의 구조를 살펴보자.

jeju_2019.csv

```
지점,지점명,일시,최저기온(°C),최고기온(°C),일강수량(mm),평균 상대습도(%)
184,제주,2019-01-01,4.8,7,0,61.1
184,제주,2019-01-02,4.5,6.1,,60.9
...
185,고산,2019-01-01,4.4,6.2,0,64.8
185,고산,2019-01-02,4.3,6.4,0,64.8
...
188,성산,2019-01-01,3.6,6.1,.2,61.3
188,성산,2019-01-02,2.4,6.7,,59.5
...
189,서귀포,2019-01-01,3.8,7,,62.1
189,서귀포,2019-01-02,3.6,8.4,,63.6
...
```

CSV 파일 내 전체 데이터 행의 수는 1460 줄이다. 그리고 파일 내용을 살펴보면 이 기상 데이터가 제주도의 제주, 고산, 성산, 서귀포 지역에서 기상 데이터를 관측하고 있음을 알수 있다. 참고로 제주, 고산, 성산, 서귀포 지역은 각각 제주도의 북쪽, 서쪽, 동쪽, 남쪽에 위치해 있다.

기상 데이터의 각 행은 지점, 지점명, 일시, 최저기온, 최고기온, 일강수량, 평균 상대습도 등으로 구성되어 있다.

11.4.2 서귀포시 1월 최저기온 평균은?

먼저 jeju_2019.csv 파일을 열어 서귀포시의 1월달의 지점, 일시, 최저기온 데이터를 출력해보자.

예제 11-12. 서귀포 최저기온 출력	ex11.ipynb

```
01    import csv
02
03    f = open('jeju_2019.csv', 'r', encoding='utf-8')
04    lines = csv.reader(f)
05
06    header = next(lines)
07    print(header[1], header[2], header[3])
08
09    for line in lines:
10        if line[1] == '서귀포' and line[2][5:7] == '01':
11            print(line[1], line[2], line[3])
12
13    f.close()
```

¤ 실행 결과

```
지점명 일시 최저기온(°C)
서귀포 2019-01-01 3.8
서귀포 2019-01-02 3.6
서귀포 2019-01-03 2.6
...
서귀포 2019-01-31 4.7
```

7행 헤더에서 추출된 데이터 중에서 '지점명', '일시', '최저기온(°C)'을 출력한다.

10,11행 지점명을 의미하는 line[1]이 '서귀포'이고 월이 1월인 경우에 행의 데이터를 출력한다. line[2]는 일시를 의미하는 데이터이기 때문에 line[2][5:7]은 일시에서 월의 위치에 있는 데이터, 즉 '01' ~ '12'에 해당되는 데이터를 나타낸다.

이번에는 한 단계 더 나아가서 서귀포시의 가장 추운 날과 그 때의 최저기온 데이터를 추출해보자.

예제 11-13. 서귀포시 최저기온 평균   ex11.ipynb

```python
01    import csv
02
03    f = open('jeju_2019.csv', 'r', encoding='utf-8')
04    lines = csv.reader(f)
05
06    header = next(lines)
07
08    month = 1    # 기준 월
09    sum = 0
10    num_day = 0
11
12    for line in lines:
13        if line[1] == '서귀포' and int(line[2][5:7]) == month :
14            sum += float(line[3])
15            num_day += 1
16
17    avg = sum/num_day
18
19    print('%d월 일수 : %d' % (month, num_day))
20    print('%d월 최저기온 평균 : %.1f' % (month, avg))
21
22    f.close()
```

¤ 실행 결과

    1월 일수 : 31
    1월 최저기온 평균 : 4.6

12~15행 line[1], 즉 지점명이 '서귀포'이고 기준 월이 1인 경우에 전체 최저기온을 합산하여 변수 sum에 저장한다. 변수 num_day는 1월의 일 수를 의미한다.

17행 1월달 최저기온의 합계 sum을 1월의 일수 num_day로 나누어 최저기온 평균을 구한다.

19,20행 1월의 일수와 최저기온 평균 값을 출력한다.

11.4.3 8월 최고기온이 가장 높은 지역은?

제주도에서 8월 중 최고기온이 가장 높은 지역을 알아보기 위해 제주도 지역별 8월 중의 최고 기온을 구해보자.

예제 11-14. 지역별 8월 중 최고기온

ex11.ipynb

```
01    import csv
02
03    f = open('jeju_2019.csv', 'r', encoding='utf-8')
04    lines = csv.reader(f)
05
06    header = next(lines)
07
08    month = 8    # 기준 월
09
10    max_jeju = -1000
11    max_sungsan = -1000
12    max_gosan = -1000
13    max_suguipo = -1000
14
15    for line in lines:
16        if line[1] == '제주' and int(line[2][5:7]) == month :
17            if float(line[4]) > max_jeju :
18                max_jeju = float(line[4])
19
20        if line[1] == '고산' and int(line[2][5:7]) == month :
21            if float(line[4]) > max_gosan :
22                max_gosan = float(line[4])
23
```

```
24        if line[1] == '성산' and int(line[2][5:7]) == month :
25           if float(line[4]) 〉 max_sungsan :
26              max_sungsan = float(line[4])
27
28        if line[1] == '서귀포' and int(line[2][5:7]) == month :
29           if float(line[4]) 〉 max_suguipo :
30              max_suguipo = float(line[4])
31
32     print('%d월 제주 최고기온 : %.1f' % (month, max_jeju))
33     print('%d월 고산 최고기온 : %.1f' % (month, max_gosan))
34     print('%d월 성산 최고기온 : %.1f' % (month, max_sungsan))
35     print('%d월 서귀포 최고기온 : %.1f' % (month, max_suguipo))
36
37     f.close()
```

¤ 실행 결과

    8월 제주 최고기온 : 34.7
    8월 고산 최고기온 : 32.9
    8월 성산 최고기온 : 32.5
    8월 서귀포 최고기온 : 32.2

10~13행 지역별 최고기온의 초기값을 −1000으로 설정한다. 초기값은 −1000과 같이 적당한 값으로 설정하면 된다.

15행 for문을 이용하여 모든 행 데이터에 대해 반복 루프를 수행한다.

16행 if문으로 지역 데이터를 의미하는 line[1]이 '제주'이고 월이 8인지를 체크한다.

17행 16행의 if문 조건식이 참이면, 해당 행의 최고기온 line[4]가 현재의 max_jeju 보다 큰지를 체크한다.

18행 17행의 조건식이 참이면, max_jeju에 line[4]의 실수 값을 저장한다. 이와 같은 방식으로 for 반복 루프가 종료되면 max_jeju에는 '제주' 지역의 최고기온이 저장된다.

20~30행 16~18행에서와 같은 방식으로 '고산', '성산', '서귀포' 지역의 8월의 최고기온 값을 각각 max_gosan, max_sungsan, max_suguipo에 저장한다.

32~35행 앞에서 구한 8월달의 지역별 최고기온을 화면에 출력한다.

11.4.4 가장 비가 많이 오는 월은?

이번에는 제주도에서 가장 비가 많이 오는 월을 알아보자. 지역이랑 상관없이 1~12월의 각 월별 강수량 합계를 구한 다음 최대 강수량을 가진 월을 구하면 된다.

예제 11-15. 가장 비가 많이오는 월	ex11.ipynb

```
01    import csv
02
03    f = open('jeju_2019.csv', 'r', encoding='utf-8')
04    lines = csv.reader(f)
05
06    header = next(lines)
07
08    sum_rain = [0, 0, 0, 0, 0, 0, 0, 0, 0, 0, 0, 0]
09
10    for line in lines:
11        if not line[5] :
12            line[5] = 0
13
14        if int(line[2][5:7]) == 1 :    # 1월 이면
15            sum_rain[0] += float(line[5])
16        if int(line[2][5:7]) == 2 :    # 2월 이면
17            sum_rain[1] += float(line[5])
18        if int(line[2][5:7]) == 3 :    # 3월 이면
19            sum_rain[2] += float(line[5])
20        if int(line[2][5:7]) == 4 :    # 4월 이면
21            sum_rain[3] += float(line[5])
22        if int(line[2][5:7]) == 5 :    # 5월 이면
23            sum_rain[4] += float(line[5])
24        if int(line[2][5:7]) == 6 :    # 6월 이면
25            sum_rain[5] += float(line[5])
26        if int(line[2][5:7]) == 7 :    # 7월 이면
27            sum_rain[6] += float(line[5])
28        if int(line[2][5:7]) == 8 :    # 8월 이면
29            sum_rain[7] += float(line[5])
```

```
30      if int(line[2][5:7]) == 9 :    # 9월 이면
31          sum_rain[8] += float(line[5])
32      if int(line[2][5:7]) == 10 :   # 10월 이면
33          sum_rain[9] += float(line[5])
34      if int(line[2][5:7]) == 11 :   # 11월 이면
35          sum_rain[10] += float(line[5])
36      if int(line[2][5:7]) == 12 :   # 12월 이면
37          sum_rain[11] += float(line[5])
38
39  max_month_rain = max(sum_rain)
40  max_month = sum_rain.index(max_month_rain) + 1
41
42   print('(1) 최대 강수 월과 강수량 : %d월, %.1f mm\n' % (max_month,
max_month_rain))
43   print('(2) 월별 강수량')
44
45   for i in range(1, 13) :
46       print('%d월 : %.1f mm' % (i, sum_rain[i-1]))
47
48   f.close()
```

¤ 실행 결과

(1) 최대 강수 월과 강수량 : 9월, 2018.9 mm

(2) 월별 강수량
1월 : 79.5 mm
2월 : 187.1 mm
3월 : 299.8 mm
4월 : 296.0 mm
5월 : 789.4 mm
6월 : 678.0 mm
7월 : 1670.0 mm
8월 : 1258.5 mm
9월 : 2018.9 mm
10월 : 700.3 mm
11월 : 111.1 mm
12월 : 320.6 mm

8행 월별 강수량의 합계를 나타내는 리스트 sum_rain을 0으로 초기화한다.

11,12행 강수량 데이터가 누락된 경우, 즉 데이터 값이 없는 경우에는 해당 요소 line[5]에 0을 저장한다. 이와 같이 관측된 데이터의 값이 없는 경우가 발생하는 경우가 종종 있다.

※ 이렇게 초기화하지 않으면 15행, 17행, 19행... 등의 float(line[5])은 float('')이 되어 NULL 문자를 실수형으로 변환할 수 없다는 오류가 발생하게 된다.

14~37행 해당 월의 강수량의 합계를 구해 리스트 sum_rain의 해당 요소에 그 값을 누적시킨다.

39행 max(sum_rain)은 리스트 sum_rain의 요소 중에서 가장 큰 값을 구하여 max_month_rain에 저장한다.

max() 함수

max() 함수는 리스트, 튜플 등에 사용되어 최댓값을 가진 요소를 구하는 데 사용된다.

40행 sum_rain.index() 메소드는 리스트의 해당 요소 값을 가진 인덱스를 구하는 데 사용된다. 리스트의 인덱스는 0부터 시작하기 때문에 해당 인덱스에 1을 더한 값이 바로 최대 강수량을 가진 월이 되는 것이다.

42행 최대 강수 월 max_month와 그 월의 강수량 총계 max_month_rain을 출력한다.

45,46행 월별 강수량 합계를 나타내는 리스트 sum_rain의 값을 출력한다.

11.4.5 고산 지역의 7월 최저/최고 습도는?

다음의 예는 제주도 고산 지역의 7월달의 일일 최저습도와 최고습도를 구하는 프로그램
이다.

예제 11-16. 고산 지역 7월 최저/최고 습도   ex11.ipynb

```python
01    import csv
02
03    f = open('jeju_2019.csv', 'r', encoding='utf-8')
04    lines = csv.reader(f)
05
06    header = next(lines)
07
08    month = 7    # 기준 월
09    min_humidity = 1000
10    max_humidity = -1000
11
12    for line in lines:
13        if line[1] == '고산' and int(line[2][5:7]) == month :
14            if float(line[6]) < min_humidity :
15                min_humidity = float(line[6])
16
17            if float(line[6]) > max_humidity :
18                max_humidity = float(line[6])
19
20    print('%d월 최저 습도 : %.1f' % (month, min_humidity))
21    print('%d월 최대 습도 : %.1f' % (month, max_humidity))
22
23    f.close()
```

¤ 실행 결과

    7월 최저 습도 : 78.5
    7월 최대 습도 : 100.0

8~10행 기준 월 month, 최저습도 min_humidity, 최대습도 max_humidity를 초기화한다.

13행 지역이 '고산'이고 해당 월이 month(여기서는 7의 값)인지를 체크한다.

14,15행 최저습도 min_humidity를 구한다.

17,18행 최대습도 max_humidity를 구한다.

20,21행 최저습도 min_humidity와 최대습도 max_humidity를 출력한다.

11.4.6 연 강수량이 최대인 지역은?

다음은 제주도의 각 지역별 연 강수량이 최대인 지역을 찾는 프로그램이다. 월과 상관없이 각 지역별 총 강수량을 구하면 쉽게 답을 찾을 수 있다.

예제 11-17. 연 강수량 최대 지역 찾기   ex11.ipynb

```
01    import csv
02
03    f = open('jeju_2019.csv', 'r', encoding='utf-8')
04    lines = csv.reader(f)
05
06    header = next(lines)
07
08    total_rain = [0, 0, 0, 0]
09
10    for line in lines:
11        if not line[5] :
12            line[5] = 0
13
14        if line[1] == '제주' :    # '제주' 지역
15            total_rain[0] += float(line[5])
16
17        if line[1] == '고산' :    # '고산' 지역
18            total_rain[1] += float(line[5])
19
```

```
20      if line[1] == '성산' :      # '성산' 지역
21          total_rain[2] += float(line[5])
22
23      if line[1] == '서귀포' :     # '서귀포' 지역
24          total_rain[3] += float(line[5])
25
26  max_year_rain = max(total_rain)
27
28  if total_rain.index(max_year_rain) == 0 :
29      max_area = '제주'
30  if total_rain.index(max_year_rain) == 1 :
31      max_area = '고산'
32  if total_rain.index(max_year_rain) == 2 :
33      max_area = '성산'
34  if total_rain.index(max_year_rain) == 3 :
35      max_area = '서귀포'
36
37  print('(1) 연 강수 최대 지역: %s\n' % max_area)
38  print('(2) 지역별 강수량')
39  print('제주 : %.1f mm' % total_rain[0])
40  print('고산 : %.1f mm' % total_rain[1])
41  print('성산 : %.1f mm' % total_rain[2])
42  print('서귀포 : %.1f mm' % total_rain[3])
43
44  f.close()
```

¤ 실행 결과

(1) 연 강수 최대 지역: 성산

(2) 지역별 강수량
제주 : 1979.9 mm
고산 : 1560.9 mm
성산 : 2658.1 mm
서귀포 : 2210.3 mm

11,12행 line[5]에 해당되는 데이터 값이 존재하지 않는 경우에는 line[5]에 0을 저장한다.

14~24행 각 지역별 총 강수량을 구해 리스트 total_rain의 해당 요소에 저장한다.

26행 리스트 total_rain에서 최댓값을 찾아 max_year_rain에 저장한다.

28~35행 max_year_rain의 인덱스 값에 따라 강수량 최대지역을 의미하는 변수 max_area에 해당 지역의 이름을 나타내는 문자열을 저장한다.

37행 강수 최대지역 max_area를 출력한다.

38~42행 지역별 총 강수량를 나타내는 리스트 total_rain의 요소들을 출력한다.

■ 다음은 건강보험 심사평가원에서 제공한(2019년 9월 기준) 72,315건의 병원정보를 담은 CSV 파일이다. 물음에 답하시오.(1~5번 문제)

hospital_2019.csv

병원명,종류,지역,주소,전화번호,개설일자,총의사수
가톨릭대학교인천성모병원,상급종합,인천,인천광역시 부평구 동수로 56 (부평동),032-1544-9004,19810806,292
강북삼성병원,상급종합,서울,서울특별시 종로구 새문안로 29 (평동),02-2001-2001,19790324,375
건국대학교병원,상급종합,서울,서울특별시 광진구 능동로 120-1 (화양동),1588-1533,19821116,427
경북대학교병원,상급종합,대구,"대구광역시 중구 동덕로 130 (삼덕동2가, 경북대학교병원)",200-5114,19100907,516
경상대학교병원,상급종합,경남,경상남도 진주시 강남로 79 (칠암동),055-750-8000,19861013,332
...

1. 전남 지역의 치과병원에 대해 치과병원명, 주소, 총 의사수의 목록을 출력하는 프로그램을 작성하시오.

▦ 실행 결과

번호 치과병원명 주소 총의사수
1. 국군함평치과병원/전라남도 함평군 해보면 신해로 1027 ()/3
2. 그랜드치과병원/전라남도 여수시 시청로 48 (학동)/3
3. 모아치과병원/전라남도 여수시 소호로 618 (학동)/8
4. 미르치과병원/전라남도 목포시 백년대로 319 (상동)/17
5. 순천미르치과병원/전라남도 순천시 연향번영길 118 (연향동)/5
6. 신우치과병원/전라남도 무안군 삼향읍 남악3로 50 ()/9
7. 예닮치과병원/전라남도 목포시 비파로 91 91/11

2. 제주도에서 2016~2018년 3년 간 개원한 의원 수를 구하는 프로그램을 작성하시오.

　　▦ 실행 결과

　　　　2016~2018년 3개년간 개원한 제주도의 의원 수 : 104개

3. 경기도 안양의 '청구빌딩'에 있는 병원을 찾고 있다. 그 병원에 대해 병원명, 병원종류, 주소, 전화번호 정보를 출력하는 프로그램을 작성하시오.

　　▦ 실행 결과

　　　　병원명 : 서울 힐링 치과의원
　　　　병원종류 : 치과의원
　　　　주소 : 경기도 안양시 동안구 귀인로 216 (평촌동, 청구빌딩)
　　　　전화번호 : 031-381-2929
　　　　--
　　　　병원명 : 호성한의원
　　　　병원종류 : 한의원
　　　　주소 : 경기도 안양시 동안구 귀인로 216 2층 (평촌동, 청구빌딩)
　　　　전화번호 : 031-384-1075
　　　　--

4. 강원 지역에서 2019년 개원한 한의원에 대해 한의원명, 주소, 총 의사수의 목록을 출력하는 프로그램을 작성하시오.

　　▦ 실행 결과

　　　　번호 한의원명 전화번호 총의사수
　　　　1. 경희 고성한의원/033-681-6260/1
　　　　...
　　　　14. 춘천한방한의원/033-260-7000/1
　　　　15. 팔팔한의원/033-264-1588/1

5. 부산의 병원명에 '삼성'이 들어가는 병원에 대해 총 병원수와 병원명, 종류, 주소, 개설일자의 목록을 출력하는 프로그램을 작성하시오.

⊞ 실행 결과

번호 병원명 종류 주소 개설일자
1. 덕천삼성정형외과의원/의원/부산광역시 북구 만덕대로 58 3층 (덕천동)/20170427

...
35. 삼성한의원/한의원/부산광역시 서구 구덕로 102-1 (충무동1가)/20080605
36. 삼성한의원/한의원/부산광역시 기장군 기장읍 차성동로 93 2층/20190503

Chapter 12

데이터 시각화

파이썬의 Matplotlib 라이브러리는 데이터 시각화의 가장 기본이 되는 패키지이다. 이번 장에서는 Matplotlib을 이용하여 선 그래프, 막대 그래프, 산포 그래프, 파이 그래프를 그리는 방법을 익힌다. 또한 이러한 그래프들의 제목, X축과 Y축 설정, 그래프 색상, 범례 등의 옵션을 설정하는 방법도 배우게 된다. 그리고 하나의 화면에 다수의 그래프를 그릴 수 있게 해주는 subplots() 메소드의 활용법에 대해서도 공부한다.

12.1 Matplotlib이란?

Matplotlib은 분석한 데이터를 그래프(Graph)나 차트(Chart)로 시각화해주는 파이썬의 패키지 라이브러리이다.

Matplotlib 패키지의 Pyplot라는 모듈은 Matplotlib이 매트랩(MATLAB)처럼 동작하게 하는 명령어 형태의 함수를 제공한다. 우리는 이 Pyplot을 이용하여 데이터를 쉽고 편리하게 시각화할 수 있게 된다.

Matplotlib 파이썬 패키지를 활용하여 간단한 그래프를 그려보는 다음의 예제를 살펴보자.

예제 12-1. 간단 그래프 그리기   ex12.ipynb

```
01    import matplotlib.pyplot as plt
02
03    data = [20, 30, 40]
04    x = [1, 2, 3]
05    plt.plot(x, data)
06    plt.show()
```

¤ 실행 결과

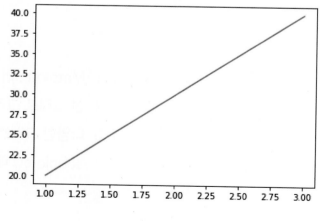

그림 12-1 예제 12-1의 실행 결과

1행 Matplotlib 패키지의 Pyplot 모듈을 plt로 임포트한다.

3행 Y축에 사용되는 변수 data에 리스트 [20, 30, 40] 값을 입력한다.

4행 X축에 사용되는 변수 x에 리스트 [1, 2, 3] 값을 입력한다.

5행 plt.plot() 메소드로 선 그래프를 그린다. 첫 번째 인자 x는 X축, 두 번째 인자 data 는 Y축의 데이터 값을 의미한다. 여기서 X축과 Y축에 사용되는 데이터는 리스트 형태의 데이터 형이다.

6행 plt.show() 메소드는 plt.plot()으로 그린 그래프를 화면에 출력한다. 이 메소드가 실행되어야만 실제 컴퓨터 화면에 그래프가 보여진다는 것에 유의하기 바란다.

TIP

주피터 노트북에서 그래프 보기

만약 주피터 노트북의 실행 화면 내부에 그래프를 디스플레이 하기 위해서는 다음 의 명령을 수행하여야 한다.

```
%matplotlib inline
```

12.2.1 제목과 X/Y축 레이블 설정하기

다음 예제를 통하여 선 그래프의 제목과 X축, Y축의 레이블을 설정하는 방법을 익혀보자.

예제 12-2. 제목과 X/Y축 레이블 설정   ex12.ipynb

```
01    import matplotlib.pyplot as plt
02
03    plt.plot(['kim', 'lee', 'kang'], [85, 88, 90])
04
05    plt.title('English Score of three students')
06    plt.xlabel('Student Name ')
07    plt.ylabel('Score')
08
09    plt.show()
```

¤ 실행 결과

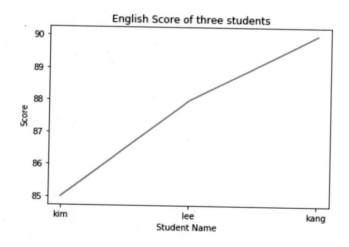

그림 12-2 예제 12-2의 실행 결과

5행 plt.title()은 상단 중앙의 그래프의 제목을 표시한다.

6행 plt.xlabel()은 X축 레이블의 이름을 설정하는 데 사용된다.

7행 plt.ylabel()은 Y축 레이블의 이름을 설정하는 데 사용된다.

12.2.2 한글 폰트 사용하기

앞의 예제들에서 그래프의 제목, 축의 레이블, 범례 등에 영어 이름을 사용하였다. 영어 대신 한글 이름을 사용하기 위해서는 글자들에 한글 폰트를 적용해야 한다.

예제 12-3. 한글 폰트 사용   ex12.ipynb

```
01    import matplotlib.pyplot as plt
02    from matplotlib import rc
03
04    rc('font', family='Malgun Gothic')
05
06    font1 = {'size':18, 'color':'green'}
07
08    xdata = ['안지영', '홍지수', '황예린']
09    ydata = [90, 85, 88]
10    plt.plot(xdata, ydata)
11
12    plt.title('세명 학생의 국어 성적', fontdict=font1)
13    plt.xlabel('이름')
14    plt.ylabel('성적')
15
16    plt.show()
```

2행 Matplotlib 패키지에서 rc 모듈을 임포트한다.

4행 rc() 함수를 이용하여 'font'에 '맑은 고딕' 폰트를 설정한다. Matplotlib에서 한글을 설정하기 전에는 한글을 사용할 수 없기 때문에 '맑은 고딕' 폰트명의 영문인 'Malgun Gothic'을 사용해야 한다. 이렇게 함으로써 8행, 12행~14행에서 한글을 사용할 수 있게 된다.

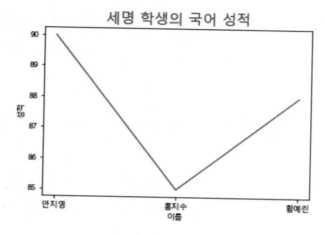

그림 12-3 예제 12-3의 실행 결과

6행 font1을 딕셔너리 데이터 형으로 'size'를18, 'color'를 초록색으로 설정한다. 여기서 딕셔너리 키 'size'와 'color'는 각각 글자 크기와 색상을 나타낸다.

12행 제목 '세명 학생의 국어 성적'의 폰트 크기와 색상을 변경하기 위해 6행에서 설정한 font1을 키워드 fontdict에 설정한다. 이렇게 함으로써 실행 결과의 그래프 제목이 폰트 크기가 18인 초록색 글자로 표시된다.

TIP

Matplotlib에서 폰트 정보를 가져와 한글 설정하기

Matplotlib에서 4행에서 사용한 컴퓨터의 기본 폰트인 '맑은 고딕' 폰트 외에 '나눔고딕'과 같은 다른 폰트를 사용하려면 다음과 같이 하면 된다.

```
from matplotlib import font_manager, rc

font_path = "C:/Windows/Fonts/NANUMGOTHIC.TTF"
font_name = font_manager.FontProperties(fname=font_path).get_
name()
rc('font', family=font_name)
```

font_path는 해당 폰트의 경로를 포함한 폰트 파일명을 의미한다.

12.2.3 범례 표시하기

범례(Legend)는 그래프의 내용을 알기 위해 본보기로 표시해 둔 기호나 설명을 말한다. 다음 예제를 통하여 범례의 위치를 설정하는 방법에 대해 알아보자.

예제 12-4. 선 그래프의 범례	ex12.ipynb

```
01    import matplotlib.pyplot as plt
02    from matplotlib import rc
03
04    rc('font', family='Malgun Gothic')
05
06    xdata = ['안지영', '홍지수', '황예린']
07    ydata1 = [90, 85, 88]
08    ydata2 = [83, 88, 91]
09    plt.plot(xdata, ydata1, label='국어')
10    plt.plot(xdata, ydata2, label='영어')
11    plt.legend(loc='upper center')
12
13    plt.title('세명 학생의 국어, 영어 성적')
14
15    plt.show()
```

¤ 실행 결과

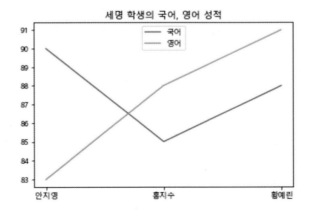

그림 12-4 예제 12-4의 실행 결과

9,10행 9행의 키워드 label은 국어 성적을 나타내는 그래프의 범례의 레이블을 '국어'로 설정한다. 10행의 label은 영어성적 그래프에 해당되는 범례를 '영어'로 설정한다.

11행 plt.legend() 메소드는 9행과 10행에 의해 설정된 범례를 그림 12-4에서와 같이 화면에 표시한다. 키워드 loc은 범례가 화면에 표시될 위치를 지정하는데 'upper center'는 그림 12-4에서와 같이 범례를 중앙 상단에 나타나게 한다.

plt.legend()의 키워드 loc

범례의 위치를 나타내는 키워드 loc의 값으로 'upper left', 'upper center', 'upper right', 'center left', 'center', 'center right', 'lower left', 'lower center', 'lower right' 가 사용되고, 'best'는 Matplotlib이 위의 9개 위치 중에서 범례를 표시하기 가장 적합한 곳을 찾아서 위치시키게 된다.

12.2.4 선 스타일 설정하기

이번에는 선 그래프의 색상, 선 스타일, 마커 등의 그래프 스타일을 변경하는 방법에 대해 알아보자.

예제 12-5. 그래프 선 스타일 설정   ex12.ipynb

```
01    import matplotlib.pyplot as plt
02    from matplotlib import rc
03
04    rc('font', family='Malgun Gothic')
05
06    xdata = ['안지영', '홍지수', '황예린']
07    ydata1 = [90, 85, 88]
08    ydata2 = [83, 88, 91]
09    ydata3 = [85, 97, 78]
10    ydata4 = [92, 88, 82]
11
12    plt.plot(xdata, ydata1, label='국어', color='red', linestyle='-',
marker='o')
13    plt.plot(xdata, ydata2, label='영어', color='#00ffff', linestyle='--',
marker='x')
14    plt.plot(xdata, ydata3, label='수학', color='magenta', linestyle='-.',
marker='s')
15    plt.plot(xdata, ydata4, label='사회', color='#444444', linestyle=':',
marker='d')
16
17    plt.title('세명 학생의 네 과목 성적')
18    plt.legend(loc='best')
19
20    plt.show()
```

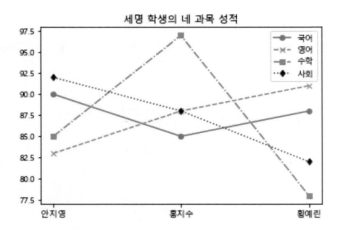

그림 12-5 예제 12-5의 실행 결과

12행 plt.plot() 메소드의 키워드 color, linestyle, marker는 각각 선 그래프의 색상, 선 스타일, 마커를 나타낸다.

color='red', linestyle='-', marker='o'는 그림 12-5의 국어 성적을 나타내는 빨간색 그래프 선에 나타난 것과 같이, 각각 선 색상을 빨간색, 선 스타일을 실선(solid line), 마커를 원형 점(●)으로 나타낸다.

13행 그림 12-5의 영어 성적을 나타내는 하늘색(cyan) 그래프 선을 그린다. 여기서 사용된 color='#00ffff', linestyle='--', marker='x'는 각각 선 색상을 하늘색, 선 스타일을 파선(dashed line), 마커를 x로 나타낸다.

※ 키워드 color에는 'red', 'blue', 'green', 'black', 'white', 'cyan', 'magenta', 'yellow' 등의 색상 이름 또는 #으로 시작되는 6자리 색상 코드가 사용될 수 있다. 이 색상 코드는 HTML과 같은 컴퓨터 언어와 포토샵, 일러스트, 인디자인 등의 그래픽 툴에서도 그대로 사용된다.

14행 그림 12-5의 수학 성적 그래프 선을 그린다. 여기서 사용된 color='magenta'는 자홍색, linestyle='-.'는 일점 쇄선(dashed-dotted line), marker='s'는 사각형 점(■)을 나타낸다.

15행 그림 12-5에서 사회 성적을 나타내는 그래프 선을 나타내는데, 여기서 사용된 color='#444444'는 짙은 회색, linestyle=':'는 점선(dotted line), marker='d'는 다이아몬드 모양의 점(◆)을 나타낸다.

18행 loc='best'는 384쪽 TIP에서 설명한 것과 같이 범례를 위치시키기에 적합한 우측 상단에 범례가 표시된다.

다음의 표들은 위에서 사용된 plot() 함수에서 선 스타일을 설정하기 위해 사용된 선의 색상(키워드:color), 선의 종류(키워드:linestyle), 마커(키워드:marker)에서 자주 사용되는 값들을 나타낸다.

표 12-1 Matplotlib에서 자주 사용하는 색상(키워드:color)의 값

키워드 color 값	의미
red	빨간색
green	초록색
blue	파란색
cyan	하늘색
magenta	자홍색
yellow	노란색
black	검정색
white	흰색

표 12-2 Matplotlib에서 자주 사용하는 선 종류(키워드:linestyle)의 값

키워드 linestyle 값	의미
-	실선(solid line)
--	파선(dashed line)
-.	일점쇄선(dashed-dotted line)
:	점선(dotted line)

표 12-3 Matplotlib에서 자주 사용하는 마커(키워드:marker)의 값

키워드 marker 값	의미
o	●
x	x
s	■
d	◆
*	✳

12.2.5 X/Y축 범위와 눈금 설정하기

다음은 선 그래프에서 X축과 Y축의 값의 범위를 지정하고, 각 축의 눈금을 설정하는 예이다.

예제 12-6. X/Y축의 범위와 눈금 설정   ex12.ipynb

```
01    import matplotlib.pyplot as plt
02
03    xdata = list(range(30))
04    ydata = []
05
06    for x in xdata:
07        y = 2 * x
08        ydata.append(y)
09
10    plt.plot(xdata, ydata, label='y=2x')
11    plt.xlim(0, 35)
12    plt.ylim(0, 70)
13    plt.xticks(list(range(0, 35, 2)))
14    plt.yticks(list(range(0, 70, 5)))
15
16    plt.grid(True)
17    plt.show()
```

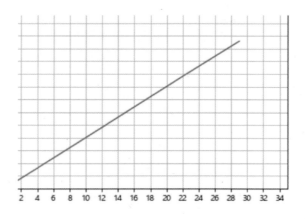

그림 12-6 예제 12-6의 실행 결과

3행 xdata에 list()와 range() 함수를 이용하여 0~29까지의 숫자로 된 리스트를 생성한다.

4행 ydata에 빈 리스트([])를 저장한다.

6행~8행 4행에서 정의된 리스트 ydata는 xdata의 각 요소에 2를 곱한 요소 값을 가진다. for 루프가 종료되면, 리스트 ydata는 [0, 2, 4, 6, ..., 58]의 값을 가지게 된다.

11행 plt.xlim() 메소드는 X축이 가지는 범위를 지정하는데 plt.xlim(0, 35)는 X축의 범위를 0~ 35로 설정한다.

12행 plt.ylim() 메소드도 xlim과 같은 맥락에서 Y축이 가지는 범위를 지정하는 데 사용된다. plt.ylim(0, 70)는 Y축의 범위가 0 ~ 70이 되게 한다.

13,14행 plt.xticks()와 plt.yticks()는 각각 X축과 Y축의 눈금 값을 표시하는 데 사용된다. 여기서 range(0, 35, 2)는 0, 2, 4, 6, ..., 34의 범위 값을 나타낸다.
그리고 range(0, 70, 5)는 0, 5, 10, 15, ..., 65의 범위 값을 나타낸다.

16행 plt.grid(True)는 그림에 나타난 것과 같이 그래프에 그리드가 나타나게 만든다. 그리드가 화면에서 보이지 않게 하려면 plt.grid(False)로 하면 된다.

12.3 다양한 그래프 그리기

앞 절에서 선 그래프를 그리는 방법에 대하여 알아보았다. 데이터 시각화에서 선 그래프와 더불어 많이 사용되는 그래프에는 막대 그래프, 산포 그래프, 파이 그래프가 있다. 이 그래프들의 사용법을 하나씩 살펴보도록 하자.

12.3.1 막대 그래프 그리기

막대 그래프는 다른 말로 바 차트(Bar Chart)라고도 하는데 다음 예제를 통하여 막대 그래프의 사용법을 익혀보자.

예제 12-7. 막대 그래프 그리기   ex12.ipynb

```
01    import matplotlib.pyplot as plt
02    from matplotlib import rc
03
04    rc('font', family='Malgun Gothic')
05
06    x = ['영희', '철수', '재호']
07    y = [3, 1, 5]
08    plt.title('연간 영화관람 회수')
09    plt.bar(x, y)
10    plt.ylabel('회수')
11    plt.show()
```

6행 변수 x에는 X축에 사용될 리스트 데이터 ['영희', '철수', '재호']를 입력한다.

7행 변수 y에는 Y축에 사용될 리스트 데이터 [3, 1, 5]를 입력한다.

9행 plt.bar() 메소드를 이용하여 그림 12-7의 막대 그래프를 그린다. x와 y는 각각 그래프에서 사용되는 X와 Y축의 데이터를 의미한다.

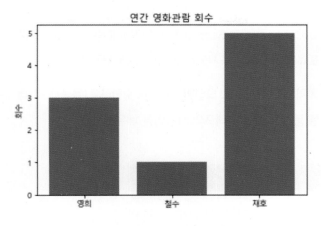

그림 12-7 예제 12-7의 실행 결과

위의 예에서와 같이 막대 그래프를 그리는 방법은 앞 절의 선 그래프를 그리는 방식과 거의 유사하기 때문에 이해하기 쉬울 것이다.

12.3.2 산포 그래프 그리기

산포 그래프는 영어로 'Scatter Plot'이라고 하는데, 다음 그림에 나타난 것과 같이 점들이 좌표계에 산포되어 표시되는 형태의 그래프를 말한다.

다음 예제는 가상적으로 요일별 연 평균 수면 시간을 산포 그래프로 도식화해 본 것이다. 이 예를 통하여 산포 그래프의 사용법을 배워보자.

예제 12-8. 산포 그래프 그리기	ex12.ipynb

```
01    import matplotlib.pyplot as plt
02    from matplotlib import rc
03
04    rc('font', family='Malgun Gothic')
05
06    x = ['월', '화', '수', '목', '금', '토', '일']
07    y = [6.5, 5.7, 5.5, 6.7, 6.3, 7.5, 8.3]
08    plt.title('연간 요일별 평균 수면시간')
09    plt.scatter(x, y)
10    plt.ylabel('수면시간')
11    plt.show()
```

¤ 실행 결과

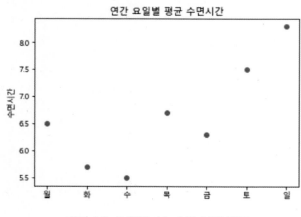

그림 12-8 예제 12-8의 실행 결과

6행 x에 요일명 ['월', '화', '수', '목', '금', '토', '일']을 입력한다.

7행 y에는 요일에 대응되는 평균 수면 시간 [6.5, 5.7, 5.5, 6.7, 6.3, 7.5, 8.3]을 입력한다.

9행 plt.scatter() 메소드를 이용하여 산포 그래프를 그린다. x와 y는 각각 그래프에서 사용되는 X와 Y축의 데이터를 의미한다.

12.3.3 파이 그래프 그리기

파이 그래프는 파이 차트(Pie Chart)라고도 부르는데, 파이 그래프는 원과 피자 파이 조각 형태의 원 그래프를 말한다.

다음 예제는 2018년 총 가구 대비 반려 동물 기르는 비율을 파이 그래프로 표현해 본 것이다. 이 예를 통하여 파이 그래프를 그리는 방법에 대해 알아보자.

예제 12-9. 파이 그래프 그리기	ex12.ipynb

```
01    import matplotlib.pyplot as plt
02    from matplotlib import rc
03
04    rc('font', family='Malgun Gothic')
05
06    pets = ['개', '고양이', '기타', '기르지않음']
07    portion = [18, 3.4, 3.1, 75.5 ]
08
09    plt.pie(portion, explode=(0, 0.1, 0, 0), labels=pets, autopct=
'%1.1f%%', shadow=True, startangle=90)
10    plt.title('총 가구 대비 반려동물 기르는 비율(2018)')
11
12    plt.show()
```

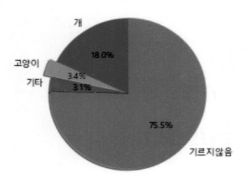

그림 12-9 예제 12-9의 실행 결과

위 그림 12-9의 파이 그래프는 9행에 기술된 pyplot 모듈의 pie() 메소드를 사용하여 그린 것이다. 프로그램의 나머지는 앞서 배운 다른 그래프를 그릴 때와 같은 방식을 사용한다.

9행 pie() 메소드에서 explode=(0, 0.1, 0, 0)는 그림 12-9의 두 번째 조각인 오렌지색상으로 표시된 고양이 부분의 조각이 0.1 만큼 튀어나오게 만든다.
labels=pets는 각 조각의 레이블을 6행에서 정의된 pets, 즉 ['개', '고양이', '기타', '기르지않음']로 설정한다.

autopct='%1.1f%%'는 각 조각의 값을 소수점 이하 1자리수의 부동소수점으로 표시하게 한다. 여기서 사용된 '%1.1f%%'은 문자열 포맷팅의 방식을 그대로 채용한 것이다.
shadow=True는 그림 12-9에 나타난 것과 같이 그래프에 그림자를 넣는다.

마지막으로 startangle=90은 파이 그래프의 시작을 90도, 즉 12시 위치에서 시작해서 반 시계 방향으로 각 조각이 표시되도록 한다.

코딩 연습 : 10일간 최저/최고기온 선 그래프 그리기

다음은 Matplotlib으로 10일간의 최저와 최고 기온을 시각화하는 프로그램이다. 밑줄 친 부분을 채우시오.

◎ 실행 결과

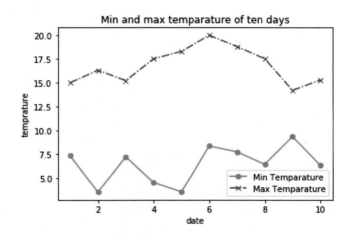

```
import matplotlib.pyplot as plt

date = list(range(1,11))
min_temp = [7.3, 3.5, 7.2, 4.5, 3.5, 8.3, 7.7, 6.4, 9.3, 6.3]
max_temp = [15, 16.3, 15.2, 17.5, 18.3, 20.0, 18.8, 17.5, 14.2, 15.3]

plt.plot( ❶_____, ❷_____, label='Min Temparature', color='red',
linestyle='-', marker='o')

plt.plot(date, max_temp, ❸_____='Max Temparature',
color='blue', linestyle='-.', marker='x')
```

```
plt.❹_____(loc='best')
plt.xlabel('date')
plt.ylabel('temprature')
plt.title('Min and max temparature of ten days')

plt.❺_____
```

※ 정답은 399쪽에 있어요.

Q12-2 코딩 연습 : 예제 12-5의 Y축의 범위와 선 스타일 변경하기

다음은 앞의 예제 12-5의 Y축에 표시되는 성적의 범위를 0~100으로 하고 선 그래프의 스타일을 조금 변경한 프로그램이다. 밑줄 친 부분을 채우시오.

◎ 실행 결과

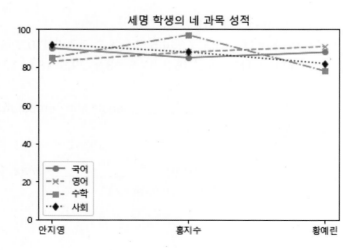

```
import matplotlib.pyplot as plt
from matplotlib import rc

rc('font', family='Malgun Gothic')

xdata = ['안지영', '홍지수', '황예린']
ydata1 = [90, 85, 88]
ydata2 = [83, 88, 91]
ydata3 = [85, 97, 78]
ydata4 = [92, 88, 82]

plt.plot(xdata, ydata1, label='국어', color='red', linestyle=❶_____,
marker=❷_____)
plt.plot(xdata, ydata2, label='영어', color='green', linestyle='-',
marker='s')
plt.plot(xdata, ydata3, label='수학', color='blue', linestyle=':', marker='d')
plt.plot(xdata, ydata4, label='사회', color='cyan', linestyle=❸_____,
marker=❹_____)

plt.❺_____(0, 100)
plt.title('세명 학생의 네 과목 성적')
plt.legend(loc='best')

plt.show()
```

※ 정답은 399쪽에 있어요.

코딩 연습 : 랜덤 수의 막대 그래프 그리기

다음은 주사위를 10회 던져 나오는 주사위 눈을 막대 그래프로 그려본 것이다. 밑줄 친 부분을 채워보시오.

◎ 실행 결과

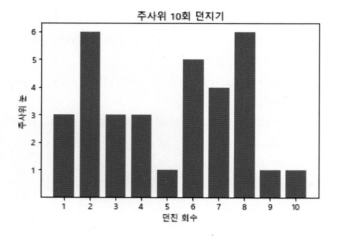

```
import matplotlib.pyplot as plt
from matplotlib import rc
import random

rc('font', family='Malgun Gothic')

def make_random_list(num):
    result = []
    for i in range(❶_____):
        result.❷_____(random.randrange(1,7))
    return result
```

```
count = 10          # 주사위 던진 회수
y = ❸_____(count)
x = list(range(1,11))

plt.title('주사위 10회 던지기')
plt.bar(x, y)
plt.xticks(x)
plt.yticks([1, 2, 3, 4, 5, 6])
plt.❹_____('던진 회수')
plt.❺_____('주사위 눈')

plt.show()
```

※ 정답은 397쪽에 있어요.

12.4 subplots() 메소드

다음 그림 12-10에서와 같이 하나의 창에 두 개 이상의 그래프를 그려야 하는 경우가 종
종 생긴다. 이때 사용하는 것이 pyplot 모듈의 subplots() 메소드이다.

12.4.1 서브 그래프 그리기

다음 예제을 통하여 subplots() 메소드를 이용하여 하나의 화면에 다수의 그래프를 그리
는 방법에 대해 알아보자.

예제 12-10. 창 하나에 다수의 그래프 그리기	ex12.ipynb

```
01    import matplotlib.pyplot as plt
02    from matplotlib import rc
03
04    rc('font', family='Malgun Gothic')
05
06    x = ['월', '화', '수', '목', '금', '토', '일']
07    y1 = [6.5, 5.7, 5.5, 6.7, 6.3, 7.5, 8.3]
08    y2 = [6.3, 7.7, 7.5, 7.7, 6.2, 7.3, 8.5]
09
10    fig, axs = plt.subplots(nrows=1, ncols=2, figsize=(9, 3), sharex=True,
sharey=True)
11    ax = axs[0]
12    ax.scatter(x,y1)
13    ax.set_title('2018')
14
15    ax = axs[1]
16    ax.scatter(x,y2)
17    ax.set_title('2019')
18
19    fig.suptitle('연간 요일별 평균 수면시간')
20
21    plt.show()
```

◎ 실행 결과

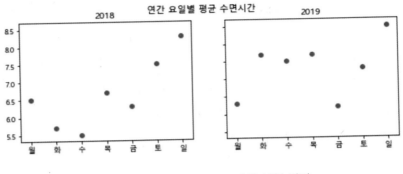

그림 12-10 예제 12-10의 실행 결과

위의 그림에서와 같이 하나의 창에 두 개 이상의 그래프를 그리려면 subplots() 함수를 사용한다. pyplot 모듈의 subplots() 메소드는 서브 그래프를 생성하여 Axes 객체와 Figrue 객체로 반환한다.

10행 plt.subplots() 함수는 서브 그래프를 생성하여 변수 fig와 axs에 저장한다. 여기서 nrows=1와 ncols=2는 그림에 나타난 것과 같이 1행 2열의 2개의 서브 그래프를 의미한다. 예를 들어 nrows=2, ncols=2는 2행 2열, 즉 4개의 서브 그래프를 생성하게 된다.

figsize는 인치로 표시되는 서브 그래프의 크기를 나타낸다. figsize에 설정된 (9, 3)은 가로 9인치, 세로 3인치의 크기를 나타낸다.

sharex=True, sharey=True는 각각 서브 그래프들이 X축과 Y축의 데이터 값을 공유함을 의미한다. 실행 결과의 그림을 보면 두 서브 그래프의 X와 Y축의 데이터 값이 동일함을 알 수 있다.

11행 ax = axs[0]은 axs 객체의 0번째 요소인 객체(첫 번째 서브 그래프의 Axes 객체)를 ax에 저장한다.

12행 ax.scatter() 메소드를 이용하여 그림의 첫 번째 그림에 나타난 산포 그래프를 그린다.

13행 ax.set_title() 메소드를 이용하여 실행 결과의 첫 번째 서브 그래프의 제목을 '2018'로 설정한다.

15~17행 11~13행에서와 같은 방식으로 실행 결과의 두 번째 서브 그래프를 그리고 해당 제목을 설정한다.

19행 실행 결과의 상단 중앙에 위치한 전체 그래프의 제목을 '연간 요일별 평균 수면시간'으로 설정한다.

12.4.2 그래프 사이 간격 조정하기

다음 그림에서는 4개의 서브 그래프가 나타나 있는데 이 그래프 사이의 간격을 조절하기 위해 사용되는 메소드가 subplots_adjust()이다.

다음 예제를 통하여 subplots_adjust()를 이용하여 서브 그래프들 사이에 간격을 설정하는 방법을 익혀보자.

예제 12-11. 그래프 사이 간격 조정하기   ex12.ipynb

```
01    import matplotlib.pyplot as plt
02    from matplotlib import rc
03
04    rc('font', family='Malgun Gothic')
05
06    x = list(range(1,11))
07    y = list(range(10, 101, 10))
08
09    fig, axs = plt.subplots(nrows=2, ncols=2, figsize=(9, 5), sharex=True,
sharey=True)
10    ax = axs[0][0]
11    ax.plot(x,y)
12    ax.set_title('선 그래프 1')
```

```
13
14    ax = axs[0][1]
15    ax.plot(x,y, color='red', linestyle='--', marker='o')
16    ax.set_title('선 그래프 2')
17
18    ax = axs[1][0]
19    ax.bar(x,y)
20    ax.set_title('막대 그래프')
21
22    ax = axs[1][1]
23    ax.scatter(x,y)
24    ax.set_title('산포 그래프')
25
26    plt.subplots_adjust(left=0.1, right=0.9, bottom=0.1, top=0.9,
wspace=0.2, hspace=0.3)
27
28    plt.show()
```

◎ 실행 결과

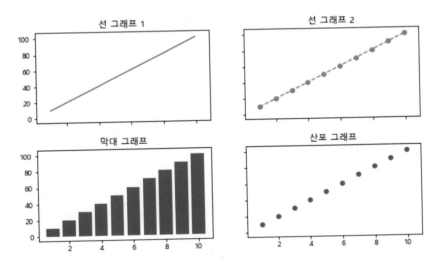

그림 12-11 예제 12-11의 실행 결과

9행 subplots() 메소드를 이용하여 실행 결과에 나타난 것과 같이 2행 2열의 서브 그래프 객체를 생성하여 fig와 axs에 저장한다. nrows=2는 2행, ncols=2는 2열, figsize=(9, 5)는 9인치x5인치의 그림 창 크기를 의미한다. 그리고 sharex=True와 sharey=True에 의해 서브 그래프들이 X축과 Y축을 공유하게 된다.

10행 axs[0][0]는 객체 axs의 1행 1열의 객체, 즉 실행 결과의 좌측 상단의 그래프를 의미한다.

14행 axs[0][1]은 객체 axs의 1행 2열의 객체, 즉 실행 결과의 우측 상단의 그래프를 의미한다.

18행 axs[1][0]은 객체 axs의 2행 1열의 객체, 즉 실행 결과의 좌측 상단의 그래프를 의미한다.

22행 axs[1][1]은 객체 axs의 2행 2열의 객체, 즉 실행 결과의 우측 하단의 그래프를 의미한다.

12, 16, 20, 24행 이 행들은 set_title() 메소드를 이용하여 실행 결과의 각 서브 그래프들의 제목을 설정하는 데 사용된다.

26행 subplots_adjust() 메소드는 실행 결과의 서브 그래프들의 간격을 조정하는 데 사용된다. 만약 left=0, right=1로 설정하면, 그래프가 전체 그림 창의 좌우의 여백없이 꽉차게 된다.

같은 맥락에서 bottom=0, top=1 은 전체 그림 창의 상하의 여백이 생기지 않는다. 숫자의 단위는 전체 그래프의 가로(또는 세로)의 크기를 1로 보았을 때의 상대적 크기가 된다.

여기서 사용된 설정 값인 left=0.1, right=0.9, bottom=0.1, top=0.9는 좌우와 상하에 10%의 여백이 생기게 된다. 이것이 일반적으로 가장 많이 사용되는 설정 값이다.

wspace=0.2는 서브 그래프 사이의 가로 방향 간격을 전체 창 크기의 20%만큼 떨어지게 한다. hspace=2는 서브 그래프들의 세로 방향의 간격을 20% 띄운다.

12.4.3 그래프 이미지 파일로 저장하기

지금까지 데이터 시각화를 위해 다양한 그래프를 그리는 것을 실습해 보았다. 경우에 따라서는 실행 결과에 그려진 그래프를 이미지 파일로 저장하여 사용하고 싶을 때가 생긴다.

예를 들어 그래프를 .png 파일로 저장하여 웹 사이트에 이미지 파일을 게시하거나 .pdf 파일로 저장하여 출력하거나 보고서를 작성할 때도 있을 것이다.

그래프를 이미지 파일로 저장하는 것은 아주 간단하다. 앞의 예제 12-11에 결과로 얻은 그래프를 파일로 저장하기 위해서는 예제 12-11의 26행 다음에 다음의 한 줄을 추가하면 된다.

ex12.ipynb

```
plt.savefig('fig1.png')
```

위의 한 줄이 추가된 프로그램을 실행하면 이미지 파일인 'fig1.png' 파일이 작업 폴더에 생성된다.

savefig() 함수를 이용하여 저장 가능한 파일 포맷은 .png, .pdf, .svg의 세 가지이다.

> **TIP**
>
> **이미지 파일에 해상도 설정하기**
>
> savefig() 함수를 이용하여 이미지 파일을 저장할 때, 고해상도의 이미지를 저장하고 싶은 경우에는 다음과 같이 하면 된다.
>
> ```
> plt.savefig('fig1.png', dpi=300)
> ```
>
> 300 dpi(dot per inch)는 1 $inch^2$ 영역에 300개 점을 사용한다는 의미이다. 해상도 300은 일반적으로 인쇄물에서 고화질의 해상도를 의미한다.

■ 다음은 소상공인 시장 진흥공단에서 제공하는 2년간(2017.10 ~ 2019.09) 국내의 카페 업소 수
데이터를 정리한 CSV 파일이다. 물음에 답하시오.(1번 문제)

cafe_2year.csv

```
기준월,카페수
201710,79296
201711,80738
201712,76923
201801,77942
...
201907,98311
201908,98538
201909,98779
```

1. Matpoltlib을 이용하여 월별 카페의 개수를 나타내는 간단한 막대 그래프(Bar Graph)를 그리는 프로그
램을 작성하시오. 단, 막대 그래프의 X축 간격을 3달로 설정한다.

▦ 실행 결과

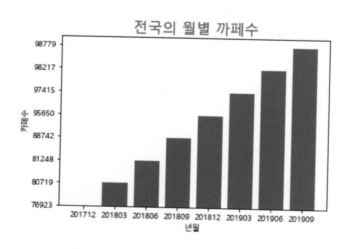

■ 다음은 건강보험 심사평가원에서 제공(2019년 9월 기준)하는 전국의 종합병원의 일반의, 인턴, 레지던트, 전문의 의사 수의 데이터를 저장한 CSV 파일이다. 물음에 답하시오.(2~6번 문제)

doctor_2019.csv

```
지역,병원명,일반의 수,인턴 수,레지던트 수,전문의 수
인천,가톨릭대학교인천성모병원,1,22,68,201
서울,강북삼성병원,6,28,137,204
서울,건국대학교병원,1,37,164,225
대구,경북대학교병원,5,77,209,225
경남,경상대학교병원,1,35,114,182
서울,경희대학교병원,3,94,153,223
대구,계명대학교동산병원,3,44,145,238
서울,고려대학교의과대학부속구로병원,1,32,178,292
경기,고려대학교의과대학부속안산병원,4,31,94,218
부산,고신대학교복음병원,2,24,96,194
...
```

2. CSV 파일을 읽어서 서울과 6개의 광역시(부산, 대구, 인천, 대전, 광주, 울산)에 대해 지역, 일반의, 인턴, 레지던트, 전문의 의사 수를 출력하는 프로그램을 작성하시오.

▦ 실행 결과

```
지역 일반의  인턴 레지던트 전문의
서울  162  1196  4757  9375
부산   58   197   785  2211
대구   27   215   712  1436
인천   47   138   444  1518
대전   25   142   425  1006
광주   16   102   356  1006
울산   19    23   104   467
```

3. 2번 문제에서 얻은 결과를 doctor2.csv 파일로 저장하는 프로그램을 작성하시오.

⌨ 실행 결과

    doctor2.csv 파일 쓰기 완료!

※ 프로그램 실행 후 생성된 doctor2.csv 파일의 내용

```
지역,일반의 수,인턴 수,레지던트 수,전문의 수
서울,162,1196,4757,9375
부산,58,197,785,2211
대구,27,215,712,1436
인천,47,138,444,1518
대전,25,142,425,1006
광주,16,102,356,1006
울산,19,23,104,467
```

4. 3번 문제에서 저장한 doctor2.csv 파일을 읽어들여 서울과 6개 광역시의 종합 병원 전문의 의사 수를 산포 그래프(Scatter Plot)로 보여 주는 프로그램을 작성하시오.

⌨ 실행 결과

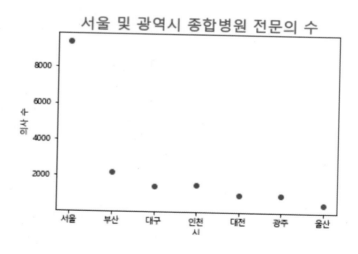

5. 4번 문제에서 사용한 doctor2.csv 파일을 읽어 서울과 6개 광역시의 종합병원의 일반의, 인턴, 레지던트, 전문의 의사 수를 선 그래프로 나타내는 프로그램을 작성하시오.

▦ 실행 결과

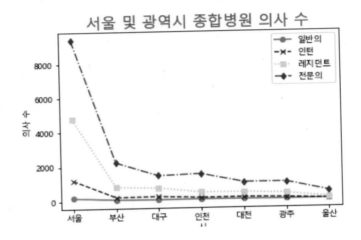

6. 4번(또는 5번) 문제에서 사용한 doctor2.csv 파일을 읽어 서울 종합병원의 의사 수 분포를 의사 유형별로 나타내는 파이 그래프를 그리는 프로그램을 작성하시오.

▦ 실행 결과

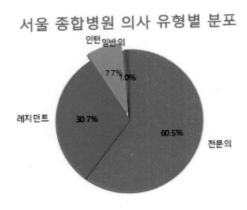

Chapter 13

Numpy 데이터 분석

파이썬의 Numpy는 데이터 분석과 산술 연산을 하는 데 사용되는 가장 기본적인 필수 패키지 중의 하나이다. 이번 장에서는 Numpy의 기본 배열 객체인 ndarray의 생성, 초기화, 요소 추출, 산술 연산, 통계 메소드, 배열에 조건식 사용, 요소 정렬, 열과 행의 삽입 등에 대해 배운다. 또한 Numpy를 활용하여 전국 초등학교의 최대 학급 수, 최대 학생 수, 최대 교사 수를 검색하는 방법과 이를 그래프로 시각화하는 방법을 익힌다.

Numpy는 'Numerical Python'의 약어로서 파이썬에서 데이터 분석과 산술 연산을 하는 데 사용되는 가장 기본적인 필수 패키지 중의 하나이다. Numpy는 기본적으로 배열의 구조로 되어 있으며, 다차원 배열, 배열 간 연산, 배열의 정렬 등 편리한 기능을 많이 제공한다.

특히 파이썬의 과학 계산을 위한 패키지 라이브러리들은 Numpy 배열 객체를 기반으로 동작하는 경우가 많다.

13.1.1 배열 객체 ndarray

Numpy에서의 핵심은 다차원을 지원하는 배열 객체 ndarray이다. ndarray 객체는 리스트와 같은 배열 형태로 되어 있지만, 리스트보다 훨씬 더 편리한 기능을 많이 제공한다.

Numpy 패키지을 불러와 배열 객체 ndarray를 생성하는 다음의 간단한 예를 살펴보자.

예제 13-1. ndarray 객체 생성하기	ex13.ipynb

```
01    import numpy as np
02
03    data = np.array([1, 2, 3, 4, 5])
04    print(data)
05    print(type(data))
06    print(data.dtype)
```

¤ 실행 결과

```
[1 2 3 4 5]
〈class 'numpy.ndarray'〉
int32
```

1행 Numpy 패키지를 np로 불러온다.

3행 np.array() 메소드는 리스트와 같은 배열 형태로부터 ndarray 객체를 생성하는 가장 기본적인 방법이다.

4행 ndarray 객체 data의 출력 형태는 리스트와 거의 유사하다.

5행 data의 데이터 형은 numpy의 ndarray 객체임을 알 수 있다.

6행 data.dtype은 객체 data의 데이터 형(Type)을 구하는 데 사용된다. 실행 결과로 얻은 int32는 객체 data 요소의 데이터 형이 32비트 정수형이라는 것을 나타낸다.

배열 객체 ndarray를 생성하는 가장 간단한 방법은 Numpy의 array() 메소드를 이용하는 것이다. 그리고 ndarray 객체의 모든 요소는 int32(32비트 정수형), float64(64비트 실수형) 등과 같이 동일한 데이터 형을 가진다. 이렇게 함으로써 배열 연산 시 처리 속도가 빨라지게 된다.

다음은 Numpy의 random.randn() 메소드를 이용하여 2차원(2행 3열)의 실수형 랜덤 수를 생성하는 예제이다.

예제 13-2. 2차원 배열 객체 생성하기   ex13.ipynb

```
01      import numpy as np
02
03      data = np.random.randn(2,3)
04      print(data)
05      print(data.shape)
06      print(data.dtype)
```

¤ 실행 결과

```
[[-0.44892817 0.55240635  1.81518668]
 [-0.33471118 1.1305588 -0.31145892]]
(2, 3)
float64
```

3행 Numpy의 random.randn(2, 3)은 2행 3열 실수형 랜덤 수를 발생시킨다.

5행 data.shape은 ndarray 객체 data가 몇 행 몇 열로 구성되어 있는지를 알려준다.
실행 결과의 (2, 3)은 data가 2행 3열로 되어 있음을 알려준다.

6행 data.dtype은 data의 데이터 형을 얻는 데 사용된다. 실행 결과의 float64는 64비트 실수형의 데이터 형을 의미한다.

13.1.2 ndarray 객체 초기화하기

ndarray 객체 요소 값을 모두 0으로 초기화하여 ndarray 객체를 생성하는 방법에 대해 알아보자.

예제 13-3. ndarray 객체 0으로 초기화하기   ex13.ipynb

```
01    import numpy as np
02
03    data1 = np.zeros(10)
04    print(data1)
05    print(data1.dtype)
06
07    data2 = np.zeros((2, 3))
08    print(data2)
09
10    data3 = np.zeros((2, 3), dtype=np.int32)
11    print(data3)
```

3행 Numpy의 zeros() 메소드는 ndarray 객체의 요소를 0으로 초기화시킨다.
np.zeros(10)은 실행 결과에서와 같이 10개의 요소로 구성된 [0. 0. 0. 0. 0. 0. 0. 0. 0. 0.]의 값을 가진다.

5행 data1의 데이터 형은 64비트 실수형임을 알 수 있다.

```
[0. 0. 0. 0. 0. 0. 0. 0. 0. 0.]
float64
[[0. 0. 0.]
 [0. 0. 0.]]
[[0 0 0]
 [0 0 0]]
```

7행 np.zeros((2, 3))은 2행 3열의 0.0으로 초기화된 64비트 실수형 ndarray 객체를 생성한다.

10행 dtype=np.int32는 0으로 초기화된 32비트 정수형의 ndarray 객체를 생성한다.

이번에는 ndarray 객체를 1로 초기화하여 ndarray 객체를 생성하는 방법을 익혀보자.

예제 13-4. ndarray 객체 1로 초기화하기   ex13.ipynb

```
01    import numpy as np
02
03    data1 = np.ones(8)
04    print(data1)
05
06    data2 = np.ones((3, 4), dtype=np.int32)
07    print(data2)
```

¤ 실행 결과

```
[1. 1. 1. 1. 1. 1. 1. 1.]
[[1 1 1 1]
 [1 1 1 1]
 [1 1 1 1]]
```

3행 np.ones(8)은 8개의 요소의 값이 모두 1인 1차원 실수형 ndarray 객체 data1을 생성한다.

6행 np.ones((3, 4))는 3행 4열의 2차원 ndarray 객체의 모든 요소가 1로 초기화된다. dtype=np.int32는 ndarray 객체 요소의 데이터 형을 32비트 정수형으로 설정한다.

13.1.3 arange() 메소드

다음 예제를 통하여 Numpy에서 일정한 규칙을 가진 수를 자동 생성하는 arange() 메소드에 대해 공부해보자.

예제 13-5. Numpy의 arange() 메소드

ex13.ipynb

```
01    import numpy as np
02
03    data = np.arange(10, 121, 10)
04    print(data)
05    print(data[2])
06    print(data[5:8])
07
08    data[7:10] = 800
09    print(data)
10
11    data2 = data.reshape(2, 6)
12    print(data2)
```

¤ 실행 결과

```
[ 10  20  30  40  50  60  70  80  90 100 110 120]
30
[60 70 80]
[ 10  20  30  40  50  60  70 800 800 800 110 120]
[[ 10  20  30  40  50  60]
 [ 70 800 800 800 110 120]]
```

3행 Numpy의 arange() 메소드는 파이썬의 내장 함수인 range()의 사용법과 동일하다. np.arange(10, 121, 10)은 10에서 120까지(10씩 증가)의 범위, 즉 10, 20, 30, ... 110, 120 의 요소 값을 가진 ndarray 객체를 반환한다.

5행 data[2]는 ndarray의 객체 data에서 인덱스 2인 요소의 값 30이 된다.

6행 data[5:8]는 ndarray의 객체 data에서 인덱스 5~7까지의 요소인 [60 70 80]의 값을 가진다.

8행 data[7:10], 즉 인덱스 7~9에 800의 값을 저장한다.

11행 data.reshape(2, 6)는 ndarray의 객체 data를 2행 6열로 재구성한다.

지금까지 배운 Numpy의 메소드와 속성을 표로 정리하면 다음과 같다.

표 13-1 Numpy의 ndarray 생성 관련 메소드

메소드	설명
array()	매개 변수로 사용되는 리스트, 튜플, 배열 형의 데이터를 이용하여 ndarray 객체를 생성한다.
random.randn()	가우시안 정규 분포를 갖는 랜덤 수를 생성한다.
zeros()	ndarray 객체를 생성하고 0으로 초기화한다.
ones()	ndarray 객체를 생성하고 1로 초기화한다.
arange()	내장 함수 range()와 동일한 기능, ndarray 객체를 반환한다.
reshape()	ndarray 객체의 차원을 재구성한다. 예를 들어 reshape(3,5)은 배열의 구조를 3행 5열의 2차원으로 변환한다.

표 13-2 Numpy의 ndarray 속성

속성	설명
dtype	ndarray 객체의 데이터 형을 나타낸다. int32는 32비트 정수형, float64는 64비트 실수형을 의미한다.
shape	ndarray 객체의 행과 열을 튜플로 나타낸다.

13.1.4 2차원 배열의 요소 추출

Numpy의 ndarray 2차원 배열 객체에서 각각의 요소, 하나의 행, 여러 개의 행을 추출하는 다음의 예제를 공부해보자.

예제 13-6. 2차원 배열의 요소 추출　　　　　　　　　　　　　　　　ex13.ipynb

```
01    import numpy as np
02
03    data = np.array([[1, 2, 3, 4, 5],
04                     [6, 7, 8, 9, 10],
05                     [11, 12, 13, 14, 15]])
06
07    print(data)
08    print(data[2][3])
09    print(data[0][1:])
10    print(data[0])
11    print(data[[1, 2]])
12    print()
13
14    data[1]= 100
15    print(data)
16
17    data[:] = 200
18    print(data)
```

8행 data[2][3]의 값은 ndarray 배열 객체 data에서 인덱스 2인 행과 인덱스 3인 열에 해당되는 요소의 값인 14가 된다.

9행 data[0][1:]은 data에서 인덱스 0인 행에서 인덱스 1인 열부터 나머지 열까지의 데이터, 즉 [2 3 4 5]의 값을 가진다.

10행 data[0]는 data에서 인덱스 0인 행의 데이터인 [1 2 3 4 5]의 값을 가진다.

```
[[ 1  2  3  4  5]
 [ 6  7  8  9 10]
 [11 12 13 14 15]]
14
[2 3 4 5]
[1 2 3 4 5]
[[ 6  7  8  9 10]
 [11 12 13 14 15]]

[[  1   2   3   4   5]
 [100 100 100 100 100]
 [ 11  12  13  14  15]]
[[200 200 200 200 200]
 [200 200 200 200 200]
 [200 200 200 200 200]]
```

11행 data[1, 2]는 실행 결과에 나타난 것과 같이 data에서 인덱스 1과 2인 행의 데이터 값을 가진다.

14행 data[1]은 인덱스 1의 행 데이터를 의미한다. 따라서 data[1]=100은 인덱스 1인 행의 요소 값을 모두 100으로 변경한다.

17행 data[:]은 data의 모든 요소를 의미한다. 따라서 data[:]=200은 모든 요소의 데이터를 200으로 변경하게 된다.

13.2.1 배열의 산술 연산

리스트와 비교했을 때 ndarray의 장점 중 하나는 배열에 대해 산술 연산(+, −, *, /, % 등)을 바로 수행할 수 있다는 것이다.

예제 13-7. ndarray 배열의 산술 연산

ex13.ipynb

```
01    import numpy as np
02
03    a = np.array([[10, 7, -8, 2],
04            [-2, 2, 8, 3],
05            [6, -8, -5, 3]])
06
07    b = a * 2
08    print(b)
09
10    c = a * a
11    print(c)
12
13    print(a > b)
```

¤ 실행 결과

```
[[ 20  14 -16   4]
 [ -4   4  16   6]
 [ 12 -16 -10   6]]
[[100  49  64   4]
 [  4   4  64   9]
 [ 36  64  25   9]]
[[False False  True False]
 [ True False False False]
 [False  True  True False]]
```

7행 a * 2는 배열 a의 모든 요소에 2를 곱하게 된다. 실행 결과에 나타난 것과 같이 ndarray 배열 객체 b의 요소 값은 a의 모든 요소값에 2를 곱한 값이라는 것을 알 수 있다.

10행 실행 결과에 나타난 것과 같이 배열 a의 모든 요소의 제곱 값을 구한 다음 ndarray 객체 c에 저장한다.

13행 배열에 대한 비교 연산은 실행 결과에서와 같이 참(True), 거짓(False)의 불 (Bool) 값을 반환한다.

13.2.2 배열의 통계 메소드

다음 예제를 통하여 Numpy를 이용하여 배열의 합계, 평균, 최댓값, 최솟값을 구하는 방법에 대해 알아보자.

예제 13-8. 배열의 합계, 평균, 최댓값, 최솟값 구하기   ex13.ipynb

```
01    import numpy as np
02
03    data = np.array([[80, 78, 90, 93],
04                [65, 87, 88, 75],
05                [98, 100, 68, 80]])
06
07    print(data.sum())
08    print(data.mean())
09    print(data.max())
10    print(data.min())
11    print()
12
13    print(data.max(axis=0))
14    print(data.max(axis=1))
15    print()
16
17    index1 = np.argmax(data, axis=0)
18    index2 = np.argmin(data, axis=1)
19    print(index1, index2)
```

```
1002
83.5
100
65

[ 98 100  90  93]
[ 93  88 100]

[2 2 0 0] [1 0 2]
```

7행　Numpy의 sum() 메소드는 배열의 모든 요소의 합계를 반환한다.

8행　mean() 메소드는 배열의 모든 요소의 평균 값을 반환한다.

9행　max() 메소드는 배열의 모든 요소의 값 중에서 최댓값을 반환한다.

10행　min() 메소드는 배열의 모든 요소의 값 중에서 최솟값을 반환한다.

13행　data.max(axis=0)은 각 열의 요소 값 중 최댓값을 구해서 얻은 배열을 반환한다.

14행　data.max(axis=1)은 각 행의 요소 값 중 최댓값을 구해서 얻은 배열을 반환한다.

17행　Numpy의 argmax() 메소드는 열 또는 행 방향으로 최댓값을 갖는 요소의 인덱스를 반환한다. argmax(data, axis=0)는 ndarray의 배열 객체 data에서 각 열에 대해 요소가 최댓값을 가지는 인덱스 [2 2 0 0]을 반환한다.

18행　argmin() 메소드는 열 또는 행 방향으로 최댓값을 갖는 요소의 인덱스를 반환한다. argmin(data, axis=1)은 배열 객체 data에서 각 행에 대해 요소가 최솟값을 가지는 인덱스 [1 0 2]를 반환한다.

13.2.3 배열에 조건식 사용하기

Numpy 배열에서는 특정 조건을 만족하는 요소 값의 개수를 세거나, 조건을 만족하는요소의 값을 특정 값으로 변경할 수 있다.

예제 13-9. 배열에 조건식 사용	ex13.ipynb

```
01    import numpy as np
02
03    data = np.random.randn(3,4)
04    print(data)
05
06    print(data > 0)
07
08    total = (data < 0).sum()    # 음수의 원소 개수
09    print(total)
10
11    data2 = np.where(data > 0, 1, -1)
12    print(data2)
13
14    data3 = np.where(data > 0, 5, data)
15    print(data3)
```

¤ 실행 결과

```
[[ 0.823293   0.292996   -2.59991429 0.9087267 ]
 [-0.28825592 0.3996413   0.49922846 -0.32000343]
 [ 1.12672336 -0.51248337 0.99202783 0.77582767]]
[[ True  True False  True]
 [False  True  True False]
 [ True False  True  True]]
4
[[ 1  1 -1  1]
 [-1  1  1 -1]
 [ 1 -1  1  1]]
[[ 5.         5.         -2.59991429 5.        ]
 [-0.28825592 5.         5.         -0.32000343]
 [ 5.         -0.51248337 5.         5.        ]]
```

6행 ndarray 배열 data에서 사용된 조건식 data > 0은 배열의 요소의 값이 양수인 경우에는 True, 0 또는 음수일 경우에는 False의 요소 값을 가지는 배열을 생성한다.

8행 (data<0).sum()은 data에서 음수의 요소 값을 가지는 요소의 개수의 합계를 구한다. 실행 결과에 나타난 4는 음수 값을 가지는 배열의 요소가 4개라는 것을 의미한다.

11행 np.where(data > 0, 1, -1)는 data에서 요소 값이 양수인 경우에는 1, 그렇지 않은 경우에는 -1의 요소 값을 가지는 배열을 생성한다.

14행 np.where(data > 0, 5, data)는 data에서 요소 값이 양수인 경우에는 5, 그렇지 않은 경우에는 원래의 data 요소 값을 가지는 배열을 생성한다.

Numpy의 np.where() 메소드는 다음과 같은 형식으로 사용된다.

서식
np.where(*조건식*, *값1*, *값2*)

np.where() 메소드는 *조건식*이 참이면 *값1*, 그렇지 않고 거짓일 경우에는 *값2*의 요소 값을 가진 배열을 생성한다.

13.2.4 배열의 요소 정렬

다음 예제를 통하여 Numpy 배열을 오름차순으로 정렬하는 방법을 익혀보자.

예제 13-10. 배열의 요소 정렬   ex13.ipynb

```
01    import numpy as np
02
03    data = np.array([[13, 22, 17, 2],
04              [-2, 20, 8, 3],
05              [-16, 10, -5, 33]])
06
07    data.sort(0)
08    print(data)
09    print()
10
11    data.sort(1)
12    print(data)
```

¤ 실행 결과

```
[[-16  10  -5   2]
 [ -2  20   8   3]
 [ 13  22  17  33]]

[[-16  -5   2  10]
 [ -2   3   8  20]
 [ 13  17  22  33]]
```

7행 data.sort(0)는 각 열을 중심으로 해당 열의 요소들을 오름차순으로 정렬한다.

11행 data.sort(1)은 sort(0)과는 반대로 각 행을 중심으로 해당 행의 요소들을 오름차순으로 정렬한다.

13.2.5 배열에 열과 행 삽입

ndarray 배열을 사용할 때 간혹 열과 행을 삽입하여 처리해야 할 경우가 있다. 다음 예제를 통하여 배열에 열과 행을 삽입하는 방법을 익혀보자.

예제 13-11. 배열에 열과 행 삽입	ex13.ipynb

```
01    import numpy as np
02
03    a = np.arange(10)
04    print(a)
05
06    b = np.insert(a, 3, 10)
07    print(b)
08
09    x = np.array([[1, 1, 1], [2, 2, 2], [3, 3, 3]])
10    print(x)
11    print()
12
13    y = np.insert(x, 1, 10, axis=0)
14    print(y)
15
16    y = np.insert(x, 1, 10, axis=1)
17    print(y)
```

6행 Numpy의 insert() 메소드는 ndarray 배열의 열 또는 행에 데이터를 삽입하는 데 사용된다. np.array(a, 3, 10)은 배열 a의 인덱스 3의 요소에 10의 값을 삽입한다.

13행 np.array(x, 1, 10 axis=0)은 배열 x의 열 방향으로 인덱스 1의 요소에 모든 요소 값이 10인 행을 하나 삽입한다.

16행 np.array(x, 1, 10 axis=1)은 13행과 동일하나 배열 x의 행 방향으로 모든 요소 값이 10인 열을 하나 삽입한다.

```
[0 1 2 3 4 5 6 7 8 9]
[ 0  1  2 10  3  4  5  6  7  8  9]
[[1 1 1]
 [2 2 2]
 [3 3 3]]

[[ 1  1  1]
 [10 10 10]
 [ 2  2  2]
 [ 3  3  3]]
[[ 1 10  1  1]
 [ 2 10  2  2]
 [ 3 10  3  3]]
```

지금까지 배운 ndarray 배열에서 제공하는 주요한 메소드를 정리하면 다음과 같다.

표 13-3 Numpy ndarray 객체의 메소드

메소드	설명
sum()	배열의 모든 요소들의 합계를 반환한다.
mean()	배열의 모든 요소들의 평균 값을 반환한다.
max()	배열의 요소들중에서 최댓값을 반환한다. 옵션 axis=0 은 각 열의 최댓값, axis=1은 각 행의 최댓값을 구하는 데 사용한다.
min()	배열의 요소들중에서 최솟값을 반환한다.
argmax()	열 또는 행의 요소들 중 최댓값을 가지는 요소의 인덱스를 반환한다.
argmin()	열 또는 행의 요소들 중 최솟값을 가지는 요소의 인덱스를 반환한다.
where()	조건식에 따라 배열의 요소 값을 특정 값으로 변경한다.
sort()	배열을 오름차순으로 정렬한다. 2차원 배열인 경우에 sort(0)는 열을 중심으로 요소들을 정렬하고, sort(1)은 행을 중심으로 요소들을 정렬한다.
insert()	배열에 행 또는 열을 삽입한다.

전국 초등학교 학생 데이터 분석

앞 절에서 배운 Numpy를 활용하기 위한 예제로 교육부에서 제공한 전국 초등학교의 학급수, 학생수, 교원수 등이 저장된 CSV 파일을 분석해보자. CSV 파일을 읽은 파일을 Numpy의 ndarray 객체에 저장한 다음 Numpy의 메소드와 속성을 활용하여 전국의 초등학교 전체에 대한 통계 처리와 특정 초등학교에 대한 학생수, 교원수, 학급당 학생수, 교원 1인당 학생수 등을 비교하고 분석해보자.

13.3.1 최대 학급수/학생수/교사수 찾기

교육부에서 공공포털 사이트를 통하여 제공한 CSV 파일 데이터(2019년 기준)를 이용하여 전국 초등학교 중에서 최대 학급수, 최대 학생수, 최대 교사 수를 보유한 학교의 정보를 검색해보자.

1 CSV 파일의 구조

이번 실습에 사용되는 school_2019.csv 파일에는 전국 초등학교를 대상으로 지역, 학교명, 학급수, 학생수, 교사수의 항목에 대한 6,264건의 데이터가 저장되어 있다.

school_2019.csv 파일을 텍스트 에디터로 열어보면 다음과 같은 구조로 되어 있음을 알 수 있다.

전국 초등학교 학급수, 학생수, 교사수에 대한 CSV 파일   school_2019.csv

```
지역,학교명,학급수,학생수,교사수
서울특별시 서초구,서울교육대학교부설초등학교,28,616,32
서울특별시 종로구,서울대학교사범대학부설초등학교,31,632,35
서울특별시 강남구,서울개일초등학교,31,837,38
서울특별시 강남구,서울구룡초등학교,25,492,30
서울특별시 강남구,서울논현초등학교,19,339,22
서울특별시 강남구,서울대곡초등학교,44,1226,54
서울특별시 강남구,서울대도초등학교,62,2157,73
서울특별시 강남구,서울대모초등학교,32,1084,43
...
```

2 CSV 데이터를 2차원 리스트에 저장하기

CSV 파일의 데이터를 Numpy를 활용하여 처리하기 위해 먼저 CSV 파일을 읽어들여 리스트에 저장하는 방법에 대해 알아보자.

예제 13-12. CSV 데이터 2차원 리스트에 저장하기   ex13.ipynb

```
01    import csv
02
03    f = open('school_2019.csv', 'r', encoding='utf-8')
04    lines = csv.reader(f)
05
06    header = next(lines)
07    print(header)
08
09    list_data = []
10    for line in lines :
11        list_data.append(line[:])
12
13    print(list_data)
14    f.close()
```

['지역', '학교명', '학급수', '학생수', '교사수']
[['서울특별시 서초구', '서울교육대학교부설초등학교', '28', '616', '32'], ['서울특별시 종로구', '서울대학교사범대학부설초등학교', '31', '632', '35'], ['서울특별시 강남구', '서울개일초등학교', '31', '837', '38'], ['서울특별시 강남구', '서울구룡초등학교', '25', '492', '30'], ['서울특별시 강남구', '서울논현초등학교', '19', '339', '22'], ['서울특별시 강남구', '서울대곡초등학교', '44', '1226', '54'], ['서울특별시 강남구', '서울대도초등학교', '62', '2157', '73'],
...... ,
['제주특별자치도 제주시', '삼화초등학교', '34', '862', '41'], ['제주특별자치도 제주시', '하귀일초등학교', '26', '603', '31']]

1행 CSV 패키지를 불러온다.

3,4행 school_2019.csv 파일을 파일 객체 f에 저장한 다음 csv.reader() 메소드로 읽어들여 lines에 저장한다.

6,7행 next() 함수를 이용하여 첫 번째 행의 데이터를 읽어 header에 저장한 다음 header를 출력한다. 데이터 열의 항목은 '지역', '학교명', '학급수', '학생수', '교사수'로 구성되어 있음을 알 수 있다.

9~11행 빈 리스트 list_data를 생성한 다음 for문을 이용하여 lines의 내용을 한 행씩 읽어서 리스트 list_data에 저장한다. 리스트의 append() 메소드는 리스트 list_data에 데이터를 추가하는 데 사용된다. 여기서 line[:]은 한 행의 데이터를 의미한다.

13행 list_data를 실행 결과에서와 같이 출력한다. list_data는 2차원의 리스트 임을 알 수 있다.

위의 예제 13-12에서는 읽어들인 CSV 파일의 내용을 2차원 리스트에 저장하였다. 다음 예제에서는 2차원 리스트 데이터를 Numpy의 ndarray 배열 객체에 저장하게 된다. 이렇게 함으로써, Numpy의 메소드를 이용한 데이터 분석이 가능해진다.

3 2차원 리스트를 ndarray에 저장하기

앞의 예제 13-12에서 얻은 2차원 리스트 데이터를 ndarray 배열 객체에 저장하는 다음의 예제를 살펴보자.

예제 13-13. 2차원 리스트를 ndarray에 저장	ex13.ipynb

```
01    import csv
02    import numpy as np
03
04    f = open('school_2019.csv', 'r', encoding='utf-8')
05    lines = csv.reader(f)
06
07    header = next(lines)
08
09    list_data = []
10    for line in lines :
11        list_data.append(line[:])
12
13    length = len(list_data)
14    print(length)
15
16    data = np.zeros((length, 3), dtype='int32')
17
18    for i in range(length) :
19        for j in range(3) :
20            data[i][j] = list_data[i][j+2]
21
22    print(data)
23
24    f.close()
```

```
6264
[[ 28 616  32]
 [ 31 632  35]
 [ 31 837  38]
 ...
 [ 36 985  42]
 [ 34 862  41]
 [ 26 603  31]]
```

1~11행 CSV 파일을 불러와 2차원 리스트에 저장한다. 이 부분의 코드는 앞의 예제 13-12과 동일하다.

13행 len() 함수를 이용하여 리스트 list_data의 길이를 구하여 변수 length에 저장한다. 실행 결과에 나타난 6264를 통하여 리스트 데이터의 전체 행이 6,264개 임을 알 수 있다.

16행 np.zeros() 메소드를 이용하여 ndarray 배열 객체인 data를 생성하고 요소 값을 모두 0으로 초기화한다. np.zeros(length, 3), dtype='int32')는 length가 6264이기 때문에 6264행 3열의 ndarray 배열 객체(32비트 정수형)를 생성하고 모든 요소들을 0으로 초기화한다. 이것은 ndarray 배열 객체의 데이터를 저장할 메모리 공간을 확보해두는 의미가 있다.

18~20행 리스트 list_data에서 숫자 부분의 데이터인 인덱스 2, 3, 4의 열 데이터를 ndarray 배열 객체 data에 저장한다.

22행 실행 결과에 나타난 것과 같이 ndarray 배열 data는 (6264, 3) 차원, 즉 3개의 열에 대해 6,264개의 행으로 구성된다.

위의 예제 13-13을 통하여 Numpy의 ndarray에 저장된 전국 초등학교의 학급수, 학생수, 교사수의 데이터를 분석하여 최대 학급수, 최대 학생수, 최대 교원수를 보유한 초등학교를 찾아보자.

4 전국 최대의 학생수 학교 찾기

다음 예제를 통하여 Numpy argmax() 메소드의 사용법를 익히고 이를 통하여 전국 초등학교 중에서 최대 학급 수, 최대 학생 수, 최대 교원 수를 가진 학교의 정보를 출력해보자.

예제 13-14. 전국 최대 학생수 학교 찾기　　　　　　　　　　ex13.ipynb

```python
01    import csv
02    import numpy as np
03
04    f = open('school_2019.csv', 'r', encoding='utf-8')
05    lines = csv.reader(f)
06
07    header = next(lines)
08
09    list_data = []
10    for line in lines :
11        list_data.append(line[:])
12
13    length = len(list_data)
14
15    data = np.zeros((length, 3), dtype='int32')
16
17    for i in range(length) :
18        for j in range(3) :
19            data[i][j] = list_data[i][j+2]
20
21    max_index = np.argmax(data, axis=0)
22    print(max_index)
23
24    max_class = list_data[max_index[0]][1]
25    num_class = list_data[max_index[0]][2]
26
27    max_student = list_data[max_index[1]][1]
28    num_student = list_data[max_index[1]][3]
```

```
29
30    max_teacher = list_data[max_index[2]][1]
31    num_teacher = list_data[max_index[2]][4]
32
33    print('최대 학급수의 초등학교 : %s, 학급수 : %s개 ' % (max_class,
      num_class))
34    print('최대 학생수의 초등학교 : %s, 학생수 : %s명' % (max_student,
      num_student))
35    print('최대 교사수의 초등학교 : %s, 교사수 : %s명' % (max_teacher,
      num_teacher))
36
37    f.close()
```

¤ 실행 결과

[138 1999 138]
최대 학급수의 초등학교 : 서울신정초등학교, 학급수 : 75개
최대 학생수의 초등학교 : 탄벌초등학교, 학생수 : 2178명
최대 교사수의 초등학교 : 서울신정초등학교, 교사수 : 91명

1~19행 이 부분은 예제 13-12의 코드와 거의 유사하다. CSV 파일을 불러와 2차원 리스트에 저장하고, 다시 리스트의 데이터를 Numpy의 ndarray 배열 객체에 저장한다.

21행 np.argmax(data, axis=0)는 ndarray의 data에 대해 각 열(axis=0)의 최댓값을 가지는 요소의 인덱스로 구성된 ndarray 배열 객체를 반환하여 max_index에 저장한다.

※ argmax() 메소드의 사용법에 대해서는 다음 쪽의 TIP을 참고한다.

22행 ndarray 배열 객체 max_index를 출력해보면 실행 결과에 [138 1999 138]이 나타난다. 138은 최대 학급수를 나타내는 요소의 인덱스를 의미한다. 같은 맥락에서 1999와 138은 각각 최대 학생수와 최대 교사수를 가진 요소의 인덱스를 나타낸다.

argmax() 메소드

Numpy의 argmax() 메소드는 ndarray 배열 객체에서 열 또는 행 방향으로 최댓값을 가진 요소의 인덱스를 반환한다. 여기서, axis=0은 열 방향으로 최댓값을 가진 요소의 인덱스를 나타내고 axis=1은 행 방향으로 최댓값을 가진 요소의 인덱스를 의미한다.

다음의 argmax()의 간단한 사용 예를 살펴보자.

```
01    import numpy as np
02
03    a = np.array([[10, 20, 30],
04            [15, 7, 55],
05            [5, 33, 12]])
06
07    print(np.argmax(a, axis=0))
08    print(np.argmax(a, axis=1))
```

☼ 실행 결과

```
[1 2 1]
[2 2 1]
```

7행 axis=0은 열 방향의 최댓값을 구한다. ndarray 배열 a에 열 방향의 최댓값을 가진 요소의 인덱스는 1(최댓값:15), 2(최댓값:33), 1(최댓값:55)이 된다.

8행 axis=1은 행 방향을 의미한다. ndarray 배열 a에 행 방향의 최댓값을 가진 요소의 인덱스는 2(최댓값:20), 2(최댓값:55), 1(최댓값:33)이 된다.

24행 max_index[0]은 21행에서 얻는 배열 max_index 의 0번째 인덱스의 값인 138
을 의미한다. 리스트 list_data의 list_data[138][1]의 값을 max_class에 저장하게 된
다. 예제 13-11의 실행 결과를 보면 2차원 리스트 list_data의 열 방향 인덱스 1에 해당
되는 것이 학교명이라는 것을 알 수 있다. 결론적으로 max_class는 최대 학급수를 가진
초등학교명을 의미한다.

25행 24행과 같은 맥락에서 리스트 list_data의 list_data[138][2]의 값을 num_class
에 저장하게 된다. 실행 결과를 보면 2차원 리스트 list_data의 열 방향 인덱스 2에 해당
되는 것이 학급수가 된다. 따라서 num_class는 해당 학교의 최대 학급수를 나타낸다.

27,28행 24행과 25행과 같은 방식으로 최대 학생수를 가진 학교명을 max_student
에 저장하고, 그 학교의 최대 학생수를 num_student에 저장한다.

30,31행 앞에서와 같은 방식으로 최대 교사수를 가진 학교명을 max_teacher에 저장
하고, 그 학교의 최대 교사수를 num_teacher에 저장한다.

33~35행 최대 학급수, 최대 학생수, 최대 교사수를 가진 초등학교의 학교명과 그 때
의 해당 수치를 출력한다.

13.3.2 특정 초등학교 학생수와 교사수 비교하기

다음은 임의로 선정한 네 개의 학교, 즉 마재, 약사, 정평, 도평 초등학교에 대한 학생 수와 교사 수를 출력하고, Matplotlib 패키지를 이용하여 그래프로 시각화하여 보자.

예제 13-15. 특정 학교의 학생수와 교사수 비교	ex13.ipynb

```
01    import csv
02    import numpy as np
03    import matplotlib.pyplot as plt
04    from matplotlib import rc
05    rc('font', family='Malgun Gothic')
06
07    f = open('school_2019.csv', 'r', encoding='utf-8')
08    lines = csv.reader(f)
09
10    header = next(lines)
11
12    schools = {}
13
14    for line in lines:
15        if ('광주' in line[0]) and ('마재' in line[1]) :
16            schools.update({'마재':[line[2], line[3], line[4]]})
17        if ('울산' in line[0]) and ('약사' in line[1]) :
18            schools.update({'약사':[line[2], line[3], line[4]]})
19        if ('용인' in line[0]) and ('정평' in line[1]) :
20            schools.update({'정평':[line[2], line[3], line[4]]})
21        if ('제주' in line[0]) and ('도평' in line[1]) :
22            schools.update({'도평':[line[2], line[3], line[4]]})
23
24    print(schools)
25
26    data = np.zeros((4,3), dtype='int32')
27
28    school = list(schools.values())
29
```

```
30    for i in range(len(schools)) :
31        for j in range(3) :
32            data[i][j] = school[i][j]
33
34    print(data)
35
36    data = np.insert(data, 2, 0, axis=1)
37    data = np.insert(data, 4, 0, axis=1)
38    print(data)
39
40    row = data.shape[0]
41    for i in range(row) :
42        data[i][2] = round(data[i][1]/data[i][0])
43        data[i][4] = round(data[i][1]/data[i][3])
44
45    print(data)
46
47    xdata = ['마재', '약사', '정평', '도평']
48
49    plt.plot(xdata, data[:, 1], label='학생수', color='red', linestyle='--', marker='x')
50    plt.plot(xdata, data[:, 3], label='교사수', color='blue', linestyle=':', marker='d')
51    plt.title('마재/약사/정평/도평 초등학교 학생수와 교사수')
52    plt.legend(loc='best')
53    plt.show()
54
55    plt.plot(xdata, data[:, 2], label='학급당 학생수', color='magenta', linestyle='-.', marker='o')
56    plt.plot(xdata, data[:, 4], label='교수1인당 학생수', color='green', linestyle='--', marker='x')
57    plt.title('마재/약사/정평/도평 초등학교 학급당 학생수 및 교수1인당 학생수')
58    plt.legend(loc='best')
59    plt.show()
60
61    f.close()
```

{'마재': ['24', '481', '28'], '약사': ['29', '685', '33'], '정평': ['36', '945', '43'], '도평': ['14', '300', '17']}
[[24 481 28]
 [29 685 33]
 [36 945 43]
 [14 300 17]]
[[24 481   0 28   0]
 [29 685   0 33   0]
 [36 945   0 43   0]
 [14 300   0 17   0]]
[[24 481 20 28 17]
 [29 685 24 33 21]
 [36 945 26 43 22]
 [14 300 21 17 18]]

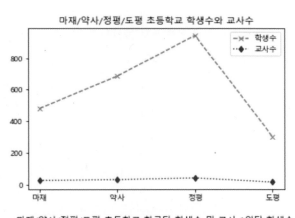

마재/약사/정평/도평 초등학교 학생수와 교사수

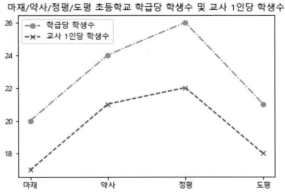

마재/약사/정평/도평 초등학교 학급당 학생수 및 교사 1인당 학생수

2,3행 Numpy와 Matplotlib 패키지를 불러온다.

4,5행 Matplotlib에서 한글 사용을 위해 폰트를 '맑은고딕' 서체로 설정한다.

7행 school_2019.csv 파일을 읽기 모드로 열어 파일 객체 f에 저장한다.

8행 csv.reader() 메소드로 파일 객체 f에서 데이터를 읽어 csv 객체 lines에 저장한다.

10행 csv 객체에서 첫 번째 행을 읽어 header에 저장한다.

10행 빈 딕셔너리 schools를 생성한다.

15,16행 school_2019.csv 파일에서 첫 번째 열을 나타내는 line[0], 즉 지역에 문자열 '광주'가 포함되어 있고, line[1], 즉 학교명에 '마재'가 포함되어 있으면, update() 메소드를 이용하여 해당 행에 대해 키는 '마재', 값은 학습수(line[2]), 학생수(line[3]), 교사수(line[4])를 요소로 하는 리스트를 딕셔너리 schools에 추가한다. 이것은 광주시의 마재초등학교 정보를 딕셔너리 schools에 추가하는 것이다.

17,18행 15,16행에서와 같은 맥락에서 울산시의 약사초등학교 정보를 키는 '약사'로 하고 학급수, 학생수, 교사수를 값으로 하여 딕셔너리 schools에 추가한다.

19,20행 앞에서와 같은 방식으로 용인시의 정평초등학교 정보를 키는 '정평'으로하고 학급수, 학생수, 교사수를 값으로 하여 딕셔너리 schools에 추가한다.

21,22행 앞과 같은 방식으로 제주도의 도평초등학교 정보를 키는 '도평'으로하고 학급수, 학생수, 교사수를 값으로 하여 딕셔너리 schools에 추가한다.

24행 실행결과에 나타난 딕셔너리 schools는 다음과 같다.

```
{'마재': ['24', '481', '28'], '약사': ['29', '685', '33'], '정평': ['36', '945', '43'], '도평': ['14',
'300', '17']}
```

딕셔너리 schools에서 각 요소의 키는 학교명이고, 그에 대응하는 값은 리스트임을 알 수 있다. 리스트의 각 요소는 학급수, 학생수, 교사수를 나타낸다.

26행 0으로 초기화된 4행과 3열의 ndarray 배열 data를 생성한다.

28행 list(schools.values())는 딕셔너리 schools의 값을 요소로 한 리스트를 생성한다.

30~32행 len(schools)는 딕셔너리 schools 요소의 개수인 4의 값을 가진다. 리스트 school의 각 요소의 값을 ndarray 배열 data의 해당 요소에 저장한다.

34행 실행 결과에 나타난 ndarray 배열 data는 다음과 같다.

```
[[ 24 481  28]
 [ 29 685  33]
 [ 36 945  43]
 [ 14 300  17]]
```

위의 ndarray 배열의 각 요소는 24행의 딕셔너리 schools의 값을 가지고 있음을 알 수 있다.

36, 37행 Numpy의 insert() 메소드를 이용하여 한 학급당 학생수를 의미하는 열(요소값:0)과 교사 1인당 학생수를 나타내는 열(요소값:0)을 삽입한다.

38행 36행과 37행에 의해 두 개의 열이 삽입된 data는 다음과 같다.

```
[[ 24 481  0  28  0]
 [ 29 685  0  33  0]
 [ 36 945  0  43  0]
 [ 14 300  0  17  0]]
```

TIP

insert() 메소드

Numpy의 insert() 메소드는 ndarray 배열 객체에서 열 또는 행을 삽입한다.
axis=1은 열의 삽입을 의미한다.

40행 ndarray의 shape 속성은 해당 배열에 대한 차원의 튜플 값을 가진다. 따라서 data.shape[0]는 튜플의 첫 번째 요소의 값이 되며, 이것은 배열의 전체 행의 개수를 의미한다.

shape 속성

ndarray의 shape 속성은 ndarray 배열의 차원을 구하는 데 사용된다.

다음은 shape 속성이 사용된 간단한 예이다.

```
a = np.array( [ [1,2,3],[4,5,6],[7,8,9],[10,11,12] ])

print(a.shape)
print(a.shape[0])
print(a.shape[1])
```

¤ 실행 결과

```
(4, 3)
4
3
```

shape 속성의 값은 튜플의 형(Type)을 가진다. 위에서 a.shape[0]는 전체 행의 개수, a.shape[1]은 전체 열의 개수를 나타낸다.

41~45행 한 학급당 학생 수와 교사 1인당 학생 수의 값을 구해 해당 요소에 삽입하면 실행 결과는 다음과 같다.

```
[[ 24 481  20  28  17]
 [ 29 685  24  33  21]
 [ 36 945  26  43  22]
 [ 14 300  21  17  18]]
```

위에서 각 열은 각각 학급 수, 학생 수, 한 학급당 학생 수, 교사 수, 교사 1인당 학생 수를 나타낸다.

47행 Matplotlib 패키지에서 사용되는 X축에서 사용될 데이터를 설정한다. X축은 선정된 네 학교의 이름이 된다.

49~53행 실행 결과의 첫 번째 선 그래프는 선정된 네 학교에 대해 학생 수와 교사 수를 비교하고 있다.

55~59행 실행 결과의 두 번째 선 그래프를 그리는 데 이 그래프는 네 학교에 대해 학급당 학생 수와 교사 1인당 학생 수를 나타낸다.

※ Matplotlib 패키지를 이용한 선 그래프를 그리는 것에 대한 자세한 설명은 12장의 380쪽을 참고하기 바란다.

■ 다음은 교육부에서 제공한 전국 고등학교의 학년별 학급수와 학생수 정보(2019년 기준)를 저장한 CSV 파일이다. 다음 물음에 답하시오.(1~4번 문제)

high_school_2019.csv

지역, 학교명, 1학년 학급수, 1학년 학생수, 2학년 학급수, 2학년 학생수, 3학년 학급수, 3학년 학생수
서울특별시 강남구,국립국악고등학교,5,150,5,149,5,143
서울특별시 성북구,서울대학교사범대학부설고등학교,8,239,8,228,8,270
서울특별시 금천구,국립전통예술고등학교,6,182,6,174,6,169
...
제주특별자치도 제주시,제주제일고등학교부설방송통신고등학교,5,116,5,98,5,126

1. high_school_2019.csv 파일을 읽어들여 2차원 리스트에 저장한 다음 출력하는 프로그램을 작성하시오.

▦ 실행 결과

[['서울특별시 강남구', '국립국악고등학교', '5', '150', '5', '149', '5', '143'], ['서울특별시 성북구', '서울대학교사범대학부설고등학교', '8', '239', '8', '228', '8', '270'], ,
...
,['제주특별자치도 제주시', '제주외국어고등학교', '4', '99', '4', '95', '4', '92'], ['제주특별자치도 제주시', '제주제일고등학교부설방송통신고등학교', '5', '116', '5', '98', '5', '126']]

2. 1번에서 저장된 2차원 리스트 데이터 중에서 숫자 데이터에 해당되는 6개의 열(1학년 학급수, 1학년 학생수, 2학년 학급수, 2학년 학생수, 3학년 학급수, 3학년 학생수) 데이터를 ndarray에 저장하는 프로그램을 작성하시오.

▦ 실행 결과

```
--------------------------------------------------------
 1학년 학급수  1학년 학생수  2학년 학급수  2학년 학생수  3학년 학급수  3학년 학생수
--------------------------------------------------------
[[  5 150   5 149   5 143]
 [  8 239   8 228   8 270]
 ...
 [  5 116   5  98   5 126]]
```

3. 전국의 고등학교에 대해 각 학교의 총 학생수(1,2,3학년 학생수의 합)를 구해 마지막 열에 삽입하는 프로그램을 작성하시오.

▦ 실행 결과

 1학년 학급수 1학년 학생수 2학년 학급수 2학년 학생수 3학년 학급수 3학년 학생수 총 학생수

[[5 150   5 ...   5 143 442]
 [8 239   8 ...   8 270 737]
 [6 182   6 ...   6 169 525]
 ...
 [5 116   5 ...   5 126 340]]

4. 전국 고등학교에 대해 각 학년별 총 학생수를 구하고 막대 그래프로 시각화하는 프로그램을 작성하시오.

▦ 실행 결과

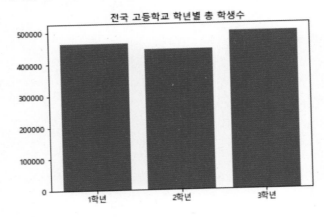

1학년 총 학생수 : 463400
2학년 총 학생수 : 444714
3학년 총 학생수 : 500698

Chapter 14

Pandas 데이터 분석

파이썬의 Pandas는 데이터 분석에 가장 많이 쓰이는 패키지 라이브러리이다. Pandas는 1차원 배열의 구조로 된 Series 클래스와 2차원 테이블 형태인 DataFrame 클래스로 구성되어 있다. 이번 장에서는 Series 객체를 생성하는 방법, 인덱스를 설정하고 값을 추출하는 방법, 객체에 연산과 조건식을 적용하는 방법 등에 대해 알아본다. 또한 DataFrame의 기본적인 사용법을 익히고 DataFrame을 인구 통계 데이터 분석에 적용하는 방법을 배운다.

14.1 Pandas 패키지 소개

파이썬의 Pandas(팬더스)는 데이터 분석를 하는 데 가장 많이 사용되는 패키지이다. Pandas는 for문을 이용하지 않고 배열의 산술 연산을 할 수 있으며 Numpy의 스타일과 유사한 배열 관련 함수를 제공한다.

Numpy가 배열 연산에 특화되어 있다면, Pandas는 열과 행으로 구성된 테이블 형태의 데이터를 다루는 데 초점이 맞추어져 있다. 1,000여명의 프로그래머가 Pandas 프로젝트에 참여해서 자신만의 분석 모듈을 제공하고 있어 Pandas 라이브러리의 적용 범위가 점점 더 확장되고 있다.

Pandas 패키지는 기본적으로 Series(시리즈)와 DataFrame(데이터프레임)의 두 가지 자료 구조 모듈이 핵심이다.

일반적으로 Pandas 패키지를 불러다 사용하는 형식은 다음과 같다.

서식	
	import *pandas* as *pd*

위와 같은 형식에서 Pandas의 Series 클래스와 DataFrame 클래스는 각각 np.Series()와 np.DataFrame()과 같이 사용된다.

14.2.1 Series 객체 생성하기

Pandas의 Series 클래스에서는 Numpy의 ndarray 1차원 배열을 기본으로 정수와 문자열 인덱스를 사용할 수 있다.

다음 예제를 통하여 Series 클래스를 이용하여 객체를 생성하는 방법에 대해 알아보자.

예제 14-1. Series 객체의 생성   ex14.ipynb

```
01    import pandas as pd
02
03    obj = pd.Series([5, -4, 7, 0, 12])
04    print(obj)
```

¤ 실행 결과

```
0    5
1    -4
2    7
3    0
4    12
dtype: int64
```

1행 Pandas 패키지를 별칭 pd로 불러온다.

3행 pd.Series 클래스와 리스트 [5, -4, 7, 0, 12]를 이용하여 Series 객체 obj를 생성한다.

4행 실행 결과를 보면 객체 obj는 첫 번째 열에 0~4의 숫자 인덱스가 표시되고 두 번째 열에는 요소의 값이 표시된다. 그리고 Series 객체의 기본 형(Type)은 64비트 정수형이 된다.

위의 예제 14-1에서와 같이 Series 객체는 1차원 배열의 인덱스와 값으로 구성된다. 별도로 인덱스를 설정하지 않으면 기본적으로 인덱스는 0부터 시작하는 숫자 값을 가진다.

14.2.2 Series 객체의 값과 인덱스

Series 객체에서 값(Value)과 인덱스(Index)를 얻기 위해서는 각각 Series 클래스의
values와 index 속성을 이용한다.

예제 14-2. Series 객체의 값과 인덱스	ex14.ipynb

```
01    import pandas as pd
02
03    obj = pd.Series([8, -20, -3, 13, 2])
04
05    print(obj.values)
06    print(obj.index)
07
08    print(obj[2])
```

¤ 실행 결과

```
[  8 -20  -3  13   2]
RangeIndex(start=0, stop=5, step=1)
-3
```

3행 Series 클래스와 리스트 [8, -20, -3, 13, 2]를 이용하여 Series 객체 obj를 생성
한다.

5행 obj.values 속성은 obj 객체의 값을 얻는 데 사용된다.

6행 obj.index 속성은 obj 객체의 인덱스를 얻는 데 사용된다. 인덱스는 0~4까지의 범
위 값을 가진다.

8행 obj[2]는 인덱스 2에 해당되는 요소 값인 -3을 의미한다. 이와 같이 Series 객체의
값은 인덱스를 통해 접근할 수 있다.

14.2.3 Series 객체에 인덱스 설정하기

다음의 예제에서와 같이 Series 객체에서는 0부터 시작하는 숫자 인덱스 외에 문자열 인덱스를 설정할 수 있다.

예제 14-3. Series 객체의 인덱스 설정   ex14.ipynb

```
01    import pandas as pd
02
03    obj = pd.Series([10, 20, 30, 40, 50], index=['a', 'b', 'c', 'd', 'e'])
04    print(obj)
05
06    print(obj['c'])
07    print(obj[['d', 'a']])
08    print(obj[1:4])
```

¤ 실행 결과

```
a   10
b   20
c   30
d   40
e   50
dtype: int64
30
d   40
a   10
dtype: int64
b   20
c   30
d   40
dtype: int64
```

3행 Series 객체 obj의 인덱스를 ['a', 'b', 'c', 'd', 'e']로 설정한다.

4행 실행 결과의 첫 번째 열에는 obj 객체의 인덱스 'a', 'b', 'c', 'd', 'e'가 표시된다.

6행 obj['c']는 인덱스 'c'에 해당되는 요소 값인 30을 의미한다. 이와 같이 3행에서 설정한 객체의 인덱스를 이용하여 obj 객체의 요소를 접근할 수 있다.

7행 obj[['d', 'a']]는 인덱스 'd'와 'a'에 해당되는 요소 값인 40과 10을 나타낸다.

8행 obj[1:4]는 인덱스 1에서 3까지의 요소 값인 20, 30, 40을 의미한다.

14.2.4 Series 객체의 연산과 조건식

다음 예제를 통하여 Series 객체에서 산술 연산과 조건식을 사용하는 방법을 익혀보자.

예제 14-4. Series 객체의 산술 연산과 조건식	ex14.ipynb

```
01    import pandas as pd
02
03    obj = pd.Series([10, 20, 30, 40, 50])
04
05    print(obj * 10)
06
07    print(obj[obj > 25])
```

¤ 실행 결과

```
0    100
1    200
2    300
3    400
4    500
dtype: int64
2    30
3    40
4    50
dtype: int64
```

3행 Series 객체 obj를 생성한다.

5행 obj * 10은 obj 객체의 모든 요소 값에 10을 곱한다.

7행 obj[obj > 25]는 obj 객체의 요소 중 값이 25보다 큰 요소 값을 얻는 데 사용한다.

14.2.5 Series 객체와 for문

서울, 부산, 대구의 총 인구를 Series 객체에 저장한 다음 for문을 이용하여 데이터를 추
출하는 방법에 대해 알아보자.

예제 14-5. Series 객체에서 for문 활용   ex14.ipynb

```
01    import pandas as pd
02
03    pop = pd.Series([9765623, 3441453, 2461769], index=['서울', '부산',
'대구'])
04
05    for i, v in pop.items() :
06       print('%s : %d명' % (i, v))
```

¤ 실행 결과

서울 : 9765623명
부산 : 3441453명
대구 : 2461769명

3행 Series 객체 pop에 데이터를 저장하고, 인덱스에는 '서울', '부산', '대구'를 설정한
다.

5행 pop.items()는 Series 객체 pop의 인덱스와 값을 얻는 데 사용한다. for 루프의
변수 i에는 pop 객체의 인덱스가 저장되고, v에는 객체의 요소 값이 저장된다.

6행 실행 결과에서와 같이 pop 객체의 인덱스와 값을 출력한다.

pandas.Series.items() 메소드

Series 클래스의 items() 메소드는 Series 객체에 있는 요소를 튜플 형태, 즉 (index, value)로 반환한다.

```
import pandas as pd

s = pd.Series(['A', 'B', 'C'])

for index, value in s.items() :
    print('인덱스 : %d, 값 : %s' % (index, value))
```

14.2.6 Series 객체와 딕셔너리

딕셔너리는 Series 객체와 생김새가 유사하기 때문에 딕셔너리를 이용하여 Series 객체를 생성하는 경우가 많다.

앞의 예제 14-5의 세 도시의 인구 데이터를 딕셔너리를 이용하여 Series 객체에 저장한 다음 처리하는 다음의 예제를 살펴보자.

```
01    import pandas as pd
02
03    pop = pd.Series({'서울':9765623, '부산':3441453, '대구':2461769},
   index = ['서울', '부산', '대구', '광주', '대전'])
04    print(pop)
05
06    pop['광주'] = 149336
07
08    print('광주시 인구 : %.0f명' % pop['광주'])
```

¤ 실행 결과

```
서울    9765623.0
부산    3441453.0
대구    2461769.0
광주        NaN
대전        NaN
dtype: float64
광주시 인구 : 149336명
```

3,4행 딕셔너리를 이용하여 Series 객체 pop을 생성한다. 딕셔너리를 이용하여 생성되는 Series 객체의 형(Type)은 64비트 실수형이 된다. '서울', '부산', '대구', '광주', '대전'을 인덱스로 설정하면 데이터 값이 없는 '광주'와 '대전'은 NaN으로 표시된다. 여기서 NaN은 'Not a Number'로 값이 없는 NULL을 의미한다.

6행 pop 객체의 인덱스 '광주'의 요소에 149336을 저장한다.

8행 실행 결과에서와 같이 pop['광주']의 값을 출력한다.

14.3 DataFrame 클래스

14.3.1 DataFrame 객체 생성하기

Pandas의 DataFrame 클래스는 테이블 형태로 된 2차원 자료 구조이다. DataFrame은 여러 개의 열과 행으로 구성되며, 각 열은 서로 다른 데이터 형(Type)을 가질 수 있다.

DataFrame 객체를 생성하는 방법은 다양한데, 다음과 같이 딕셔너리의 값으로 리스트를 사용하는 방법이 가장 많이 사용된다.

예제 14-7. DataFrame 객체 생성   ex14.ipynb

```
01    import pandas as pd
02
03    data = {'이름':['홍지수', '안지영', '김성수', '최예린'],
04            '아이디' : ['jshong', 'jyahn', 'sukim', 'yrchoi'],
05            '비밀번호' : ['1234', '1234', '1234', '1234']}
06
07    frame = pd.DataFrame(data)
08    print(frame)
```

¤ 실행 결과

```
     이름    아이디  비밀번호
0  홍지수  jshong  1234
1  안지영   jyahn  1234
2  김성수   sukim  1234
3  최예린  yrchoi  1234
```

3~5행 딕셔너리의 키가 '이름', '아이디', '비밀번호'이고, 값은 각 키에 해당되는 요소들로 구성된 리스트인 딕셔너리 data를 생성한다.

7,8행 딕셔너리 data를 이용하여 DataFrame 객체 frame을 생성한다. 실행 결과를 보면 frame 객체의 열 인덱스는 '이름', '아이디', '비밀번호'이고, 행 인덱스는 0으로 시작하는 정수로 되어 있다.

14.3.2 DataFrame에 인덱스 설정하기

DataFrame 객체에서 열과 행 인덱스는 다음과 같이 설정할 수 있다.

예제 14-8. DataFrame 열과 행 인덱스 설정   ex14.ipynb

```
01    import pandas as pd
02
03    member = {'이름':['김영준','한지원'],
04        '나이':[20, 23],
05        '전화번호':['010-3535-4576', '010-1295-7899']}
06
07    frame = pd.DataFrame(member, columns=['이름', '전화번호', '나이', '주소'], index=['01', '02'])
08    print(frame)
```

¤ 실행 결과

```
    이름        전화번호 나이   주소
 01 김영준 010-3535-4576  20  NaN
 02 한지원 010-1295-7899  23  NaN
```

3~5행 딕셔너리 member를 생성한다.

7행 딕셔너리 member를 이용하여 DataFrame 객체 frame을 생성한다. columns=['
이름', '전화번호', '나이', '주소']는 열 인덱스를 '이름', '전화번호', '나이', '주소'로 설정한
다. 그리고 index=['01', '02']는 행의 인덱스를 '01', '02'로 설정한다.

8행 DataFrame 객체 frame의 출력 결과를 보면 '주소' 열은 딕셔너리 member에 존
재하지 않기 때문에 NULL 값인 NaN으로 표시된다. 그리고 8행에서 설정된 행 인덱스에
의해 행의 제목이 '01', '02'으로 나타나게 된다.

DataFrame 객체의 열 인덱스와 행의 인덱스를 설정하는 형식은 다음과 같다.

서식	*데이터프레임명* = pd.DataFrame(딕셔너리명, *columns* = 리스트, *index* = 리스트)

*데이터프레임명*에 대해 열 인덱스를 설정하는 데는 *columns*를 사용하고, 행 인덱스를 설정
하는 데는 *index*를 사용한다.

14.3.3 DataFrame 요소 추출하기

DataFrame 객체에서 특정 요소를 추출하는 데는 loc 속성과 iloc 속성이 사용된다.

이번 절에서는 loc 속성과 iloc을 이용하여 DataFrame 객체에서 특정요소를 추출하는
방법에 대해 알아본다.

1 loc을 이용한 DataFrame 요소 추출

다음 예제를 통하여 loc을 이용하여 DataFrame 객체에서 특정 요소를 추출하는 방법을 익혀보자.

예제 14-9. loc을 이용한 DataFrame의 요소 추출   ex14.ipynb

```
01    import pandas as pd
02
03    data = {'학교명':['가나고', '다라고', '마바고', '사아고', '자차고'],
04            '학급수' : [25, 23, 15, 19, 10],
05            '학생수' : [620, 600, 550, 580, 400],
06            '교사수' : [80, 95, 70, 90, 65]}
07
08    frame = pd.DataFrame(data, index=['01', '02', '03', '04', '05'])
09    print(frame)
10
11    print(frame.loc['02', '학생수'])
12    print(frame.loc['04', ['학교명', '학급수', '교사수']])
```

¤ 실행 결과

```
    학교명  학급수  학생수  교사수
01  가나고   25   620   80
02  다라고   23   600   95
03  마바고   15   550   70
04  사아고   19   580   90
05  자차고   10   400   65
600
학교명    사아고
학급수     19
교사수     90
Name: 04, dtype: object
```

3~6행 딕셔너리 data를 생성한다.

8행 딕셔너리 data를 이용하여 DataFrame 객체 frame을 생성하고, 행 인덱스는 '01', '02', '03', '04', '05'로 설정한다.

9행 실행 결과를 보면 DataFrame 객체 frame은 5행 4열의 테이블로 구성되어 있음을 알 수 있다.

11행 frame.loc['02', '학생수']은 frame 객체에서 행 인덱스가 '02'이고 열의 인덱스가 '학생수'인 요소의 값, 즉 600이 된다. 이와 같이 loc 속성을 이용하면 행 인덱스와 열 인덱스를 이용하여 객체의 요소에 접근할 수 있다.

12행 frame.loc['04', ['학교명', '학급수', '교사수']]은 frame 객체에서 행 인덱스가 '04'이고 열 인덱스가 '학교명', '학급수', '교사수'인 DataFrame 객체를 반환한다. 따라서 사아고의 학교명, 학급수, 교사수를 화면에 출력한다.

실행 결과의 마지막 줄에 나타난 Name: 04는 행 인덱스명이 '04'임을 나타내고 dtype: object는 데이터 형(Type)이 object, 즉 객체라는 것을 의미한다.

DataFrame 객체의 loc 속성의 사용 형식을 정리하면 다음과 같다.

서식	*데이터프레임명.loc*[[행_인덱스명, 행_인덱스명, ...], [열_인덱스명, 열_인덱스명, ..]]

*데이터프레임명*에 대해 행 인덱스의 Name 속성이 *행_인덱스명, 행_인덱스명, ...* 이고, 열 인덱스의 Name 속성이 *열_인덱스명, 열_인덱스명, ..*인 요소들로 구성된 DataFrame 객체를 얻는다.

2 iloc을 이용한 DataFrame 요소 추출

이번에는 DataFrame 객체의 iloc을 이용하여 객체의 요소를 추출하는 방법에 대해 알아보자.

예제 14-10. iloc을 이용한 DataFrame의 요소 추출   ex14.ipynb

```
01    import pandas as pd
02
03    data = {'아이디':['kim', 'song', 'han', 'choi'],
04          '구매상품' : ['상품A', '상품B', '상품C', '상품D'],
05          '가격' : [15000, 23000, 33000, 50000],
06          '개수' : [3, 5, 1, 10],
07          '구매일' : ['0303', '0810', '0120', '0601']}
08
09    frame = pd.DataFrame(data)
10    print(frame)
11
12    print(frame.iloc[2, 0])
13    print(frame.iloc[3, :2])
14    print(frame.iloc[:, [0, 4]])
```

☼ 실행 결과

```
    아이디 구매상품     가격 개수  구매일
0   kim  상품A 15000  3  0303
1  song  상품B 23000  5  0810
2   han  상품C 33000  1  0120
3  choi  상품D 50000 10  0601
han
아이디     choi
구매상품     상품D
Name: 3, dtype: object
    아이디  구매일
0   kim  0303
1  song  0810
2   han  0120
3  choi  0601
```

3~7행 딕셔너리 data를 생성한다.

9행 딕셔너리 data를 이용하여 DataFrame 객체 frame을 생성한다.

10행 frame 객체는 5행 3열로 구성되어 있다. 행 인덱스는 0부터 시작하는 정수이고, 열 인덱스는 '아이디', '구매상품', '가격', '개수', '구매일'로 구성된다.

12행 frame.iloc[2, 0]은 frame 객체에서 행 인덱스가 2이고 열 인덱스가 0인 요소의 값인 'han'의 값을 가진다.

13행 frame.iloc[3, :2]는 frame 객체에서 행 인덱스가 3이고 열 인덱스는 0과 1인 열 ('아이디', '구매상품')에 해당되는 요소들로 구성된 다음의 객체를 의미한다.

```
아이디     choi
구매상품      상품D
```

14행 frame.iloc[:, [0, 4]]는 frame 객체에서 행 인덱스 :, 즉 행 전체에 대해 열 인덱스가 0('아이디')과 4('구매일')인 요소들로 구성된 다음의 객체를 나타낸다.

```
   아이디  구매일
0  kim  0303
1  song  0810
2  han  0120
3 choi  0601
```

DataFrame 객체의 iloc의 사용 형식은 다음과 같다.

서식   데이터프레임명.iloc[행_인덱스번호, 열_인덱스번호]

loc에서 Name 속성의 인덱스명을 사용하는 것과 달리 iloc에서는 0으로 시작하는 정수를 인덱스로 사용한다. 행_인덱스번호와 열_인덱스번호는 [0], [1:3], [:3], [5:], [:] 등에서와 같이 문자열과 리스트에서 사용하는 인덱스 방식과 거의 유사하다.

※ 문자열과 리스트의 인덱스와 추출 방법에 대해서는 56쪽과 176쪽을 참고한다.

14.3.4 DataFrame으로 합계와 평균 구하기

1 sum() 메소드로 합계 구하기

DataFrame 클래스의 sum() 메소드를 이용하여 5명 학생의 세 과목 성적 합계를 구하는 프로그램을 작성해보자.

예제 14-11. DataFrame의 sum() 메소드	ex14.ipynb

```
01    import pandas as pd
02
03    scores = {'이름': ['김지영', '안지수', '최성수', '황예린', '김소정'],
04        '국어' : [95, 97, 90, 94, 87],
05        '영어' : [90, 86, 93, 85, 93],
06        '수학' : [85, 88, 89, 88, 99]}
07
08    frame = pd.DataFrame(scores)
09    print(frame)
10
11    frame2 = frame.iloc[:, [1, 2, 3]]
12    print(frame2)
13
14    total = frame2.sum(axis = 1)
15    print(total)
```

¤ 실행 결과

```
    이름  국어  영어  수학
 0  김지영  95  90  85
 1  안지수  97  86  88
 2  최성수  90  93  89
 3  황예린  94  85  88
 4  김소정  87  93  99
```

```
     국어  영어  수학
0  95  90  85
1  97  86  88
2  90  93  89
3  94  85  88
4  87  93  99
0    270
1    271
2    272
3    267
4    279
dtype: int64
```

3~6행 딕셔너리 scores를 생성한다.

8,9행 딕셔너리 scores를 이용하여 DataFrame 객체 frame을 생성한 다음 화면에 출력한다.

11,12행 frame.iloc[:, [1, 2, 3]]은 frame 객체에서 모든 행(:)에 대해 열 인덱스 1, 2, 3인 열의 데이터를 의미한다. 실행 결과를 보면 frame2 객체는 열 인덱스 0인 '이름' 열을 제외한 데이터로 구성되어 있음을 알 수 있다.

14,15행 frame2.sum(axis=1)은 행 방향으로 요소 값의 합계를 구한다. 실행 결과에 나타난 total 객체는 5명 학생에 대한 세 과목 성적의 합계를 의미한다.

DataFrame 클래스에 있는 sum() 메소드의 사용 형식은 다음과 같다.

서식	데이터프레임명.sum(*axis=0 또는 axis=1*)

DataFrame의 sum() 메소드는 열 방향(*axis=0*) 또는 행 방향(*axis=1*)으로 배열 요소의 합계를 구해 DataFrame(또는 Series) 객체로 반환한다.

2 성적 평균 구하기

예제 14-11의 성적 합계를 구한 결과에 추가적으로 성적의 평균을 구한 다음 양식에 맞추어서 출력하는 다음의 프로그램을 살펴보자.

예제 14-12. 성적의 합계와 평균 구하기	ex14.ipynb

```python
01    import pandas as pd
02
03    scores = {'이름': ['김지영', '안지수', '최성수', '황예린', '김소정'],
04          '국어' : [95, 97, 90, 94, 87],
05          '영어' : [90, 86, 93, 85, 93],
06          '수학' : [85, 88, 89, 88, 99]}
07
08    frame = pd.DataFrame(scores)
09    frame2 = frame.iloc[:, [1, 2, 3]]
10
11    total = frame2.sum(axis = 1)
12    avg = frame2.mean(axis = 1)
13
14    print('-' * 50)
15    print('이름    합계 평균')
16    print('-' * 50)
17    for i in range(5) :
18        print('%s  %d   %.2f' % (frame.iloc[i, 0], total.iloc[i], avg.iloc[i]))
19
20    print('-' * 50)
```

¤ 실행 결과

```
--------------------------------------------------
이름    합계 평균
--------------------------------------------------
김지영  270   90.00
안지수  271   90.33
최성수  272   90.67
황예린  267   89.00
김소정  279   93.00
--------------------------------------------------
```

3~11행 앞의 예제 14-11과 동일한 코드이다. 요약하면 DataFrame 객체 frame을 생성한 다음, iloc을 이용하여 성적 데이터만 추출하여 frame2 객체를 생성한다. 그리고 sum() 메소드를 이용하여 각 학생들의 성적을 구해 total 객체에 저장한다.

12행 mean() 메소드를 이용하여 frame2 객체에 저장된 성적의 평균을 구해 avg 객체에 저장한다.

14~20행 실행 결과에서와 같이 5명 학생의 성적 합계와 평균을 출력한다.

DataFrame 객체에서 사용되는 mean() 메소드의 사용 형식은 다음과 같다.

서식	데이터프레임명.mean(*axis=0 또는 axis=1*)

DataFrame의 mean() 메소드는 열 방향(*axis=0*) 또는 행 방향(*axis=1*)으로 배열 요소의 평균 값을 구해 DataFrame(또는 Series) 객체에 반환한다.

국내 인구 통계 데이터 분석

이번 절에서는 앞에서 배운 DataFrame 클래스를 이용하여 행정안전부에서 제공하는 국내 주민등록 인구 통계 데이터(2020년 2월 기준)를 분석하는 방법을 익혀보자.

14.4.1 인구 통계 데이터 파일 구성

실습에서 사용하는 인구 통계 데이터 파일(population_2020.csv)을 텍스트 에디터나 주피터 노트북으로 열어 보면 다음과 같다.

population_2020.csv

```
"행정구역","2020년02월_총인구수","2020년02월_세대수","2020년02월_세대당 인구","2020년02월_남자 인구수","2020년02월_여자 인구수","2020년02월_남여 비율"
"서울특별시  (1100000000)","9,736,962","4,345,877","    2.24","4,745,133","4,991,829","    0.95"
"부산광역시  (2600000000)","3,410,925","1,502,333","    2.27","1,673,266","1,737,659","    0.96"
...
"경상남도  (4800000000)","3,358,828","1,455,655","    2.31","1,690,600","1,668,228","    1.01"
"제주특별자치도  (5000000000)","670,876","293,932","    2.28","337,295","333,581","    1.01"
```

첫 번째 행에는 행정구역, 총인구수, 세대수, 세대당 인구수, 남자 인구수, 여자 인구수, 남여 비율 등 데이터의 제목이 들어간다. 그 다음 행부터는 제목에 해당되는 총 17개의 시도 통계 데이터가 입력되어 있다.

14.4.2 데이터 정제 및 준비

본격적인 인구 통계 데이터를 분석하기에 앞서 CSV 파일을 읽어들인 다음 열 제목을 설정하고 불필요한 데이터를 삭제하는 등의 데이터 정제와 준비 과정이 필요하다.

데이터 정제 과정과 프로그램에서 사용된 사용자 모듈(population.py)을 도표로 정리하면 다음과 같다.

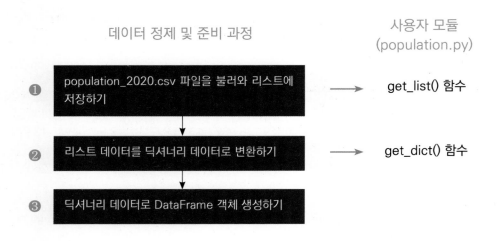

그림 14-1 데이터 분석 프로그램 처리 과정과 사용자 모듈

❶ 사용자 모듈(population.py)에 정의된 get_list() 함수를 이용하여 데이터 파일 polulation_2020.csv을 불러와 리스트에 저장한다.

❷ 사용자 모듈의 get_dict() 함수를 이용하여 리스트를 딕셔너리 데이터로 변환한다.

❸ 딕셔너리 데이터를 이용하여 DataFrame 객체를 생성한다.

1 CSV 파일을 리스트에 저장하기

다음의 예제 14-13은 그림 14-1 ❶에 해당되는 과정으로 population_2020.csv 파일을 불러와 리스트 list_data에 저장하는 프로그램이다.

예제 14-13. CSV 파일을 리스트에 저장	ex14.ipynb

```
01   import population as pop
02
03   list_data = []
04
05   # CSV 파일을 읽어들여 리스트 list_data에 저장
06   pop.get_list(list_data)
07   print(list_data)
```

¤ 실행 결과

[['서울특별시 （1100000000)', '부산광역시 （2600000000)', '대구광역시 (2700000000)', '인천광역시 (2800000000)', '광주광역시 (2900000000)', '대전광역시 (3000000000)', '울산광역시 (3100000000)', '세종특별자치시 (3600000000)', '경기도 (4100000000)', '강원도 (4200000000)', '충청북도 (4300000000)', '충청남도 (4400000000)', '전라북도 (4500000000)', '전라남도 (4600000000)', '경상북도 (4700000000)', '경상남도 (4800000000)', '제주특별자치도 (5000000000)'], ['9,736,962', '3,410,925', '2,432,883', '2,954,955', '1,456,121', '1,473,125', '1,145,710', '343,788', '13,265,377',
...
['4,991,829', '1,737,659', '1,230,519', '1,473,822', '735,435', '737,334', '557,084', '172,385', '6,592,671', '765,163', '788,794', '1,039,842', '912,747', '926,994', '1,320,049', '1,668,228', '333,581'], ['   0.95', '   0.96', '   0.98', '   1.00', ' 0.98', '   1.00', '   1.06', '   0.99', '   1.01', '   1.01', '   1.03', '   1.04', ' 0.99', '   1.01', '   1.01', '   1.01', '   1.01']]

1행 population 모듈을 별칭 pop으로 불러온다.

3행 리스트 list_data에 빈 리스트([])를 저장한다.

6행 pop.get_list(list_data)는 population 모듈의 모듈 함수 get_list()를 호출한다. 이때 get_list() 함수의 매개변수에 list_data를 전달한다. get_list() 모듈 함수에서는 CSV 파일(population_2020.csv)을 읽어들여 리스트 list_data에 저장한다.

7행 리스트 list_data를 화면에 출력한다.

위의 예제 14-13 6행에서 사용된 population 모듈의 모듈 함수 get_list()를 살펴보자.

population 모듈함수 : get_list()

population.py

```
01    def get_list(list_data) :
02        import csv
03        f = open('population_2020.csv', 'r', encoding='utf-8')
04        lines = csv.reader(f)
05
06        header = next(lines)
07
08        list_tmp = []
09        for line in lines :                    # lines의 내용을 리스트에 저장
10            list_tmp.append(line[:])
11
12        for j in range(7) :                    # 리스트의 행과 열을 변경
13            tmp = []
14            for i in range(len(list_tmp)) :
15                tmp.append(list_tmp[i][j])
16            list_data.append(tmp)
```

1행 get_list() 함수를 정의한다. 매개 변수 list_data는 예제 14-13 6행의 리스트 list_data를 Call by Reference로 전달 받는다.

※ 함수에서 매개 변수의 Call By Referece에 대해서는 7장의 233쪽을 참고한다.

3,4행 CSV 파일 population_2020.csv 파일을 열어 csv.reader() 메소드를 이용하여 lines에 저장한다.

6행 next(lines)는 lines에 저장된 행을 한 줄 읽어들여 header에 저장한다.

※ next() 함수에 대한 자세한 설명은 11장의 348쪽을 참고한다.

9,10행 lines에 저장된 내용을 리스트 list_tmp에 저장한다.

12~16행 리스트 list_tmp의 행과 열을 변경하여 list_data에 저장한다. 이렇게 함으로써 예제 14-13의 실행 결과에서와 같이 [['서울...', '부산...', '대구...' ...], ['9,736,962', '3,410,925', '2,432,883', '2,954,955', ...], ...]의 형태로 된 2차원 리스트를 얻을 수 있게 된다.

2 리스트를 딕셔너리로 변환하기

다음은 그림 14-1 ❷에 해당되는 과정으로 앞의 예제 14-13을 통해 얻은 리스트 list_data를 딕셔너리 형태로 변환하여 딕셔너리 dict_data에 저장한다.

예제 14-14. 리스트를 딕셔너리로 변환   ex14.ipynb

```
01    import population as pop
02
03    list_data = []
04
05    # CSV 파일을 읽어 들여 리스트 list_data에 저장
06    pop.get_list(list_data)
07
08    dict_data = {}
09
10    # 딕셔너리 dict_data를 위한 키 설정
11    keys = ['지역', '총인구수', '세대수', '세대당_인구', '남자_인구수', '여자_인구수', '남여_비율']
12
13    # 리스트 list_data와 딕셔너리의 키 keys를 딕셔너리 dict_data에 저장
14    pop.get_dict(list_data, keys, dict_data)
15
16    print(dict_data)
```

{'지역': ['서울특별시', '부산광역시', '대구광역시', '인천광역시', '광주광역시', '대전광역시', '울산광역시', '세종특별자치시', '경기도', '강원도', '충청북도', '충청남도', '전라북도', '전라남도', '경상북도', '경상남도', '제주특별자치도'], '총인구수': [9736962, 3410925, 2432883, 2954955, 1456121, 1473125, 1145710, 343788, 13265377, 1539521, 1598599, 2120995, 1815112, 1861894, 2658956, 3358828, 670876],

...

 '여자_인구수': [4991829, 1737659, 1230519, 1473822, 735435, 737334, 557084, 172385, 6592671, 765163, 788794, 1039842, 912747, 926994, 1320049, 1668228, 333581], '남여_비율': [0.95, 0.96, 0.98, 1.0, 0.98, 1.0, 1.06, 0.99, 1.01, 1.01, 1.03, 1.04, 0.99, 1.01, 1.01, 1.01, 1.01]}

3~6행 앞의 예제 14-13과 동일한 부분이다. 여기서는 CSV 파일을 읽어 리스트 list_data에 저장하게 된다.

8행 딕셔너리 dict_data에 빈 딕셔너리({})를 저장한다.

11행 딕셔너리 dict_data의 키로 사용될 리스트 keys를 생성한다.

14행 pop.get_dict(list_data, keys, dict_data)는 리스트 list_data를 딕셔너리 dict_data로 변환한다. keys는 딕셔너리의 키를 의미한다.

16행 딕셔너리 dict_data를 화면에 출력한다.

위의 예제 14-14 14행에서 사용된 population 모듈의 모듈 함수 get_dict()는 다음과 같이 정의된다.

population 모듈함수 : get_dict()

population.py

```
18   def get_dict(list_data, keys, dict_data) :
19       area = get_area(list_data[0])
20       dict_data.update({keys[0]:area})
21
```

```
22        for i in range(1, 7) :
23            if i==3 or i==6 :
24                data = del_comma(list_data[i], 'float')
25            else :
26                data = del_comma(list_data[i], 'integer')
27
28            dict_data.update({keys[i]:data})
29
30    def get_area(data) :
31        tmp = []
32        for x in data :
33            arr = x.split()
34            tmp.append(arr[0])
35
36        return tmp
37
38    def del_comma(data, t) :
39        tmp = []
40        for x in data :
41            string = ''
42            arr = x.split(',')
43            for i in range(len(arr)) :
44                string += arr[i]
45
46            if t == 'integer' :
47                tmp.append(int(string))
48            else :
49                tmp.append(float(string))
50
51        return tmp
```

18행 get_dict() 함수를 정의한다. 매개 변수 list_data는 예제 14-14 6행의 리스트 list_data를 Call by Reference로 전달 받는다.

19행 get_area(list_data[0])에서 list_data[0]는 예제 14-14의 실행 결과에 나타난 인덱스 0의 요소 값인 다음을 나타낸다.

['서울특별시 (1100000000)', '부산광역시 (2600000000)', '대구광역시 (2700000000)', '인천광역시 (2800000000)', '광주광역시 (2900000000)', '대전광역시 (3000000000)', '울산광역시 (3100000000)', '세종특별자치시 (3600000000)', '경기도 (4100000000)', '강원도 (4200000000)', '충청북도 (4300000000)', '충청남도 (4400000000)', '전라북도 (4500000000)', '전라남도 (4600000000)', '경상북도 (4700000000)', '경상남도 (4800000000)', '제주특별자치도 (5000000000)']

30~36행 get_area() 함수는 list_data[0]의 각 요소에서 '서울특별시', '부산광역시', '대구광역시' 등의 문자열을 추출한다.

32행 첫 번째 for 루프에서 문자열 x의 값은 '서울특별시 (1100000000)'가 된다.

33행 x.split()은 x를 공백(' ')을 기준으로 문자열을 분리하여 리스트 arr에 저장한다. 따라서 arr[0]는 '서울특별시', arr[1]은 '(1100000000)'의 값을 가진다.

※ 문자열 split() 메소드에 대해서는 7장의 256쪽을 참고한다.

20행 dict_data.update({keys[0]:area})는 딕셔너리 {keys[0]:area}를 딕셔너리 dict_data의 새로운 요소로 추가한다.

여기서 keys[0]의 값은 '지역'이고, area의 값은 리스트 ['서울특별시', '부산광역시', '대구광역시', '인천광역시', '광주광역시', '대전광역시', '울산광역시', '세종특별자치시', '경기도', '강원도', '충청북도', '충청남도', '전라북도', '전라남도', '경상북도', '경상남도', '제주특별자치도']가 된다.

22~28행 24행과 28행에 있는 del_comma() 함수는 예제 14-14의 실행 결과에 나타난 리스트 데이터 중에서 '9,736,962' 또는 '   0.95'와 같은 데이터에 대해 콤마(,)와 공백(' ')들을 삭제한다.

28행 dict_data.update({keys[i]:data})는 콤마와 공백이 삭제된 리스트 data를 딕셔너리 dict_data에 추가한다.

3 DataFrame 객체 생성하기

다음의 프로그램은 그림 14-1 ❸에 해당되는 과정으로 앞의 예제 14-14를 통해 얻은
딕셔너리 dict_data를 이용하여 DataFrame 객체인 frame을 생성한다.

예제 14-15. 딕셔너리로 DataFrame 객체 생성	ex14.ipynb

```
01    import population as pop
02    import pandas as pd
03
04    list_data = []
05
06    # CSV 파일을 읽어 들여 리스트 list_data에 저장
07    pop.get_list(list_data)
08
09    dict_data = {}
10
11    # 딕셔너리 dict_data를 위한 키 설정
12     keys = ['지역', '총인구수', '세대수', '세대당_인구', '남자_인구수', '여자_인구
수', '남여_비율']
13
14    # 리스트 list_data와 딕셔너리의 키 keys를 딕셔너리 dict_data에 저장
15    pop.get_dict(list_data, keys, dict_data)
16
17    # 딕셔너리 dict_data를 이용하여 DataFrame 객체 frame 생성
18    frame = pd.DataFrame(dict_data)
19    print(frame)
```

¤ 실행 결과

```
        지역       총인구수      세대수 세대당_인구  남자_인구수  여자_인구수  남여_비율
0   서울특별시   9736962  4345877   2.24  4745133  4991829   0.95
1   부산광역시   3410925  1502333   2.27  1673266  1737659   0.96
2   대구광역시   2432883  1033349   2.35  1202364  1230519   0.98
3   인천광역시   2954955  1242107   2.38  1481133  1473822   1.00
4   광주광역시   1456121   618503   2.35   720686   735435   0.98
5   대전광역시   1473125   637726   2.31   735791   737334   1.00
6   울산광역시   1145710   469551   2.44   588626   557084   1.06
```

7	세종특별자치시	343788	136629	2.52	171403	172385	0.99
8	경기도	13265377	5497087	2.41	6672706	6592671	1.01
9	강원도	1539521	721003	2.14	774358	765163	1.01
10	충청북도	1598599	723931	2.21	809805	788794	1.03
11	충청남도	2120995	961890	2.21	1081153	1039842	1.04
12	전라북도	1815112	818452	2.22	902365	912747	0.99
13	전라남도	1861894	873871	2.13	934900	926994	1.01
14	경상북도	2658956	1229265	2.16	1338907	1320049	1.01
15	경상남도	3358828	1455655	2.31	1690600	1668228	1.01
16	제주특별자치도	670876	293932	2.28	337295	333581	1.01

2행 pandas 패키지를 별칭 pd로 불러온다.

4~15행 앞의 예제 14-14와 동일한 코드이다. 여기서는 CSV 파일에서 데이터를 읽어들여 리스트 list_data에 저장하고, 리스트 list_data를 딕셔너리로 변환하여 딕셔너리 dict_data에 저장한다.

18행 딕셔너리 dict_data를 이용하여 DataFrame 객체 frame을 생성한다.

19행 frame 객체를 출력해보면, 실행 결과에 나타난 것과 같이 frame 객체는 7개의 열(지역, 총인구수, 세대수, 세대당_인구, 남자_인구수, 여자_인구수, 남여_비율)에 대해 17개의 행(서울을 비롯한 각 지역의 인구 데이터)으로 구성된 테이블의 구조를 가진다.

14.4.3 총 인구수 순으로 정렬하기

앞의 예제 14-15의 실행 결과에 나타나 있는 DataFrame 객체 frame을 총 인구수 기준으로 정렬하는 방법에 대해 알아보자.

예제 14-16. 총 인구수 순으로 정렬	ex14.ipynb

```
# 1~16행은 예제 14-15와 동일함
17   # 딕셔너리 dict_data를 이용하여 데이터프레임 객체 frame 생성
18   frame = pd.DataFrame(dict_data)
19
20   rank = frame.sort_values(by=['세대수'], ascending=False)
21   print(rank)
22
23   rank = rank.reset_index(drop=True)
24   print(rank)
```

¤ 실행 결과

	지역	총인구수	세대수	세대당_인구	남자_인구수	여자_인구수	남여_비율
8	경기도	13265377	5497087	2.41	6672706	6592671	1.01
0	서울특별시	9736962	4345877	2.24	4745133	4991829	0.95
1	부산광역시	3410925	1502333	2.27	1673266	1737659	0.96
15	경상남도	3358828	1455655	2.31	1690600	1668228	1.01
3	인천광역시	2954955	1242107	2.38	1481133	1473822	1.00
14	경상북도	2658956	1229265	2.16	1338907	1320049	1.01
2	대구광역시	2432883	1033349	2.35	1202364	1230519	0.98
...							

	지역	총인구수	세대수	세대당_인구	남자_인구수	여자_인구수	남여_비율
0	경기도	13265377	5497087	2.41	6672706	6592671	1.01
1	서울특별시	9736962	4345877	2.24	4745133	4991829	0.95
2	부산광역시	3410925	1502333	2.27	1673266	1737659	0.96
3	경상남도	3358828	1455655	2.31	1690600	1668228	1.01
4	인천광역시	2954955	1242107	2.38	1481133	1473822	1.00
5	경상북도	2658956	1229265	2.16	1338907	1320049	1.01
6	대구광역시	2432883	1033349	2.35	1202364	1230519	0.98
...							

18행 딕셔너리 dict_data를 이용하여 DataFrame 객체 frame을 생성한다.

20행 frame.sort_values(by=['총인구수'], ascending=False)는 열의 인덱스 '총인구수'를 기준으로 내림차순 정렬하여 rank 객체에 저장한다. 만약 ascending=True로 설정하면 오름차순으로 정렬된다.

21행 rank 객체를 화면에 출력해보면 실행 결과에서와 같이 테이블이 총인구수의 내림차순으로 정렬되어 있음을 알 수 있다. 행 인덱스는 원래의 frame 객체가 가지고 있는 인덱스 번호를 유지하고 있다.

23행 rank.reset_index(drop=True)는 rank 객체의 인덱스를 0으로 시작하는 일련번호로 재정렬한다.

24행 rank 객체의 행 인덱스 번호가 재정렬 되었음을 알 수 있다.

DataFrame 객체의 sort_values() 메소드의 사용 형식을 정리하면 다음과 같다.

> **서식**
>
> 데이터프레임명.sort_values(by=[*열_이름1*, *열_이름2*, ...], *decending = False*)

DataFrame의 sort_values() 메소드는 *열_이름1*, *열_이름2*, ... 열을 기준으로 내림차순으로 행 데이터를 정렬한다. 만약 *decending = True* 로 설정하면 오름차순으로 데이터가 정렬된다.

DataFrame 객체의 reset_index() 메소드의 사용 형식은 다음과 같다.

> **서식**
>
> 데이터프레임명.reset_index(*drop=True*)

DataFrame의 reset_index(*drop=True*) 메소드는 해당 객체의 행 인덱스 번호를 0부터 시작하는 일련번호로 재정렬한다.

14.4.4 국내 전체 인구수, 세대수, 남여 인구수 구하기

이번에는 DataFrame의 sum() 메소드를 이용하여 국내 전체의 인구수, 세대수, 남여 인구수를 구하는 프로그램을 작성해보자.

예제 14-17. 국내 전체 인구수, 세대수, 남여 인구수	ex14.ipynb

```
# 1~16행은 앞의 예제 14-16과 동일함
17    frame = pd.DataFrame(dict_data)
18    frame2 = frame.iloc[:, [1, 2, 4, 5]]
19    print(frame2)
20
21    # sum() 메소드로 열 방향으로 합계를 구함
22    sum = frame2.sum(axis=0)
23    print(sum)
24
25    print('-' * 50)
26    print('국내 전체 인구 통계')
27    print('-' * 50)
28    print('- 총 인구수 : %d명' % sum.iloc[0])
29    print('- 총 세대수 : %d명' % sum.iloc[1])
30    print('- 총 남자 인구수 : %d명' % sum.iloc[2])
31    print('- 총 여자 인구수 : %d명' % sum.iloc[3])
32    print('-' * 50)
```

¤ 실행 결과

```
      총인구수      세대수    남자_인구수   여자_인구수
0    9736962  4345877   4745133   4991829
1    3410925  1502333   1673266   1737659
2    2432883  1033349   1202364   1230519
3    2954955  1242107   1481133   1473822
...
16    670876   293932    337295    333581
```

```
총인구수      51844627
세대수      22561161
남자_인구수   25860491
여자_인구수   25984136
dtype: int64
-------------------------------------------------
국내 전체 인구 통계
-------------------------------------------------
- 총 인구수 : 51844627명
- 총 세대수 : 22561161명
- 총 남자 인구수 : 25860491명
- 총 여자 인구수 : 25984136명
-------------------------------------------------
```

17행 DataFrame 객체 frame을 생성한다.

18행 frame.iloc[:, [1, 2, 4, 5]]은 모든 행 인덱스에 대해 열 인덱스 1, 2, 4, 5, 즉 '총인구수', '세대수', '남자_인구수', '여자_인구수'에 해당되는 열의 데이터를 추출한다.

※ DataFrame의 iloc() 메소드에 대한 자세한 설명은 461쪽을 참고한다.

19행 실행 결과에서와 같이 frame2 객체를 출력한다.

22행 frame2.sum(axis=0)은 frame2 객체에 대해 열 방향으로 요소들의 합을 구한다. 만약 axis=1으로 설정하면 행 방향으로 요소들의 합을 구하게 된다.

23행 실행 결과에서와 같이 sum 객체를 출력한다.

25~32행 실행 결과에서와 같이 국내 전체의 인구수, 세대수, 남자 인구수, 여자 인구수를 출력한다.

※ DataFrame의 sum() 메소드에 대한 자세한 설명은 464쪽을 참고한다.

14.4.5 인구 통계 데이터 시각화하기

마지막으로 DataFrame을 이용하여 인구 통계 데이터를 시각화하는 방법을 익혀보자.

예제 14-18. 인구 통계 시각화하기   ex14.ipynb

```
01    import population as pop
02    import pandas as pd
03    from matplotlib import rc
04    rc('font', family='Malgun Gothic')
05
06    list_data = []
07
08    # CSV 파일을 읽어 들여 리스트 list_data에 저장
09    pop.get_list(list_data)
10
11    # 딕셔너리 dict_data를 위한 키 설정
12    keys = ['지역', '총인구수', '세대수', '세대당_인구', '남자_인구수', '여자_인구
수', '남여_비율']
13
14    dict_data = {}
15
16    # 리스트 list_data와 딕셔너리의 키 keys를 딕셔너리 dict_data에 저장
17    pop.get_dict(list_data, keys, dict_data)
18
19    frame = pd.DataFrame(dict_data)
20    index = ['서울', '부산', '대구', '인천', '광주', '대전']
21
22    x1 = frame.iloc[:6, 1]
23    x1 = x1.values.tolist()
24
25    x2 = frame.iloc[:6, 2]
26    x2 = x2.values.tolist()
27
28    df = pd.DataFrame({'총인구수':x1, '총세대수':x2}, index=index)
29    ax = df.plot.bar(rot=0)
```

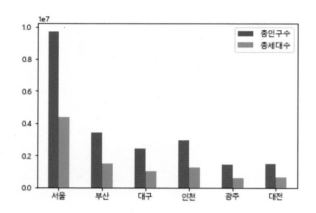

그림 14-2 6개 시의 총인구수와 총세대수를 나타내는 막대 그래표

2행 pandas 패키지를 별칭 pd로 불러온다.

3행 Matplotlib 패키지에서 rc 모듈을 불러온다.

4행 Matplotlib 패키지에서 rc 모듈을 불러온다. 그래프에서 한글을 사용 가능하게 하기 위해 글꼴을 맑은 고딕체으로 설정한다.

6~17행 이 부분은 예제 14-14의 코드와 동일하다. CSV 데이터 파일을 읽어들여 리스트 list_data에 저장한 다음 list_data를 딕셔너리로 변환하여 dict_data에 저장한다.

19행 DataFrame 객체 frame을 생성한다.

20행 실행 결과에 나타난 X축의 레이블로 사용될 리스트 ['서울', '부산', '대구', '인천', '광주', '대전']을 index에 저장한다.

22행 x1 = rame.iloc[:6, 1]는 frame 객체(예제 14-15의 실행 결과 참고)에서 행 인덱스가 0~5인 서울, 부산, 대구, 인천, 광주, 대전에 대해 열 인덱스 1, 즉 총인구수 열 데이터를 x1에 저장한다.

23행 x1 = x1.values.tolist()는 x1 객체의 요소들을 리스트로 변환하여 다시 x1에 저장한다. x1 객체는 서울, 부산, 대구, ..., 대전에 대응되는 총인구수의 리스트 데이터를 의미한다.

28행 딕셔너리 {'총인구수':x1, '총세대수':x2}과 20행의 index 리스트를 인덱스로 하는 DataFrame 객체 df를 생성한다.

29행 DataFrame 객체 df의 plot.var() 메소드 df.plot.bar(rot=0)는 df 객체를 실행결과에 나타난 것과 같이 막대 그래프를 그린다. 여기서 rot=0은 X축 인덱스 레이블의 회전각(rotation)을 0으로 설정한다.

만약 rot=0 옵션을 사용하지 않으면 다음 그림과 같이 X축의 레이블의 글자가 세로로 표시된다.

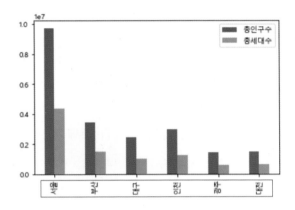

그림 14-3 예제 14-18의 29행에서 rot=0를 사용하지 않을 경우

■ 다음은 행정안전부에서 제공한 국내 주민등록상 나이별 인구 통계 데이터(2020년 2월 기준)의 CSV 파일이다. 다음 물음에 답하시오.(1~5번 문제)

population_age_2020.csv

```
지역,총인구수,0~9세,10~19세,...,60~69세,70~79세,80~89세,90~99세,100세 이상
서울,9736962,658355,813563,...,1200518,688818,263939,40404,6380
부산,3410925,241624,281120,...,511174,285602,109312,14396,1807
...
경상남도,3358828,282751,331566,...,435315,240111,119977,16139,739
제주도,670876,62086,71539,...,75172,44621,22963,3819,266
```

1. population_age_2020.csv 파일을 읽어들여 2차원 리스트에 저장한 다음 실행 결과와 같이 출력하는 프로그램을 작성하시오.

⌨ 실행 결과

[['서울', '9736962', '658355', '813563', '1455903', '1505729', '1563968', '1539385', '1200518', '688818', '263939', '40404', '6380'], ['부산', '3410925', '241624', '281120', '434692', '431911', '518321', '580966', '511174', '285602', '109312', '14396', '1807'], ...,['제주도', '670876', '62086', '71539', '81968', '84145', '113076', '111221', '75172', '44621', '22963', '3819', '266']]

2. 1번의 2차원 리스트 데이터에 대해 열과 행을 바꾸는 프로그램을 작성하시오.

⌨ 실행 결과

[['서울', '부산', '대구', '인천', '광주', '대전', '울산', '세종', '경기도', '강원도', '충청북도', '충청남도', '전라북도', '전라남도', '경상북도', '경상남도', '제주도'], [9736962, 3410925, 2432883, 2954955, 1456121, 1473125, 1145710, 343788, 13265377, 1539521, 1598599, 2120995, 1815112, 1861894, 2658956, 3358828, 670876], ...,[6380, 1807, 694, 908, 405, 339, 160, 55, 4010, 803, 541, 885, 817, 822, 960, 739, 266]]

3. 2번의 2차원 리스트 데이터를 딕셔너리 데이터 형으로 변환하는 프로그램을 작성하시오.

▦ 실행 결과

{'지역': ['서울', '부산', '대구', '인천', '광주', '대전', '울산', '세종', '경기도', '강원도', '충청북도', '충청남도', '전라북도', '전라남도', '경상북도', '경상남도', '제주도'], '총인구수': [9736962, 3410925, 2432883, 2954955, 1456121, 1473125, 1145710, 343788, 13265377, 1539521, 1598599, 2120995, 1815112, 1861894, 2658956, 3358828, 670876], ...,'100세 이상': [6380, 1807, 694, 908, 405, 339, 160, 55, 4010, 803, 541, 885, 817, 822, 960, 739, 266]}

4. 3번의 딕셔너리 데이터를 DataFrame에 저장한 다음 실행 결과와 같이 출력하는 프로그램을 작성하시오.

▦ 실행 결과

```
     지역      총인구수    60~69세  70~79세  80~89세  90~99세  100세 이상
0    서울    9736962  1200518  688818  263939   40404     6380
1    부산    3410925   511174  285602  109312   14396     1807
2    대구    2432883   311274  171217   74227    8817      694
3    인천    2954955   344843  172269   74306   11574      908
...
15  경상남도  3358828   435315  240111  119977   16139      739
16   제주도    670876    75172   44621   22963    3819      266
```

5. 4번의 DataFrame에 저장된 데이터를 '100세 이상' 열을 기준으로 하여 내림차순으로 정렬한 다음 실행 결과와 같이 출력하는 프로그램을 작성하시오.

▦ 실행 결과

```
     지역  100세 이상     총인구수
0    서울     6380   9736962
1   경기도     4010  13265377
2    부산     1807   3410925
3  경상북도      960   2658956
...
15   울산      160   1145710
16   세종       55    343788
```

파이썬 패키지 소개

PyPI(Python Package Index, http://pypi.org) 사이트에는 무수히 많은 파이썬 확장 패키지가 올라와 있어 검색을 통해 쉽게 다운로드 받아 사용할 수 있다. 그러나 그 양이 너무 방대하여 파이썬 초보자들은 자신이 개발하고자 하는 프로그램 유형에 맞는 패키지를 찾기도 어렵고 어디부터 시작해야 할지 갈피를 잡지 못하는 경우가 많다.

이 부록에서는 초보자들이 사용하기 쉽고 많은 사람들이 관심을 갖고 있는 데이터 분석, 데이터 시각화 , 머신 러닝, 컴퓨터 비젼, 데이터베이스, 게임, GUI 프로그래밍 등의 분야에서 가장 널리 쓰이는 파이썬 패키지들을 소개한다.

A.1 데이터 분석 – Numpy, Pandas

데이터 분석(Data Analysis)은 유용한 정보의 획득, 문제의 해결 방안 찾기, 중요한 결정을 하기 위한 데이터의 수집, 수정, 삭제, 검색 등의 데이터 조작과 데이터 모델링을 하는 과정을 말한다. 파이썬에서는 데이터 분석를 위해 다양한 라이브러리가 제공되는데 그 중에서 Numpy, Pandas, Scipy 등이 많이 사용된다.

■ Numpy

Numpy('넘파이')는 데이터 분석을 포함한 과학과 수학의 가장 기본적인 패키지이다. 다차원 배열, 배열 연산, 배열 정렬 등 배열에 대한 빠른 작업을 위한 유용한 기능을 제공한다. 이러한 기능 외에 선형 대수, 푸리에 변환, 난수 처리 등의 고수준의 라이브러리도 포함하고 있다.

■ Pandas

Pandas('팬더스')는 파이썬을 이용하여 데이터를 분석하는 데 가장 많이 사용되는 라이브러리이다. 이것은 Pandas가 데이터를 쉽고 직관적으로 처리할 수 있는 빠르고 유연한 데이터 구조를 가지고 있기 때문이다. Pandas는 Series와 DataFrame 두 가지 자료 구조 라이브러리로 구성된다.

(1) Series

Series('시리즈')는 Numpy의 1차원 배열과 유사한 구조를 가지고 있다. 다양한 형의 데이터(정수, 실수, 문자열, 객체 등)를 저장할 수 있으며, 엑셀 쉬트(Excel Sheet)의 열과 같이 제목에 데이터를 1차원의 배열 형태로 저장할 수 있다. 저장된 데이터를 처리하기 위해 인덱싱(Indexing), 데이터 검색, 2진 연산, 형 변환 등의 다양한 기능을 제공한다.

(2) DataFrame

DataFrame('데이터프레임')은 테이블 형태의 2차원 자료 구조로 되어 있으며, 행과 열에 다양한 형(Type)의 데이터가 저장될 수 있다. 그리고 DataFrame은 행과 열의 처리, 2차원 데이터의 검색과 인덱싱, 누락 데이터의 처리, 행과 열에 대한 반복적 연산 등을 할 수 있는 다양한 기능을 제공한다.

■ Scipy

Scipy('사이파이')는 과학 기술 계산을 필요로 하는 공학도를 위해 고수준의 수학 방정식과 알고리즘 등의 처리가 가능한 라이브러리이다. Numpy의 상위에 설계되어 행렬 랭크(Matrix Rank), 다항 방정식(Polinomial Equation), LU 분해(LU Decomposition) 등의 선형 대수학(Linear Algebra)에 관련된 문제를 해결하기 위한 기능을 제공한다.

Scipy는 수치 해석에서 많이 사용되는 MATLAB에서 제공하는 기능과 유사한 기능을 제공하고, 또한 적분(Integration), 인터폴레이션(Intepolation), 통계 등의 문제를 해결할 수 있는 다양한 라이브러리도 제공한다.

A.2 데이터 시각화 - MatplotLib, Seaborn

데이터 시각화(Data Visualization)는 분석된 데이터를 그래픽을 통해 시각적으로 보여줌으로써 데이터가 의미하는 정보를 효율적으로 전달하는 것을 의미한다. 파이썬을 이용한 데이터 시각화에는 Matplotlib, Seaborn, ggplot, Plotly 등의 라이브러리가 많이 사용된다.

이 중에서도 Matplotlib과 Seaborn이 익히고 쉬우면서도 막강한 기능을 갖추고 있어 널리 사용된다.

■ MatplotLib

MatplotLib('맷플로립')은 가장 인기있는 시각화 라이브러리이다. Matlab의 인터페이스와 유사하고 몇 줄의 코드로 막대 그래프(Line Graph), 바 차트(Bar Chart), 히스토그램 (Histogram), 산점도(Scatter Plot), 파이 차트(Pie Chart) 등의 다양한 그래프를 쉽게 그릴 수 있다.

■ Seaborn

Seaborn('시본')은 Matplotlib에 기반한 데이터 시각화 라이브러리로서 Pandans 데이터 구조와 밀접하게 관련되어 있다. Seaborn은 matplotlib과 비교하여 고수준의 인터페이스를 제공하고 디자인적으로 더 우수하다 . 또한 Seaborn 다양한 통계 그래프를 그릴 수 있는 기능을 제공한다.

A.3 머신 러닝 - Scikit-learn, Tensorflow, Keras

머신 러닝(Machine Learning)은 컴퓨터가 경험을 통하여 학습하는 것을 말한다. 유명한 인공지능 바둑 프로그램인 알파고는 기존에 존재하는 수많은 기보들을 분석하고 학습하여 스스로 바둑의 고수가 된다. 이와 같이 머신러닝은 학습 훈련을 통해 컴퓨터가 스스로 데이터를 탐색, 감지, 결정하는 능력 등을 갖추게 된다.

머신 러닝은 크게 지도 학습(Supervised Learning)과 비지도 학습(Unsupervised Learning)으로 나눌 수 있다.

지도 학습은 제공된 샘플 데이터의 요소들을 인식하고 학습함으로써 인지 능력이 점점 진화되어 간다. 예를 들어, 기존의 수많은 스팸 메일 데이터를 분석한 다음 새로운 이메일이 스팸 메일인지 아닌지를 판단한다.

반면 비지도 학습은 하나의 입력 데이터만 가지고 주어진 알고리즘에 따라 지속적인 테스트와 반복학습을 통해 스스로 진화해 나가는 것을 말한다. 예를 들어, 컴퓨터에게 바둑의 규칙과 이기는 방법 등을 알려주면, 컴퓨터가 자체적으로 훈련과 반복 학습을 통해 바둑을 잘 둘수 있는 능력을 갖추게 된다.

머신 러닝을 위한 무수히 많은 파이썬 라이브러리가 존재하는데 그 중에서도 Scikit-learn, Tensorflow, Keras가 많이 사용된다.

■ Scikit-learn

Scikit-learn('사이킷런')은 머신러닝 학습용 패키지이다. 내부 라이브러리들이 통일된 인터페이스를 가지고 있어 매우 간단하게 머신러닝의 여러 기법들을 쉽게 적용하고 그 결과를 빠르게 확인할 수 있다. 라이브러리는 지도 학습, 비지도 학습, 도델 선택 및 평가, 데이터 변환 등으로 구성된다.

■ TensorFlow

TensorFlow('텐서플로우')는 원래 머신러닝과 뉴럴 네트워크(Neural Network) 연구를 수행하던 구글 연구팀에서 개발했지만 일반적인 머신러닝 문제에도 폭 넓게 적용가능하다. Tensorflow는 내부 알고리즘이 어떻게 돌아가는지를 확인하는 모니터링과 디스플레이 기능이 탑재되어 있어 더욱 유용하다. 이와 같이 내부 알고리즘을 모니터링하고 디스플레이하는 과정을 통해 성능이 우수한 머신러닝 모델을 개발할 수 있게 된다.

■ Keras

Keras('케라스')는 TensorFlow의 머신러닝 모델 설계와 훈련을 위한 고수준의 API(Application Programming Interface, 응용 프로그램 인터페이스)이다. Keras는 최적화된 간단하고 일관적인 인터페이스를 제공하고 사용자 오류에 대해 명확하고 실용적인 피드백을 제공한다. 또한 확장성이 좋아 새로운 아이디어를 표현하고 최첨단 머신러닝 모델을 개발하는 데 유용하다.

A.4 파이썬 게임 – Pygame

Pygame('파이게임')은 게임과 같은 멀티미디어 소프트웨어를 개발하기 위한 라이브러리이다. SDL(Simple DirectMedia Layer) 라이브러리를 기반으로 만들어진 Pygame은 윈도우, 리눅스, 맥, 안드로이드 등의 다양한 운영 체제를 지원하며, 조이스틱, 그래픽, 사운드 재생 등의 기능을 탑재하고 있다. 또한 벡터 연산, 충돌 탐지 2D 스프라이트 그래프 관리, 카메라 조작, 화소-배열 변환과 필터링 등의 다양한 기능을 제공한다.

A.5 컴퓨터 비전 - OpenCV

컴퓨터 비전은 인공지능(Artificial Intelligence)에서 주요한 부분을 담당하는 연구 분야이다. 자율주행 자동차나 로보트의 눈에 해당되는 시각 기능을 담당하여 해당 분야 기술의 핵심적인 역할을 수행한다.

파이썬에서는 영상처리(Image Processing) 기술을 파이썬으로 구현하기 위해서 OpenCV 라이브러리가 준비되어 있다.

■ OpenCV

OpenCV('오픈시브이', Open Source Computer Vision)는 1999년 인텔에서 개발한 오픈 소스 라이브러리로서 처음에는 C나 C++으로 개발되었다. 요즘에는 OpenCV가 파이썬으로도 구현되어 파이썬으로 컴퓨터 비전 분야의 알고리즘 연구와 프로그램 개발에도 많이 사용된다.

파이썬 OpenCV는 빠른 속도 처리를 요하는 부분은 C와 C++ 구현하고 이를 파이썬 래퍼로 감싼 형태를 띄고 있다. 파이썬 OpenCV는 Numpy와 연동하여 컴퓨터 그래픽스, 영상처리, 물체 인식 등에서 필요한 행렬 연산을 쉽게 처리할 수 있다.

A.6 데이터 베이스 - pymysql, SQLAlchemy

데이터베이스(Database)는 여러 사람이 데이터를 공유하고 사용할 목적으로 관리되는 정보의 집합을 말한다. 자료 파일들을 조직적으로 통합하여 자료 중복을 없애고 구조화시켜 메모리에 저장해 놓는 자료의 집합체라고도 말할 수 있다.

데이터베이스 관리 시스템(DBMS, Database Management System)은 데이터베이스에 저장된 데이터를 생성, 저장, 수정, 검색, 삭제 등을 처리할 수 있는 소프트웨어 시스템을 말한다. 파이썬은 이러한 DBMS와 상호 작용할 수 있는 인터페이스를 제공하는데 이를 파이썬 데이터베이스 API(Application Programming Interface)라고 한다.

파이썬의 기본 DBMS는 SQLite인데 이것은 파이썬 프로그램이 설치될 때 기본적으로 같이 설치된다. 그리고 MySQL에 대한 파이썬 데이터베이스 API를 제공하는 파이썬 라이브러리에는 Pymysql, PySQLdb, MySQL Connector 등이 있으며, SQLAlchemy 라이브러리는 파이썬 SQL 툴킷으로 프로그램 개발자에게 SQL의 강력한 파워와 유연성을 제공하는 객체 관계 매퍼를 제공한다.

■ Pymysql

Pymsql('파이마이에스큐엘')은 쉽게 MySQL 데이터베이스를 사용할 수 있는 API를 제공하는 유용한 파이썬 라이브러리 중의 하나이다. Pymysql은 데이터베이스의 기본 기능으로 흔히 말하는 CRUD(Create/Read/Update/Delete), 즉 생성/읽기/수정/삭제를 위한 간단하고 쉬운 API를 제공한다.

■ SQLAlchemy

SQLAlchemy('에스큐엘엘키미')는 데이터베이스를 단순한 테이블의 모음이 아니라 관계형 대수 엔진이라고 간주한다. 이 라이브러리는 객체 관계 매퍼(ORM)와 데이터 매퍼 패턴을 제공하는 컴포넌트, 객체 모델과 데이터베이스 스키마(Schema)를 제공하는 다양한 방식으로 유명하다.

A.7 GUI 프로그래밍 – Tkinter, PyQt5

GUI(Graphical User Interface)는 텍스트가 아닌 그래픽을 통해 사용자와 컴퓨터간 인터페이스를 구성하는 것이다. GUI 프로그래밍은 쉽게 말해 글자인 텍스트로 구성된 프로그램이 아니라 그래픽 인터페이스를 가진 프로그램을 개발하는 것을 말한다. 우리가 데스크탑, 스마트폰, 태플릿 등에서 흔히 사용하는 메모장, 계산기, 인터넷 익스플로러, 엑셀, 파워포인트 등의 모든 프로그램이 그래픽 인테페이스를 사용한다. 이러한 프로그램들을 파이썬으로 개발하기 위해 사용하는 것이 바로 파이썬의 GUI 라이브러리이다.

파이썬의 GUI 라이브러리에는 ⑴ 파이썬에서 기본적으로 제공하는 표준 GUI 라이브러리인 Tkinter, ⑵ Qt 프레임워크를 파이썬에서 사용하도록 한 PyQt, ⑶ PySide, ⑷ GTK 툴킷을 파이썬에서 사용 가능하게 하는 PyGTK 등이 있다.

■ Tkinter

Tkinter('티케이인터')는 파이썬 뿐만 아니라 루비(Ruby), 펄(Perl) 등의 언어에서도 사용되는 Tk GUI 라이브러리를 파이썬에서 활용할 수 있게 해주는 그래픽 인터페이스 모듈이다.

Tk는 데스크탑 GUI 프로그램을 작성하기 쉽게 해주는 툴킷으로서 Tk로 작성한 하나의 프로그램 코드는 대부분의 운영체제, 즉, 윈도우, 맥, 리눅스 시스템 등에서 잘 동작한다. 1988년 개발된 Tk는 Tcl 언어를 기반으로 하여 유닉스 시스템의 X11에서 동작하도록 고안되었지만 점차적으로 진화되어 윈도우와 맥 OS에서도 사용할 수 있는 GUI 툴킷으로 발전하였다.

■ PyQt5

PyQt5('파이큐티파이브')는 파이썬으로 디자인적으로 우수하고 다양한 GUI 프로그램을 개발할 수 있는 프레임워크(Framework)이다. 원래 Qt는 플랫폼에 관계없이 다양한 기능을 포함한 C++ 라이브러리이자 개발툴이다. PyQt5는 파이썬에서 Qt에 있는 1,000 여개의 클래스와 라이브러리를 사용할 수 있도록 개발된 패키지 라이브러리이다.

PyQt5는 윈도우, 리눅스, 맥 OS, 안드로이드, iOS 등의 다양한 플랫폼에 구동되는 GUI 프로그램을 개발하는 데 사용될 수 있다. Tkinter, PySide 등의 파이썬 GUI 라이브러리 등은 시각적으로 우수하지 않지만 PyQt5로 개발된 프로그램은 그래픽적으로 매우 우수하다. 또한 PyQt5의 Qt Designer 모듈을 이용하면 프로그램의 GUI를 손쉽게 설계할 수 있는 장점이 있다.